Teiler und Vielfache

1 Welche Multiplikationsreihe ist das? Ergänze die nächsten Vielfachen.

a) Multiplikationsreihe: 2

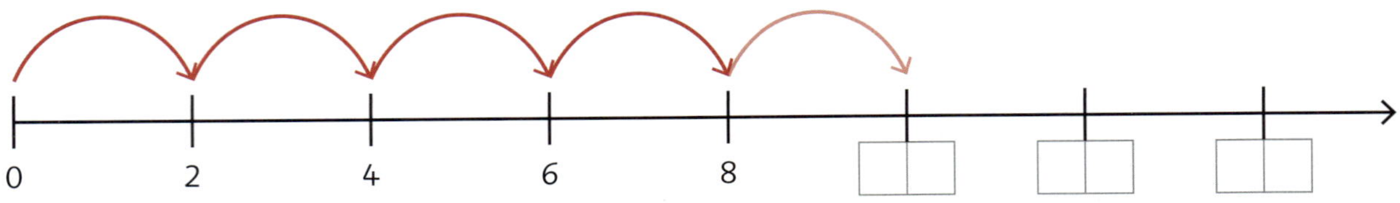

b) Multiplikationsreihe: ____

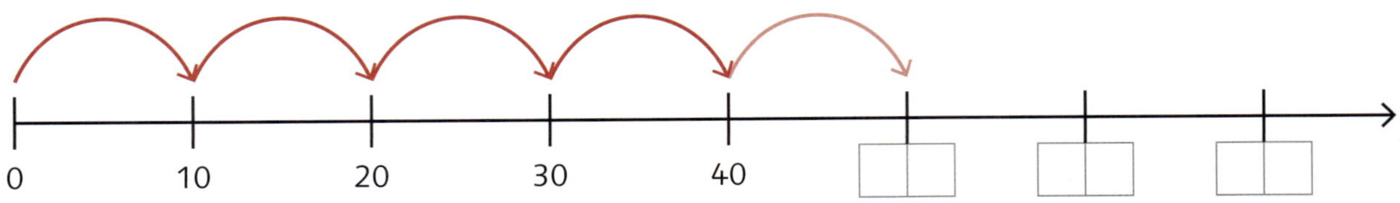

c) Multiplikationsreihe: ____

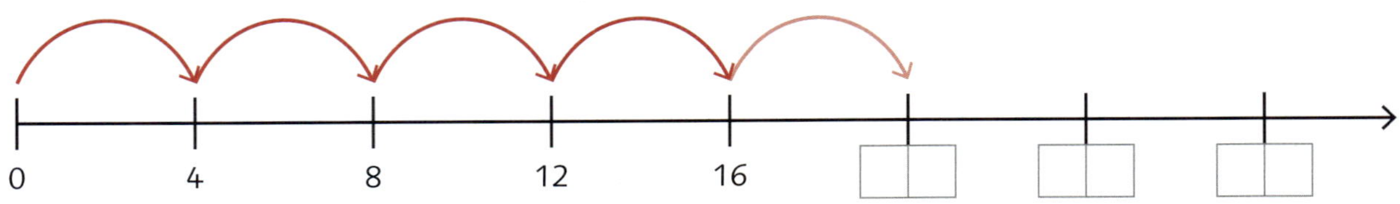

2 Kreise die Vielfachen farbig ein.

a) Vielfache von 3

3 13 29 22 4 27 36 15 9 19

b) Vielfache von 5

20 2 28 31 55 95 9 99 40 15

c) Vielfache von 8

19 80 33 12 72 56 70 84 48 16

d) Vielfache von 9

27 100 81 49 54 33 11 69 18 72

3 Ergänze Vielfache.

a) V_6 = {6; 12; 18; 24; ____; ____; … }

b) V_7 = {7; 14; ____; ____; ____; ____; … }

c) V_5 = {5; ____; 15; ____; 25; ____; … }

Wenn eine Zahl nicht in der Multiplikationsreihe vorkommt, kann sie kein Vielfaches sein.

4 Ergänze.

a) 9 ist ein (ein/kein) Vielfaches von 3, weil $3 \cdot 3 = 9$ ist.
46 ist kein (ein/kein) Vielfaches von 5, weil $9 \cdot 5 + 1 = 46$ ist.
16 ist ____ (ein/kein) Vielfaches von 8, weil ____ ist.
11 ist ____ (ein/kein) Vielfaches von 2, weil ____ ist.

b) 25 ist ____ (ein/kein) Vielfaches von 10, weil ____ ist.
27 ist ____ (ein/kein) Vielfaches von 9, weil ____ ist.
28 ist ____ (ein/kein) Vielfaches von 7, weil ____ ist.
17 ist ____ (ein/kein) Vielfaches von 4, weil ____ ist.

5 Ergänze die Merksätze.

unendlich | Zahl | Vielfachen

Wenn man eine ____ mit 1; 2; 3; … multipliziert, erhält man die ____ dieser Zahl. Es gibt ____ viele Vielfache.

6 Ergänze die Vielfachen. Kreise das kleinste gemeinsame Vielfache (kgV) ein und notiere es.

Methode Das kgV: Das kleinste gemeinsame Vielfache
Gemeinsame Vielfache kann man mit den Vielfachen bestimmen:
V_2 = {2; 4; (6); 8; 10; 12; 14; 16; 18; 20; …} V_3 = {3; (6); 9; 12; 15; 18; 21; …}
Das kleinste gemeinsame Vielfache von 2 und 3 ist 6. kgV (2; 3) = (6)

a) V_2 = {2; 4; ____; ____; ____; ____; … }
V_5 = {5; ____; ____; ____; ____; ____; … } kgV (2; 5) = ____

b) V_6 = {6; ____; ____; ____; ____; ____; … }
V_8 = {8; ____; ____; ____; ____; ____; … } kgV (6; 8) = ____

c) V_6 = {6; ____; ____; ____; ____; ____; … }
V_9 = {9; ____; ____; ____; ____; ____; … } kgV (6; 9) = ____

7 Ergänze die Merksätze.

Merke Wenn man eine Zahl ohne ______ dividieren kann, sagt man: Die Zahl ist ______. Die Zahlen, durch die man ohne Rest dividieren kann, nennt man ______.

teilbar

Teiler

Rest

8 Ergänze.

a) 2 ist ___ein___ (ein/kein) Teiler von 12, weil ___12 : 2 = 6___ ist.

10 ist ______ (ein/kein) Teiler von 40, weil ______ ist.

b) 5 ist ______ (ein/kein) Teiler von 35, weil ______ ist.

6 ist ______ (ein/kein) Teiler von 36 , weil ______ ist.

9 Kreise die Teiler farbig ein.

a) Teiler von 12

14 5 3 4 2 11 6 7 9 13

b) Teiler von 20

4 19 3 9 2 1 10 40 6 5

c) Teiler von 18

6 4 3 2 20 19 9 1 5 7

d) Teiler von 24

7 12 4 8 2 3 6 5 9 10

10 Bestimme alle Teiler.

a) T_{15} = { 1 ; ___ ; ___ ; 15 }

b) T_{16} = { 1 ; ___ ; ___ ; ___ ; ___ }

c) T_{30} = { ___ ; 2 ; ___ ; ___ ; ___ ; ___ ; ___ ; ___ }

Teilbarkeit durch 2, 5 und 10

1 Ergänze die Merksätze.

Merke Eine Zahl ist **durch 2 teilbar,** wenn die letzte Ziffer eine ____, ____, ____, ____ oder ____ ist. Man nennt eine Zahl ________, wenn sie durch 2 teilbar ist.

2 Markiere im Hunderterfeld alle Zahlen, die durch 2 teilbar sind.

1	2	3	4	5	6	7	8	9	10
11	12	13	14	15	16	17	18	19	20
21	22	23	24	25	26	27	28	29	30
31	32	33	34	35	36	37	38	39	40
41	42	43	44	45	46	47	48	49	50
51	52	53	54	55	56	57	58	59	60
61	62	63	64	65	66	67	68	69	70
71	72	73	74	75	76	77	78	79	80
81	82	83	84	85	86	87	88	89	90
91	92	93	94	95	96	97	98	99	100

3 Welche Zahl ist durch 2 teilbar? Begründe.

a) 24 ist durch 2 *teilbar* (teilbar/nicht teilbar), weil die letzte Ziffer eine *4* ist.

67 ist durch 2 ________, weil die letzte Ziffer eine ____ ist.

120 ist durch 2 ________, weil die letzte Ziffer eine ____ ist.

b) 245 ist durch 2 ________, weil die letzte Ziffer eine ____ ist.

312 ist durch 2 ________, weil die letzte Ziffer eine ____ ist.

598 ist durch 2 ________, weil die letzte Ziffer eine ____ ist.

4 Die Zahlen sollen durch 2 teilbar sein. Ergänze eine passende letzte Ziffer. (Es gibt verschiedene mögliche Lösungen.)

a) 52____ 43____ b) 40____ 11____ c) 37____ 98____ d) 58____ 325____

5 Ergänze den Merksatz.

Merke Eine Zahl ist **durch 10 teilbar**, wenn die letzte Ziffer eine ____ ist.

6 Markiere im Hunderterfeld alle Zahlen, die durch 10 teilbar sind.

1	2	3	4	5	6	7	8	9	10
11	12	13	14	15	16	17	18	19	20
21	22	23	24	25	26	27	28	29	30
31	32	33	34	35	36	37	38	39	40
41	42	43	44	45	46	47	48	49	50
51	52	53	54	55	56	57	58	59	60
61	62	63	64	65	66	67	68	69	70
71	72	73	74	75	76	77	78	79	80
81	82	83	84	85	86	87	88	89	90
91	92	93	94	95	96	97	98	99	100

7 Welche Zahl ist durch 10 teilbar? Begründe.

42 ist durch 10 ________ (teilbar/nicht teilbar), weil die letzte Ziffer eine ____ ist.

60 ist durch 10 ________, weil die letzte Ziffer eine ____ ist.

190 ist durch 10 ________, weil die letzte Ziffer eine ____ ist.

475 ist durch 10 ________, weil die letzte Ziffer eine ____ ist.

8 Die Zahlen sollen durch 10 teilbar sein. Ergänze eine passende letzte Ziffer.

a) 29____ b) 88____ c) 26____ d) 36____

9 Die Zahlen sollen **nicht** durch 10 teilbar sein. Ergänze eine passende letzte Ziffer. (Es gibt verschiedene mögliche Lösungen.)

a) 63____ b) 94____ c) 78____ d) 52____

10 Ergänze den Merksatz.

Merke Eine Zahl ist **durch 5 teilbar**, wenn die letzte Ziffer eine ____ oder ____ ist.

11 Markiere im Hunderterfeld alle Zahlen, die durch 5 teilbar sind.

1	2	3	4	5	6	7	8	9	10
11	12	13	14	15	16	17	18	19	20
21	22	23	24	25	26	27	28	29	30
31	32	33	34	35	36	37	38	39	40
41	42	43	44	45	46	47	48	49	50
51	52	53	54	55	56	57	58	59	60
61	62	63	64	65	66	67	68	69	70
71	72	73	74	75	76	77	78	79	80
81	82	83	84	85	86	87	88	89	90
91	92	93	94	95	96	97	98	99	100

12 Welche Zahl ist durch 5 teilbar? Begründe.

15 ist durch 5 ____________ (teilbar/nicht teilbar), weil die letzte Ziffer eine ____ ist.

78 ist durch 5 ____________, weil die letzte Ziffer eine ____ ist.

90 ist durch 5 ____________, weil die letzte Ziffer eine ____ ist.

704 ist durch 5 ____________, weil die letzte Ziffer eine ____ ist.

13 Die Zahlen sollen durch 5 teilbar sein. Ergänze eine passende letzte Ziffer. (Es gibt verschiedene mögliche Lösungen.)

a) 43____ b) 90____ c) 77____ d) 53____

Quersumme und Teilbarkeit

1 Ergänze die Merksätze.

Quersumme
Ziffern
addiert
teilbar

> **Merke** Wenn man alle ________ einer Zahl ________, dann heißt das Ergebnis **Quersumme**.
> Eine Zahl ist **durch 3 teilbar**, wenn ihre ________ durch 3 ________ ist.

2 Berechne die Quersumme.

a) 21 Quersumme: 2 + 1 = 3
37 Quersumme: ________
65 Quersumme: ________

b) 15 Quersumme: ________
98 Quersumme: ________
44 Quersumme: ________

c) 531 Quersumme: 5 + 3 + 1 = 9
294 Quersumme: ________
952 Quersumme: ________

d) 810 Quersumme: ________
763 Quersumme: ________
182 Quersumme: ________

3 a) Ergänze die Multiplikationsreihe der 3.

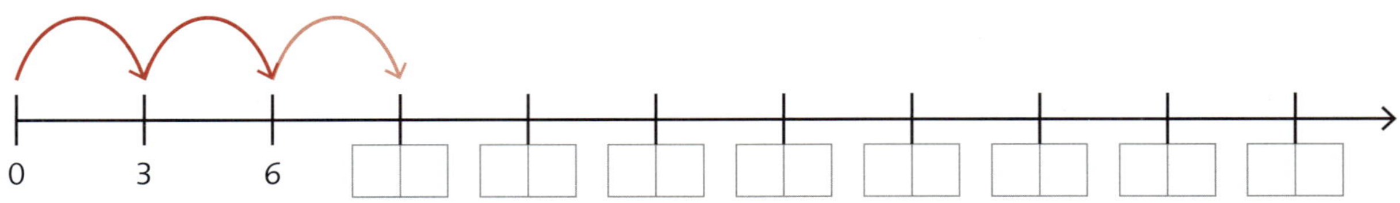

b) Berechne für alle Zahlen der Multiplikationsreihe die Quersumme.

3 Quersumme: 3
6 Quersumme: ________
____ Quersumme: ________
____ Quersumme: ________
____ Quersumme: ________
____ Quersumme: ________

____ Quersumme: ________
____ Quersumme: ________
____ Quersumme: ________
____ Quersumme: ________
____ Quersumme: ________

4 Markiere im Hunderterfeld alle Zahlen, deren Quersumme …

a) 3 ist, rot, b) 6 ist, blau, c) 9 ist, gelb,
d) 12 ist, grün, e) 15 ist, lila, f) 18 ist, orange.

1	2	3	4	5	6	7	8	9	10
11	12	13	14	15	16	17	18	19	20
21	22	23	24	25	26	27	28	29	30
31	32	33	34	35	36	37	38	39	40
41	42	43	44	45	46	47	48	49	50
51	52	53	54	55	56	57	58	59	60
61	62	63	64	65	66	67	68	69	70
71	72	73	74	75	76	77	78	79	80
81	82	83	84	85	86	87	88	89	90
91	92	93	94	95	96	97	98	99	100

Was bedeutet es, wenn die Quersumme einer Zahl in der Multiplikationsreihe der 3 vorkommt?

5 Welche Zahl ist durch 3 teilbar? Begründe.

a) 12 ist durch 3 ______ (teilbar/nicht teilbar), weil die Quersumme ______ ist.

71 ist durch 3 ______, weil die Quersumme ______ ist.

54 ist durch 3 ______, weil die Quersumme ______ ist.

b) 804 ist durch 3 ______, weil die Quersumme ______ ist.

923 ist durch 3 ______, weil die Quersumme ______ ist.

1770 ist durch 3 ______, weil die Quersumme ______ ist.

6 Die Zahlen sollen durch 3 teilbar sein. Ergänze eine passende letzte Ziffer.
Es gibt immer mehrere Möglichkeiten, finde jeweils zwei davon.

a) 14___ b) 26___ c) 90___ d) 75___
14___ 26___ 90___ 75___

7 Die Zahlen sollen nicht durch 3 teilbar sein. Ergänze eine passende letzte Ziffer. Es gibt immer mehrere Möglichkeiten, finde jeweils zwei davon.

a) 27____ b) 48____ c) 61____ d) 34____

27____ 48____ 61____ 34____

8 Bilde aus den Kärtchen mindestens 5 verschiedene Zahlen, die durch 3 teilbar sind.

7 1 2 4 8 5

9 Die Zahl ist durch 3 teilbar. Überprüfe: Ist die Zahl noch durch 3 teilbar, wenn man Ziffern vertauscht?

Ich schreibe die Zahl mit den vertauschten Ziffern auf. Dann berechne ich die Quersumme.

258

a) 582 Quersumme 5 + 8 + 2 = ____

852 Quersumme ____

Die neuen Zahlen sind durch 3 ____. (teilbar/nicht teilbar)

741

b) ____ Quersumme ____

____ Quersumme ____

Die neuen Zahlen sind durch 3 ____. (teilbar/nicht teilbar)

10 Die Zahl ist durch 3 teilbar. Überprüfe: Ist die Zahl noch durch 3 teilbar, wenn man zu der Zahl 9 addiert?

159

a) 159 + 9 = ____ Quersumme ____

813

b) ____ Quersumme ____

Die neuen Zahlen sind durch 3 ____. (teilbar/nicht teilbar)

Brüche als Teile vom Ganzen

Zähler und Nenner

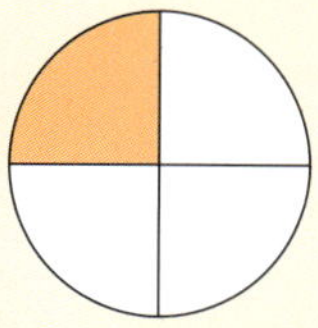

$\frac{1}{4}$ Zähler / Bruchstrich / Nenner $\frac{3}{4}$

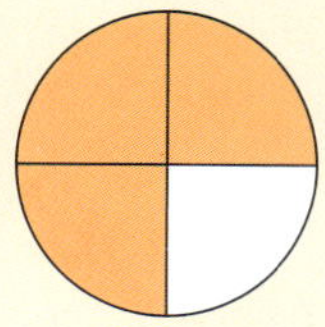

1 Ergänze.

Die Zahl im ______________ gibt an, in wie viele Teile das Ganze geteilt wird.

Die Zahl im ______________ gibt an, wie viele Teile davon gemeint sind.

2 Kreise ein.

a) Alle Brüche mit einer 4 im Zähler.

$\frac{4}{10}$ $\frac{2}{4}$ $\frac{4}{6}$ $\frac{1}{4}$ $\frac{4}{8}$ $\frac{3}{4}$

vier Siebtel   vier Neuntel   drei Viertel   vier Fünftel

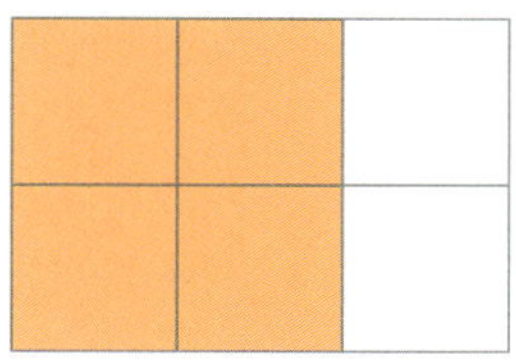
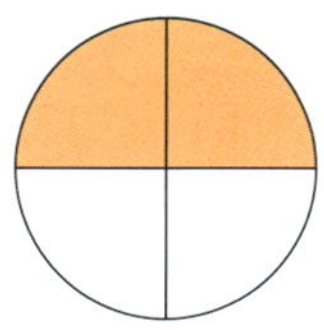

b) Alle Brüche mit einer 5 im Nenner.

$\frac{1}{5}$ $\frac{4}{6}$ $\frac{2}{5}$ $\frac{4}{5}$ $\frac{5}{1}$ $\frac{5}{6}$

drei Fünftel   fünf Neuntel   fünf Achtel   ein Fünftel

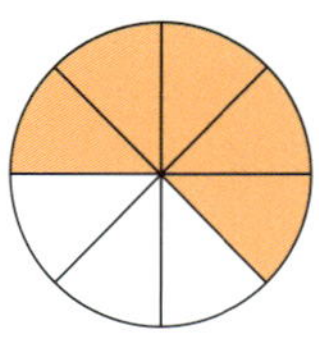
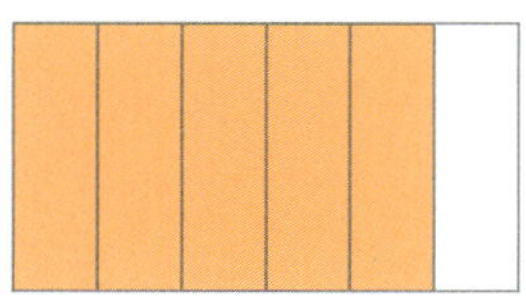

Brüche darstellen

3 Markiere farbig. Finde verschiedene Möglichkeiten.

a) $\frac{5}{8}$

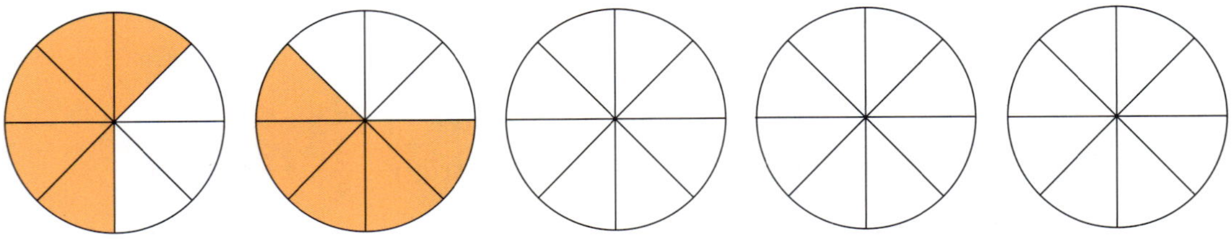

b) $\frac{4}{9}$

4 Stelle die Brüche dar.

a) $\frac{3}{4}$

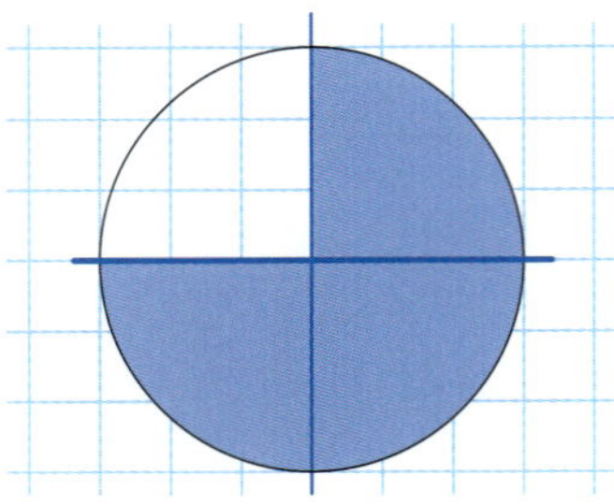

b) $\frac{2}{4}$

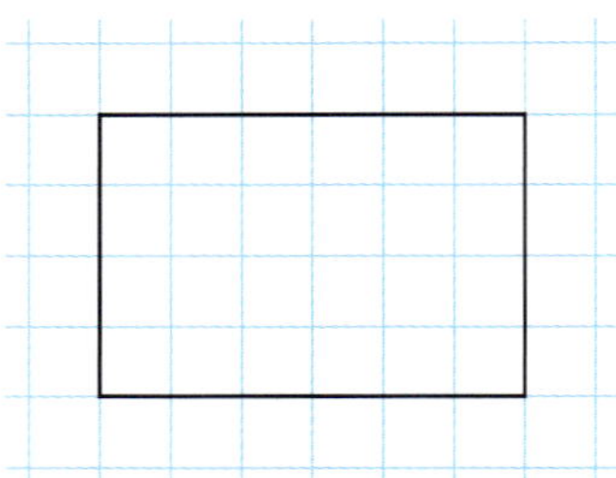

c) $\frac{3}{8}$

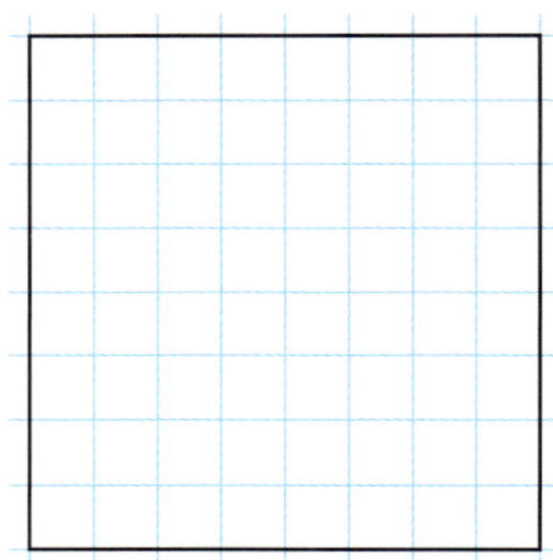

d) $\frac{1}{3}$

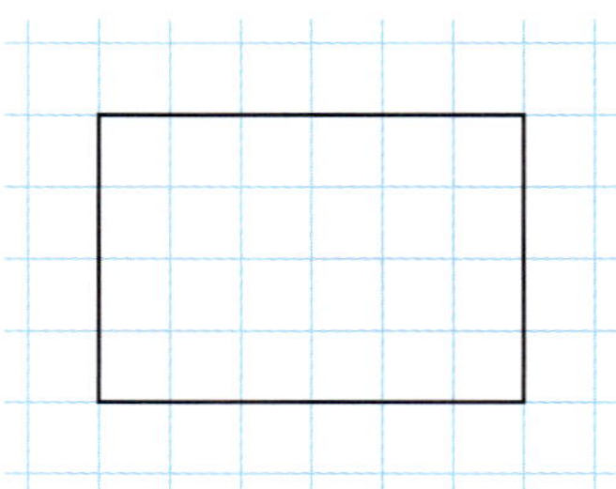

e) $\frac{1}{2}$

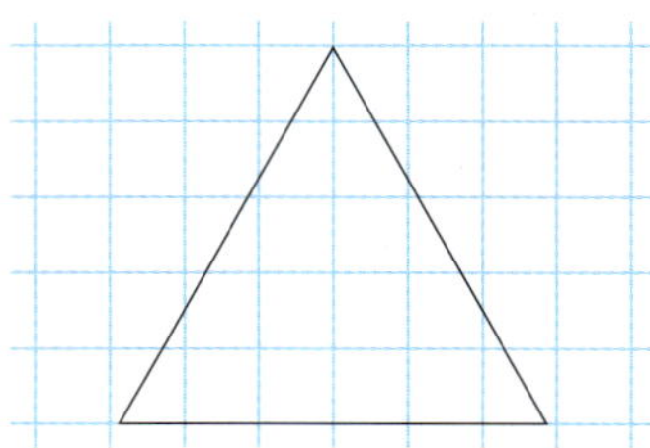

5 Welche Brüche sind es?

a) Der Zähler ist 4, der Nenner ist 5.
Der Bruch heißt vier Fünftel. $\frac{4}{5}$

b) Der Zähler ist 3, der Nenner ist 2.
Der Bruch heißt ____________.

c) Der Zähler ist 1, der Nenner ist 3.
Der Bruch heißt ____________.

6 Ergänze die Tabelle.

Bild	Zahl	Zahlwort
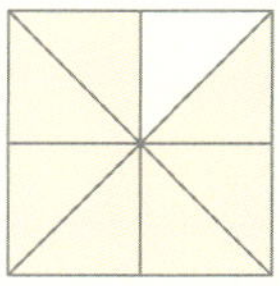	$\frac{7}{8}$	sieben Achtel
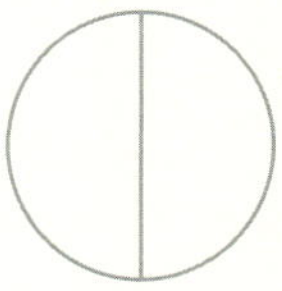	$\frac{1}{2}$	
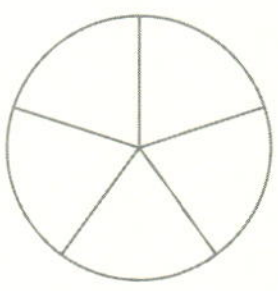	$\frac{2}{5}$	
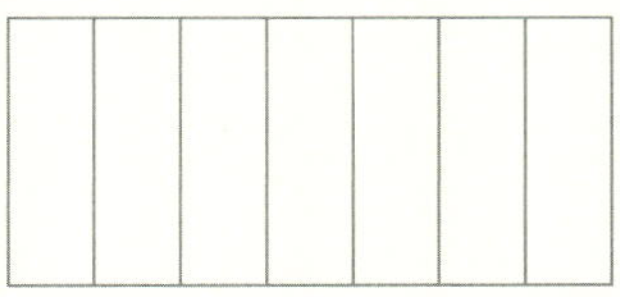		fünf Siebtel
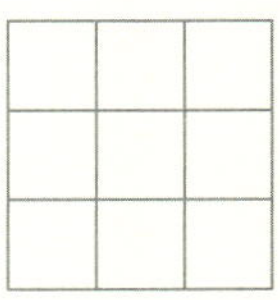	$\frac{4}{9}$	
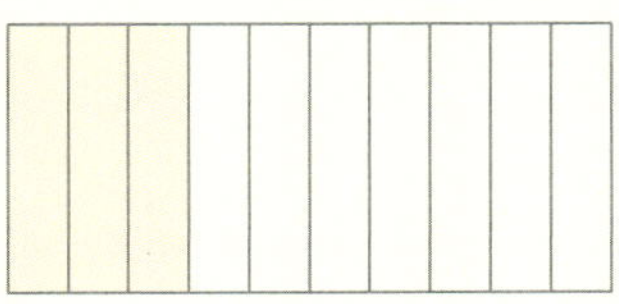		
		drei Viertel

Brüche erweitern und kürzen

1 Hier siehst du drei Viertel einer Pizza.

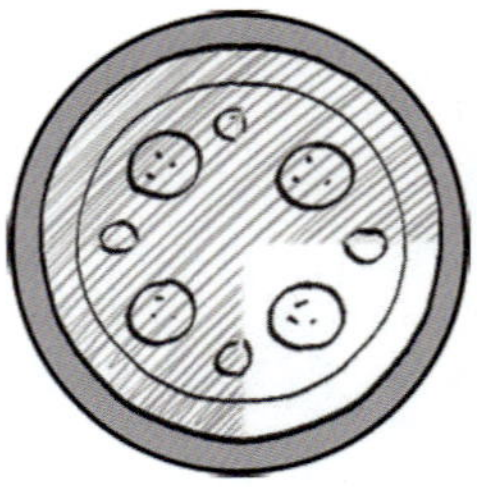

a) Erweitere die Einteilung der Pizza in Achtel.

b) Wie viele Achtel sind dann markiert?

Es sind ____ Achtel markiert.

2 Teile den Kuchen in fünf gleich große Stücke.

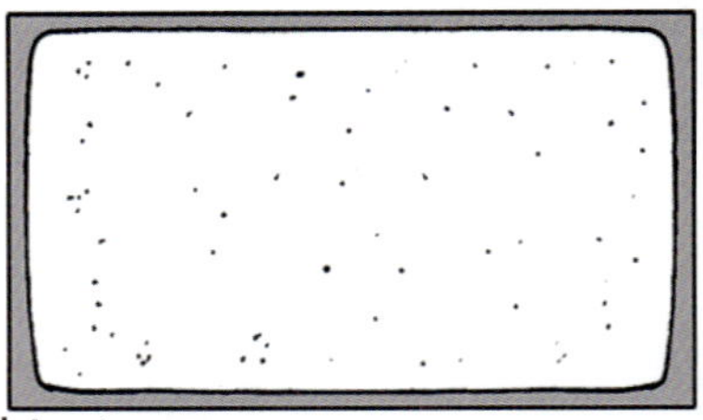

a) Markiere ein Fünftel.

b) Erweitere die Einteilung des Kuchens in Zehntel.

c) Wie viele Zehntel sind dann markiert?

Es sind ____ Zehntel markiert.

3 Erweitere die Brüche mit 4.

a) $\frac{2}{9} = \frac{2 \cdot 4}{9 \cdot 4} = \frac{\quad}{\quad}$

b) $\frac{1}{3} = \frac{\quad}{\quad} = \frac{\quad}{\quad}$

c) $\frac{7}{4} = \frac{\quad}{\quad} = \frac{\quad}{\quad}$

d) $\frac{3}{5} = \frac{\quad}{\quad} = \frac{\quad}{\quad}$

4 Mit welcher Zahl wurden die Brüche erweitert? Ergänze.

a) $\frac{3}{2} = \frac{3 \cdot \quad}{2 \cdot \quad} = \frac{9}{6}$

b) $\frac{3}{4} = \frac{3 \cdot \quad}{4 \cdot \quad} = \frac{15}{20}$

c) $\frac{4}{9} = \frac{4 \cdot \quad}{9 \cdot \quad} = \frac{8}{18}$

d) $\frac{3}{7} = \frac{3 \cdot \quad}{7 \cdot \quad} = \frac{18}{42}$

5 Erweitere so, dass alle Brüche den Nenner 12 haben.

a) $\frac{3}{4} = \frac{3 \cdot \quad}{4 \cdot \quad} = \frac{\quad}{12}$

b) $\frac{2}{3} = \frac{\quad}{\quad} = \frac{\quad}{12}$

c) $\frac{1}{2} = \frac{\quad}{\quad} = \frac{\quad}{12}$

d) $\frac{2}{6} = \frac{\quad}{\quad} = \frac{\quad}{12}$

6 Hier siehst du sechs Neuntel eines Auflaufs.

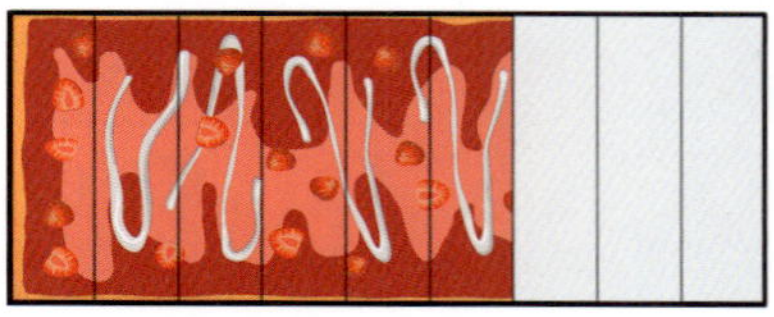

a) Kürze die Einteilung des Auflaufs in Drittel.

b) Wie viele Drittel sind dann markiert?

Es sind ____ Drittel markiert.

7 Hier siehst du neun Zwölftel einer Torte.

a) Kürze die Einteilung der Torte in Viertel.

b) Wie viele Viertel sind dann markiert?

Es sind ____ Viertel markiert.

8 Hier siehst du vier Zehntel eines Auflaufs.

a) Kürze die Einteilung der Auflaufs in Fünftel.

b) Wie viele Fünftel sind dann markiert?

Es sind ____ Fünftel markiert.

9 Kürze die Brüche mit 3.

a) $\frac{9}{12} = \frac{9:3}{12:3} =$

b) $\frac{21}{30} = \qquad =$

c) $\frac{3}{9} = \qquad =$

d) $\frac{12}{15} = \qquad =$

10 Mit welcher Zahl kannst du die Brüche möglichst vollständig kürzen?

a) $\frac{25}{35} = \frac{25:}{35:} =$

b) $\frac{70}{80} = \qquad =$

c) $\frac{4}{12} = \qquad =$

d) $\frac{21}{49} = \qquad =$

e) $\frac{9}{18} = \qquad =$

f) $\frac{8}{10} = \qquad =$

g) $\frac{16}{24} = \qquad =$

h) $\frac{6}{15} = \qquad =$

11 Kürze so weit wie möglich.

a) $\frac{10}{30} =$

b) $\frac{60}{80} =$

c) $\frac{18}{42} =$

d) $\frac{28}{56} =$

12 Finde die gleichen Brüche. Umkreise.

a) 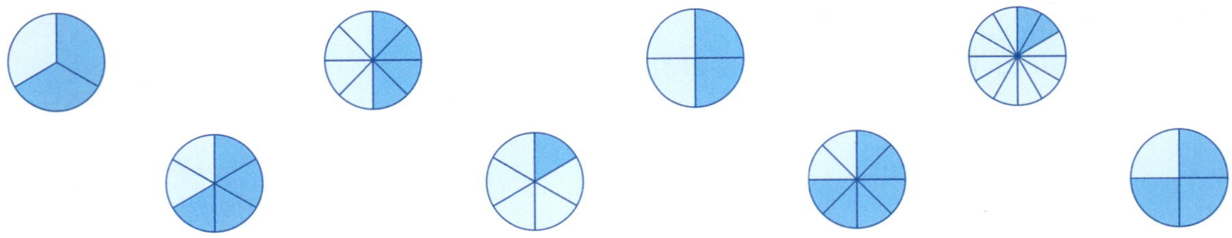

b)

zwei Halbe · ein Viertel · zwei Achtel · zwei Viertel · drei Viertel · sechs Achtel · acht Achtel · vier Achtel

c) 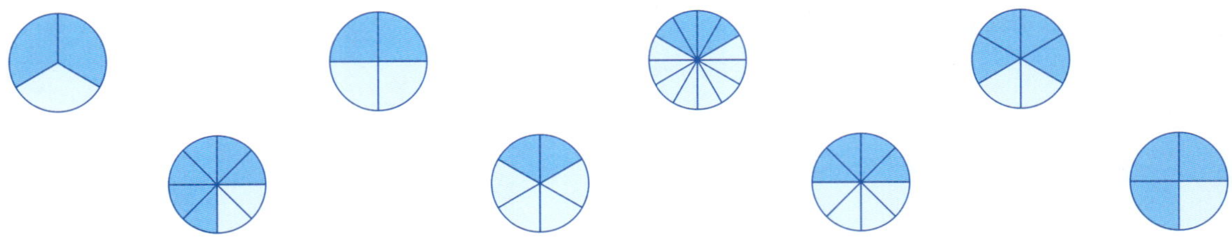

d)

zwei Halbe · zwei Zwölftel · ein Halb · ein Sechstel · zwei Zehntel · zwei Viertel · ein Fünftel · vier Viertel

13 Wie wurde erweitert, gekürzt und umgewandelt? Vervollständige die Lücken.

a) $\frac{3}{\quad} = \frac{\quad \cdot \quad}{\quad \cdot 4} = \frac{\quad}{28}$

b) $\frac{24}{\quad} = \frac{\quad : \quad}{\quad : \quad} = \frac{\quad}{3}$

c) $\frac{6}{\quad} = \frac{\quad \cdot \quad}{\quad \cdot 2} = \frac{\quad}{16}$

d) $\frac{20}{\quad} = \frac{\quad : \quad}{\quad : 4} = \frac{\quad}{3}$

e) $\frac{5}{\quad} = \frac{\quad \cdot \quad}{\quad \cdot 5} = \frac{\quad}{35}$

f) $\frac{\quad}{35} = \frac{\quad : 7}{\quad : \quad} = \frac{7}{\quad}$

14 Kürze so weit wie möglich.

a) $\frac{30}{72} =$

b) $\frac{15}{60} =$

Brüche am Zahlenstrahl

Brüche als Teil einer Strecke

Kann man Brüche auch als Teil einer Strecke darstellen?
Wie zeichne ich zum Beispiel $\frac{3}{5}$?

Ja, ich teile die Strecke in fünf gleiche Teile.

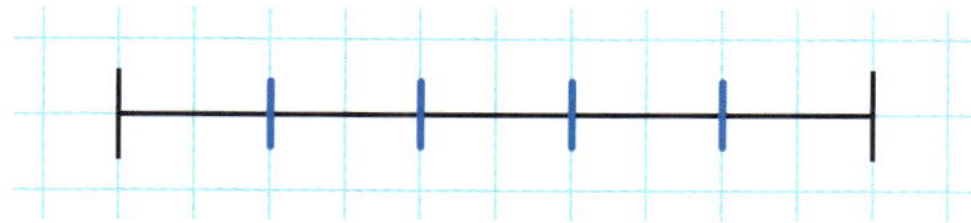

Dann zeichne ich 3 Teile farbig nach.

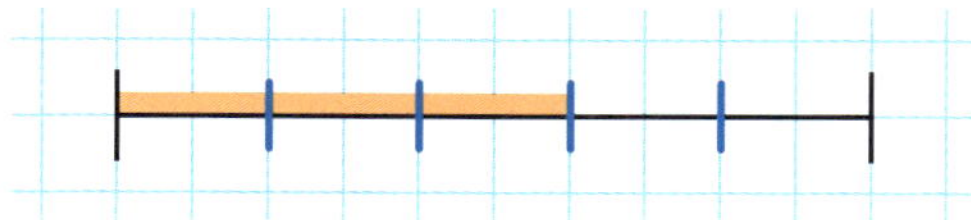

1 Zeichne die Brüche.

a) $\frac{2}{6}$

b) $\frac{7}{8}$

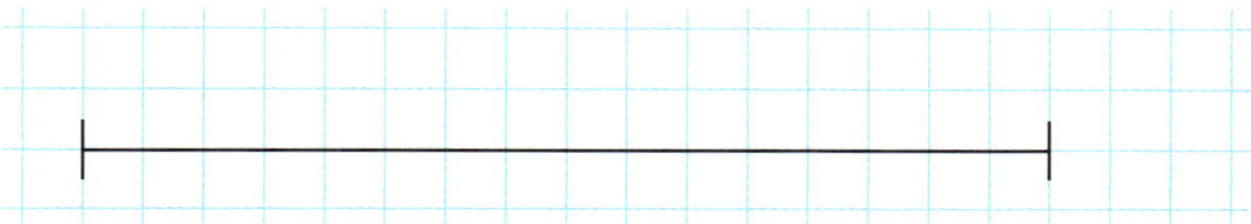

2 Markiere farbig.

a) $\frac{1}{2}$

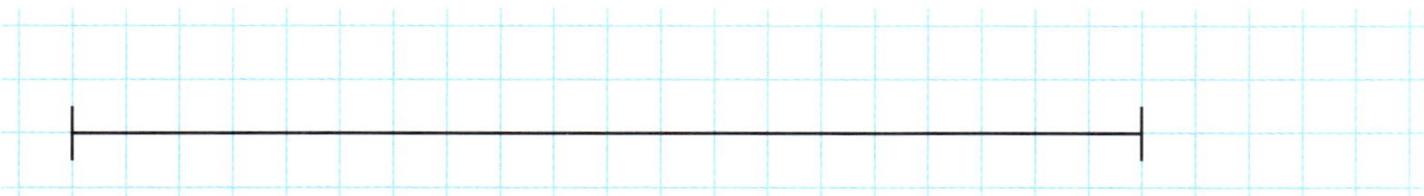

b) $\frac{5}{10}$

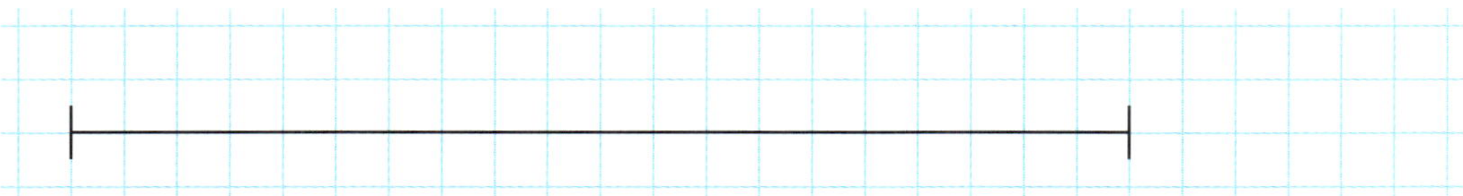

c) $\frac{2}{4}$

d) Was fällt dir auf?

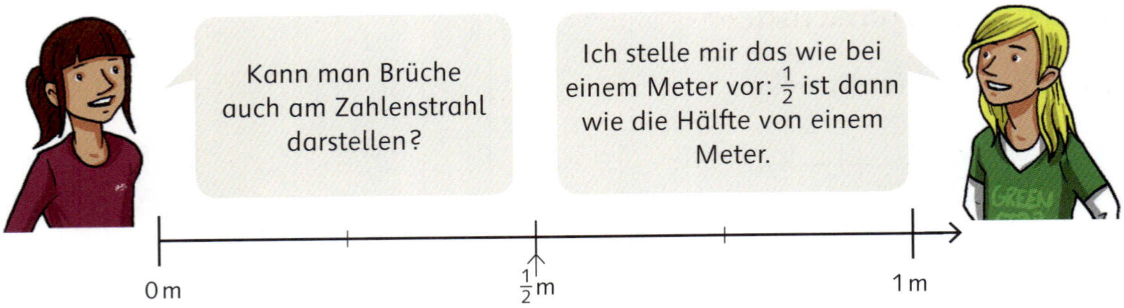

3 Ordne zu. Verbinde.

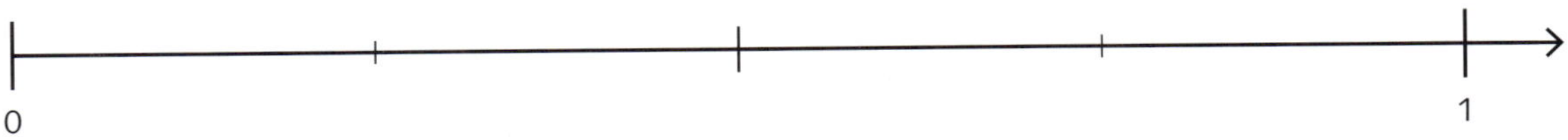

$\frac{1}{4}$ $\frac{2}{4}$ $\frac{3}{4}$

4 Ordne zu: $\frac{1}{10}$, $\frac{2}{10}$, $\frac{3}{10}$, $\frac{4}{10}$, $\frac{5}{10}$, $\frac{6}{10}$, $\frac{7}{10}$, $\frac{8}{10}$, $\frac{9}{10}$, $\frac{10}{10}$

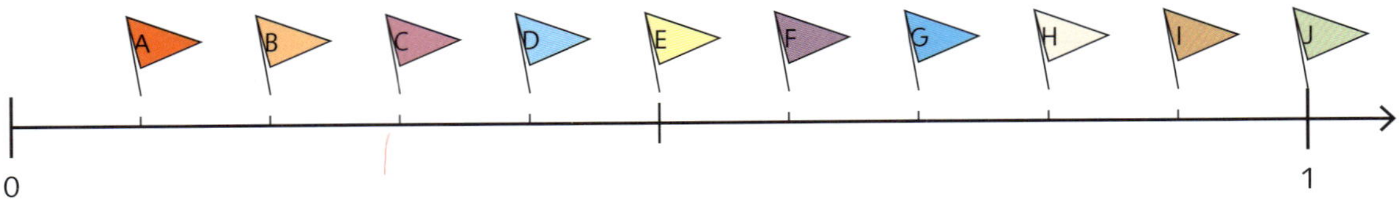

5 Ordne die Brüche richtig zu. Verbinde.

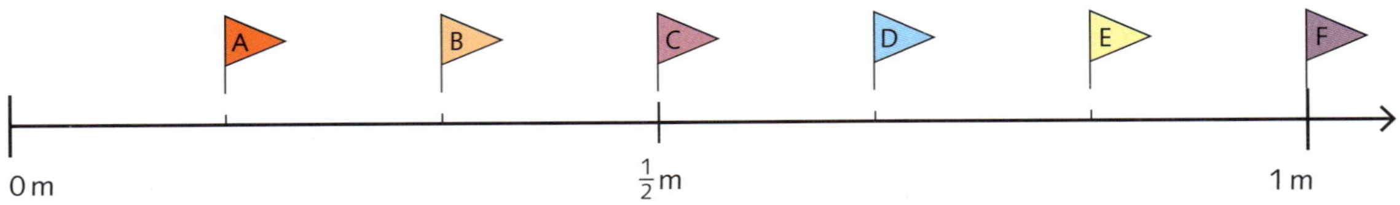

$\frac{2}{6}$ m | $\frac{4}{6}$ m | $\frac{5}{6}$ m | $\frac{1}{6}$ m | $\frac{6}{6}$ m | $\frac{3}{6}$ m

6 Betrachte die Zahlenstrahlen in den Aufgaben **3** bis **5**.

a) Welche Brüche liegen auf dem Zahlenstrahl genau auf $\frac{1}{2}$?

____

b) Finde andere Brüche, die genau auf $\frac{1}{2}$ liegen. Es gibt mehrere Möglichkeiten.

____

7 Markiere die Brüche auf dem Zahlenstrahl.

a) $\frac{1}{2}$

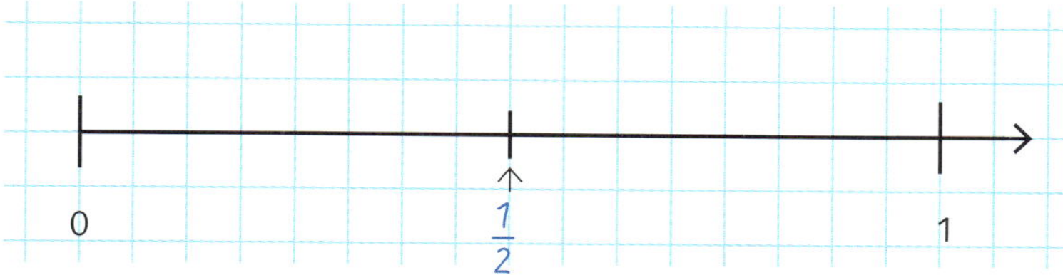

Ich teile die Strecke von 0 bis 1 zuerst in 2 Hälften. Dann markiere ich $\frac{1}{2}$.

b) $\frac{1}{4}$

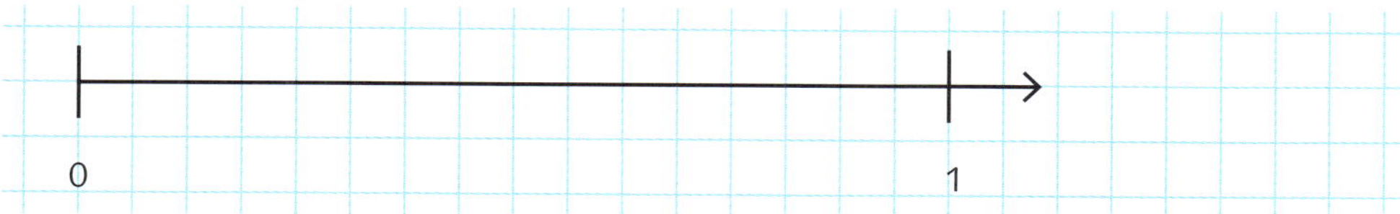

c) $\frac{3}{4}$

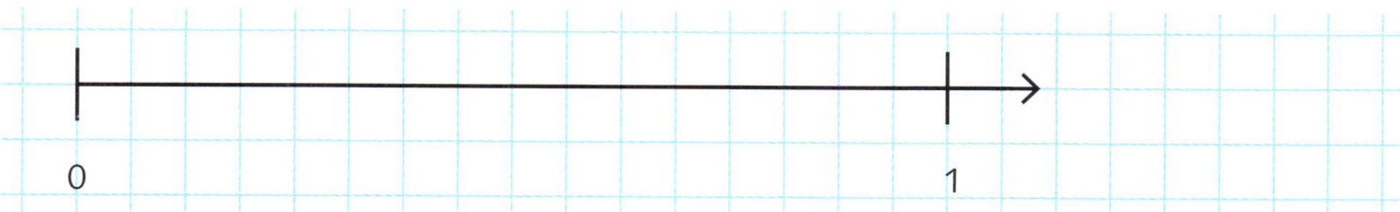

d) $\frac{1}{3}$

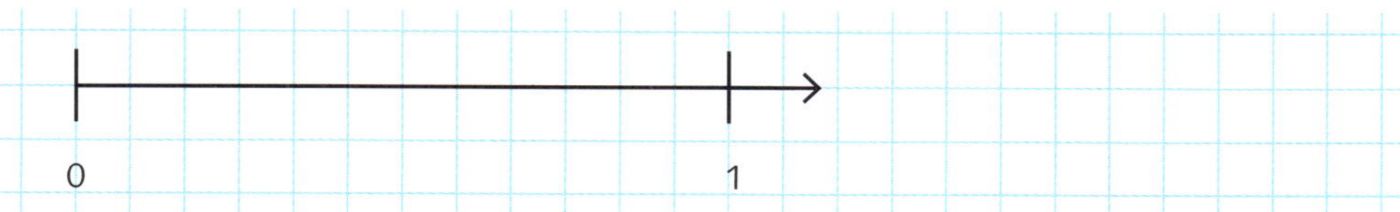

e) $\frac{2}{3}$

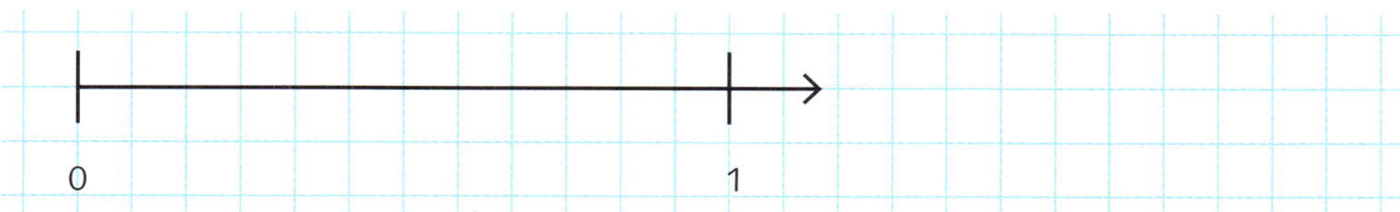

f) $\frac{3}{5}$

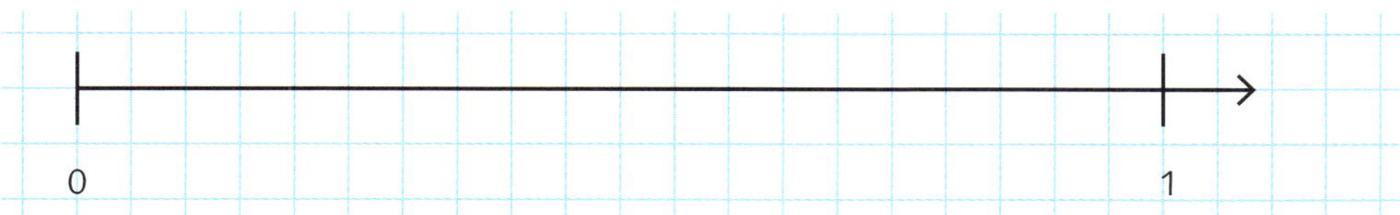

8 Ordne die Brüche richtig zu. Verbinde.

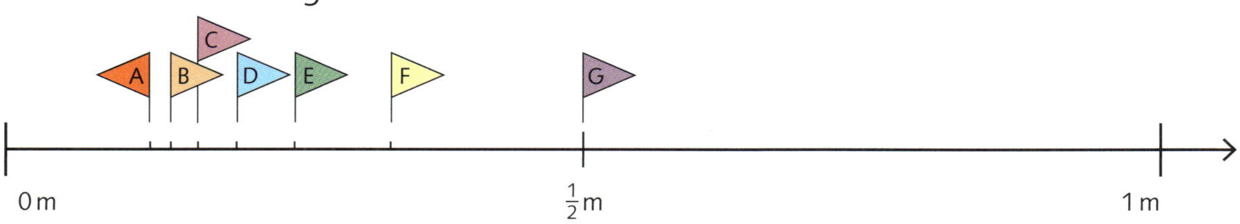

$\frac{1}{7}$ m $\frac{1}{5}$ m $\frac{1}{2}$ m $\frac{1}{4}$ m $\frac{1}{3}$ m $\frac{1}{6}$ m $\frac{1}{8}$ m

Brüche vergleichen und ordnen

1 Schreibe jeweils den Namen des Bruchs auf.
Was ist mehr? Setze >, < oder = ein.

a) 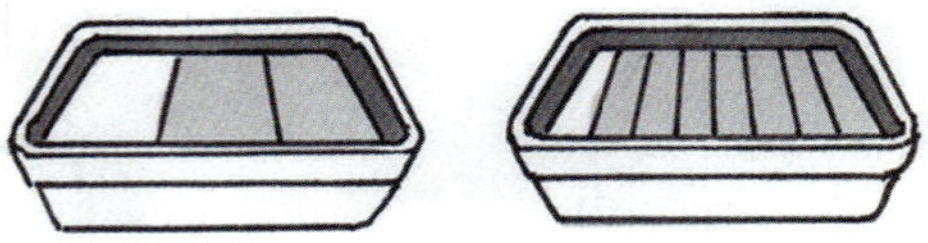

ein Drittel ☐ ein Achtel

b) 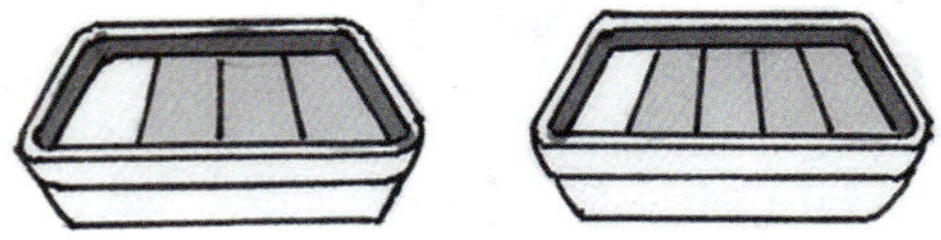

______ ☐ ______

c) 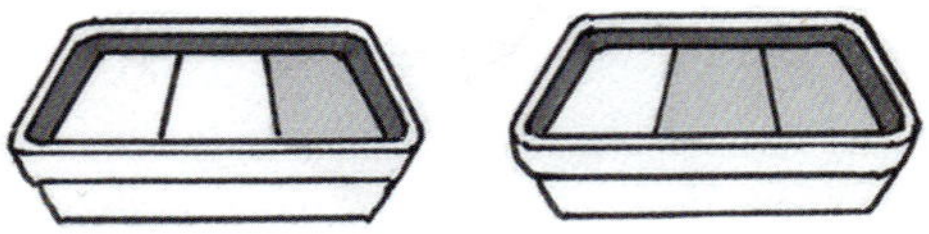

______ ☐ ______

d) 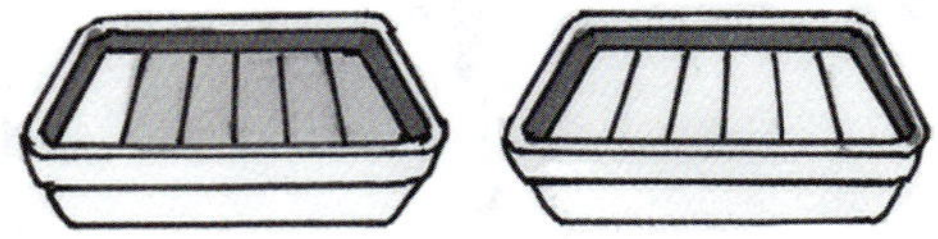

______ ☐ ______

e) 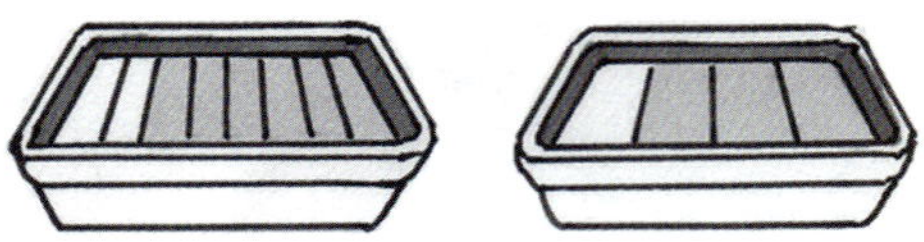

______ ☐ ______

f) 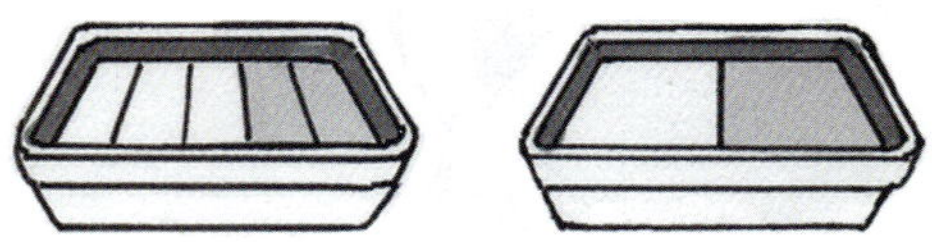

______ ☐ ______

2 Schreibe jeweils den Bruch auf.
Was ist mehr? Setze >, < oder = ein.

a) 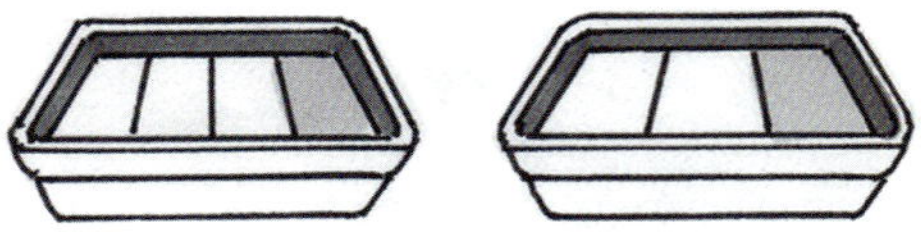

$\frac{3}{4}$ ☐ ☐

b) 

☐ ☐ ☐

c) 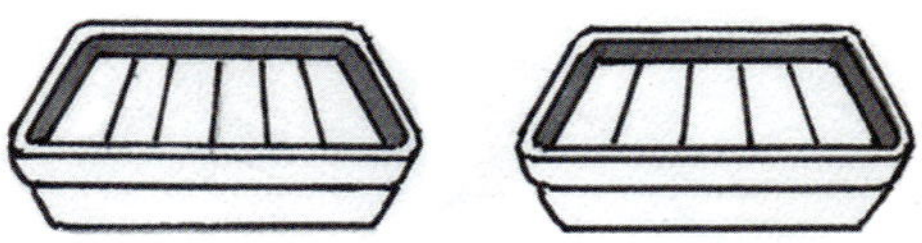

☐ ☐ ☐

d) 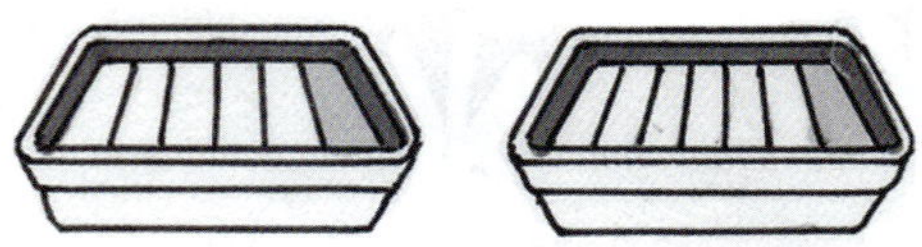

☐ ☐ ☐

3 Schreibe jeweils einen Bruch auf. Was ist mehr? Setze >, < oder = ein.

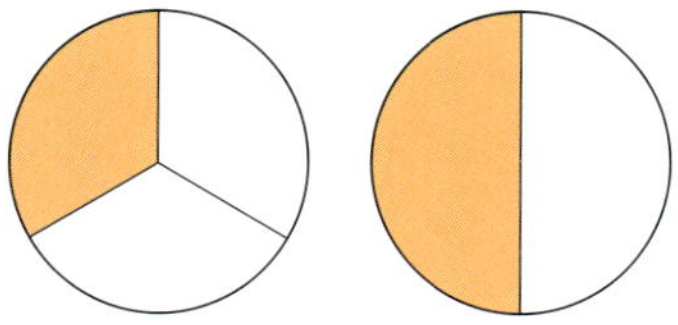 $\square \;\square\; \square$ 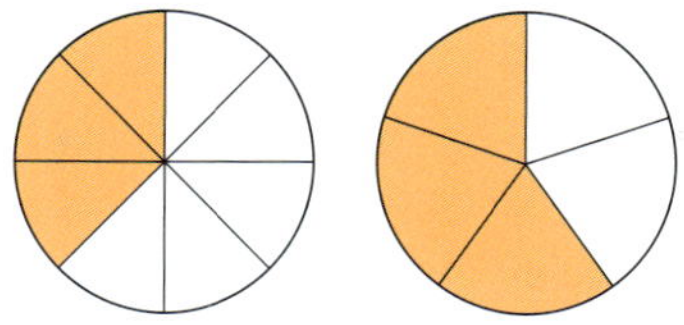 $\square \;\square\; \square$

4 Vergleiche. >, < oder =? Als Hilfe kannst du den Zahlenstrahl nutzen.

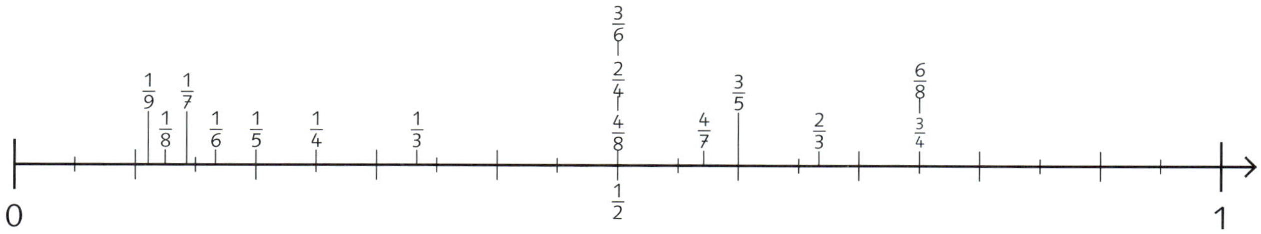

a)
$\frac{1}{3} \square \frac{1}{2}$
$\frac{1}{4} \square \frac{1}{5}$
$\frac{1}{8} \square \frac{1}{7}$
$\frac{1}{7} \square \frac{1}{4}$

b)
$\frac{1}{2} \square \frac{1}{4}$
$\frac{1}{5} \square \frac{1}{6}$
$\frac{1}{9} \square \frac{1}{3}$
$\frac{1}{6} \square \frac{1}{7}$

c)
$\frac{1}{4} \square \frac{3}{4}$
$\frac{2}{3} \square \frac{1}{3}$
$\frac{4}{8} \square \frac{1}{2}$
$\frac{1}{2} \square \frac{2}{4}$

d)
$\frac{1}{2} \square \frac{3}{6}$
$\frac{3}{6} \square \frac{1}{4}$
$\frac{3}{4} \square \frac{6}{8}$
$\frac{4}{7} \square \frac{3}{5}$

Brüche kann man leichter vergleichen, wenn sie denselben Nenner haben. Beispiel:

$\frac{4}{7} \boxed{?} \frac{3}{5}$ NR: $\frac{4 \cdot 5}{7 \cdot 5} = \frac{20}{35}$ $\frac{3 \cdot 7}{5 \cdot 7} = \frac{21}{35}$

$\frac{20}{35} < \frac{21}{35}$, also $\frac{4}{7} < \frac{3}{5}$

Nun kann ich $\frac{20}{35}$ und $\frac{21}{35}$ gut miteinander vergleichen.

5 Vergleiche die Brüche miteinander.
Bringe sie auf einen Nenner und setze <, > oder = ein.

a) $\frac{4}{6} \square \frac{2}{3}$ NR:

b) $\frac{9}{4} \square \frac{34}{20}$ NR:

6 Vergleiche die Brüche. Setze <, > oder = ein.
Forme dazu einen Bruch so um, dass beide Brüche denselben Nenner haben.

a) $\frac{7}{8}$ ☐ $\frac{13}{16}$ NR: $\frac{7 \cdot}{8 \cdot} = \_\_$

b) $\frac{19}{42}$ ☐ $\frac{3}{7}$ NR: $\frac{3 \cdot}{7 \cdot} = \_\_$

c) $\frac{3}{4}$ ☐ $\frac{17}{20}$ NR: $\frac{3 \cdot}{4 \cdot} = \_\_$

d) $\frac{40}{81}$ ☐ $\frac{5}{9}$ NR: $\frac{5 \cdot}{9 \cdot} = \_\_$

e) $\frac{3}{4}$ ☐ $\frac{7}{8}$ NR:

f) $\frac{4}{9}$ ☐ $\frac{7}{18}$ NR:

g) $\frac{6}{9}$ ☐ $\frac{2}{3}$ NR:

h) $\frac{8}{7}$ ☐ $\frac{30}{21}$ NR:

7 Ordne die Brüche der Größe nach. Beginne mit dem kleinsten Bruch. Als Hilfe kannst du den Zahlenstrahl nutzen.

a) $\frac{7}{8}; \frac{1}{8}; \frac{5}{8}; \frac{3}{8}; \frac{2}{8}; \frac{6}{8}$

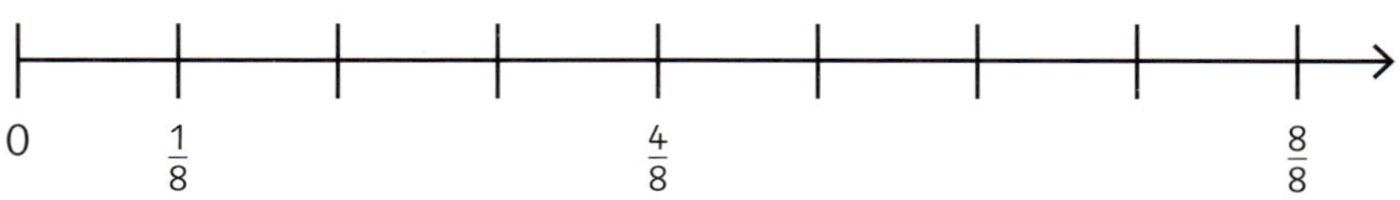

b) $\frac{1}{4}; \frac{1}{9}; \frac{1}{3}; \frac{1}{7}; \frac{1}{2}; \frac{1}{10}$

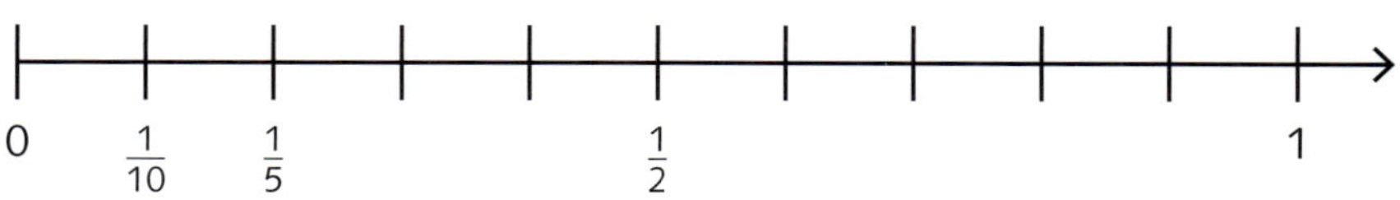

Gleichnamige Brüche addieren und subtrahieren

1 Wie viel ist es zusammen? Schreibe auf.

a)

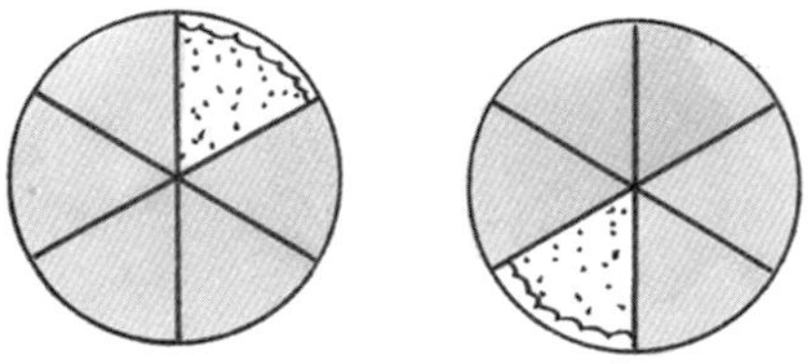

ein Sechstel + ein Sechstel

= ______________________

b)

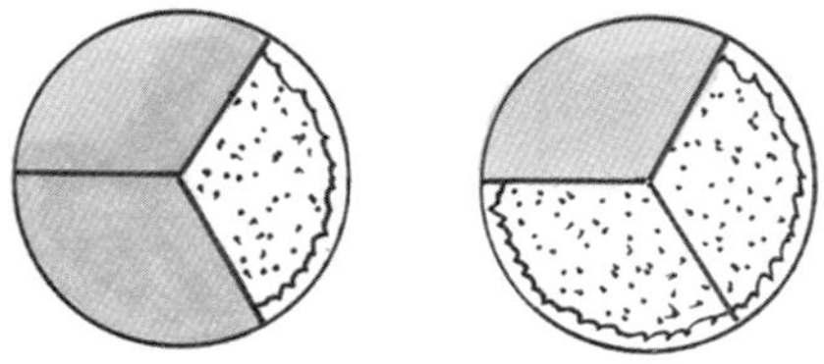

ein Drittel + zwei Drittel

= ______________________

2 Welche Zeichnung passt zur Aufgabe?
Verbinde und löse die Aufgaben.

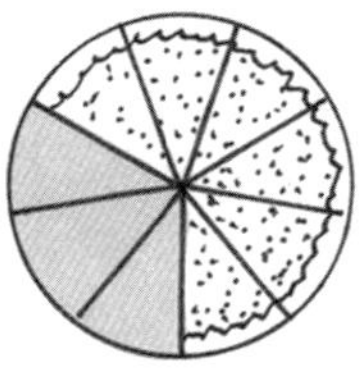
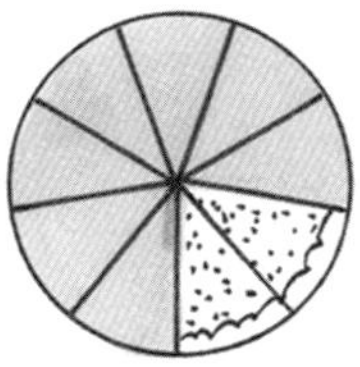

drei Siebtel + vier Siebtel

= ______________________

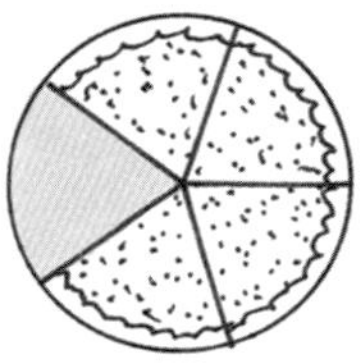
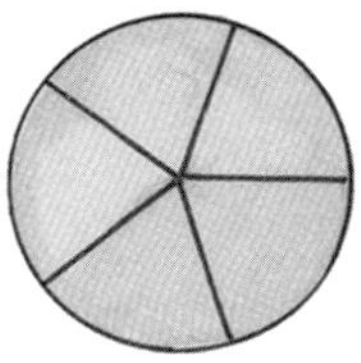

sechs Neuntel + zwei Neuntel

= ______________________

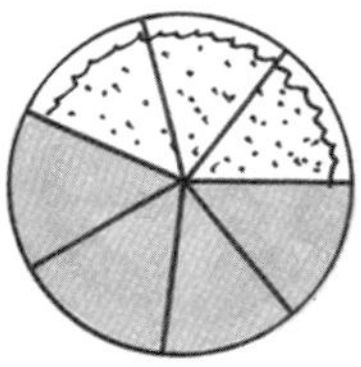
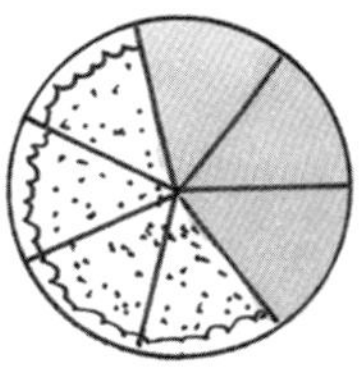

drei Sechstel + zwei Sechstel

= ______________________

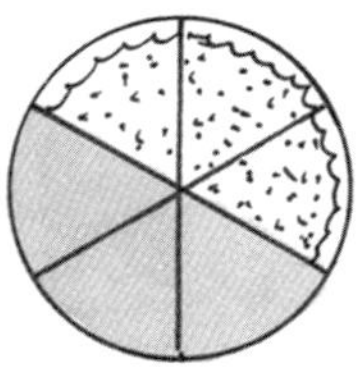
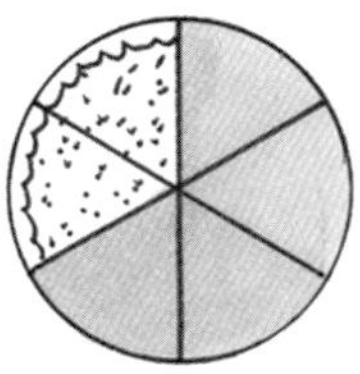

vier Fünftel + null Fünftel

= ______________________

3 Schreibe zuerst die Brüche auf und löse dann die Aufgabe.

a) ein Drittel + ein Drittel

b) zwei Viertel + ein Viertel

c) sieben Zehntel + zwei Zehntel

4 Wie viel bleibt übrig? Schreibe auf.

a)

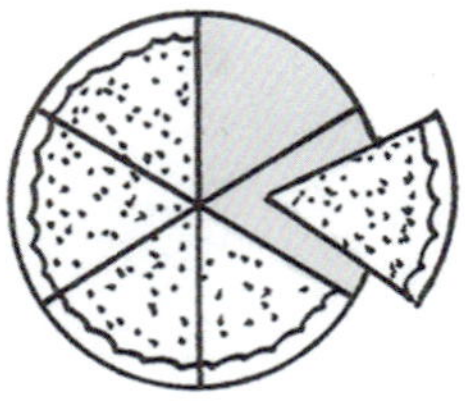

fünf Sechstel – ein Sechstel

= ______

b)

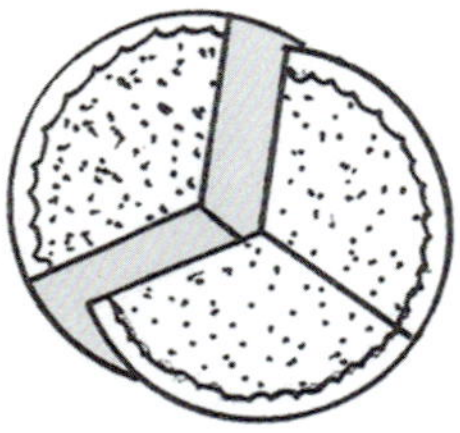

drei Drittel – zwei Drittel

= ______

5 Welche Zeichnung passt zur Aufgabe?
Verbinde und löse die Aufgaben.

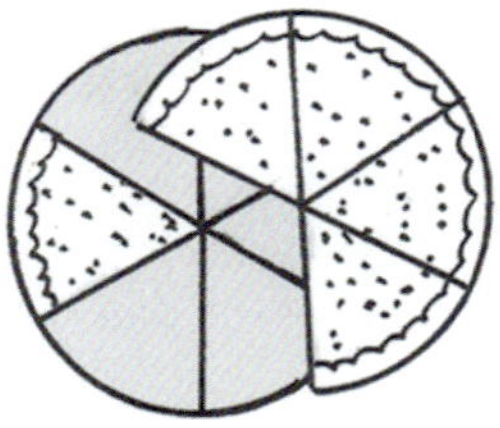

sechs Siebtel – zwei Siebtel

= ______

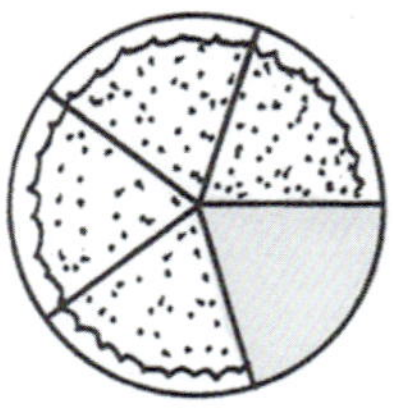

neun Zehntel – fünf Zehntel

= ______

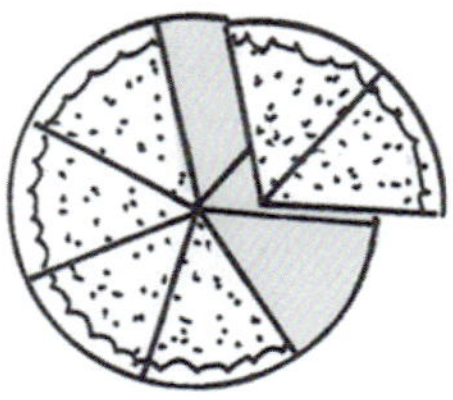

fünf Sechstel – vier Sechstel

= ______

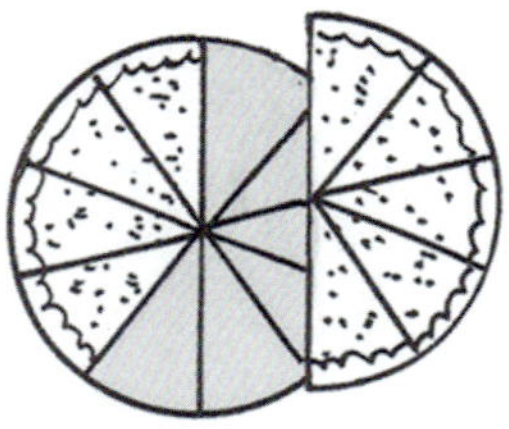

vier Fünftel – null Fünftel

= ______

6 Schreibe zuerst die Brüche auf und löse dann die Aufgabe.

a) drei Drittel – ein Drittel ______

b) vier Viertel – zwei Viertel ______

c) acht Zehntel – zwei Zehntel ______

7 Wie viel ist es zusammen?

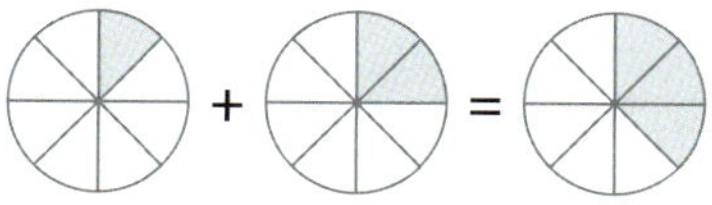 *ein Achtel* + *zwei Achtel* = ____

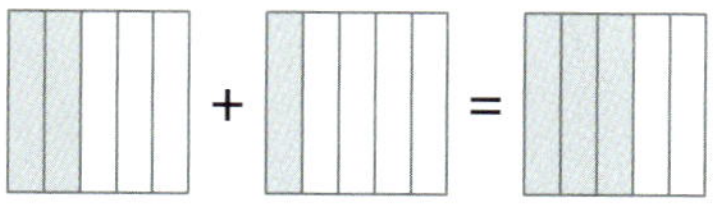 ____ + ____ = ____

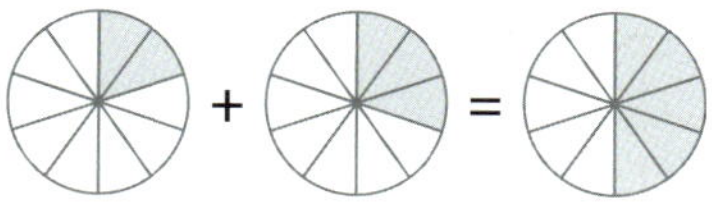 ____ + ____ = ____

8 Wie viel ist es zusammen? Ergänze die Skizzen.

ein Achtel + ein Achtel = ____ 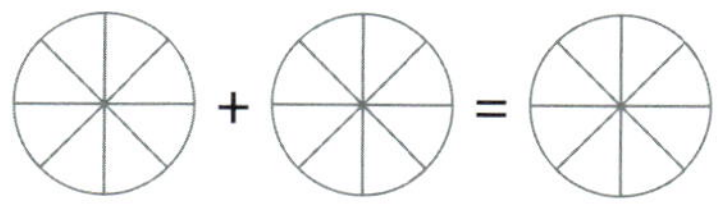

ein Viertel + drei Viertel = ____ 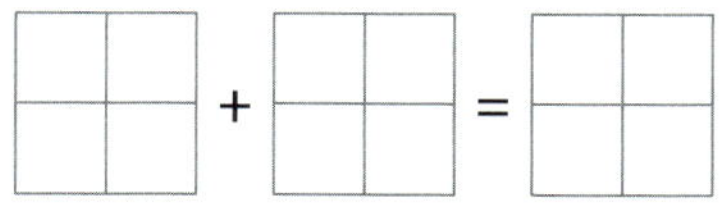

$\frac{3}{6} + \frac{2}{6} =$ ____ 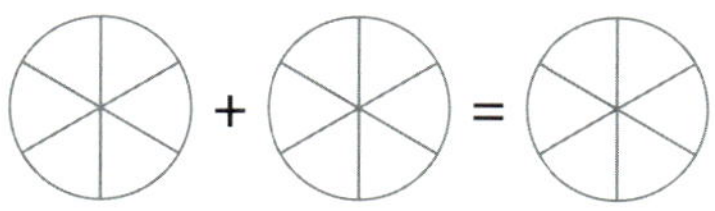 $\frac{4}{9} + \frac{3}{9} =$ ____ 

$\frac{1}{5} + \frac{3}{5} =$ ____ 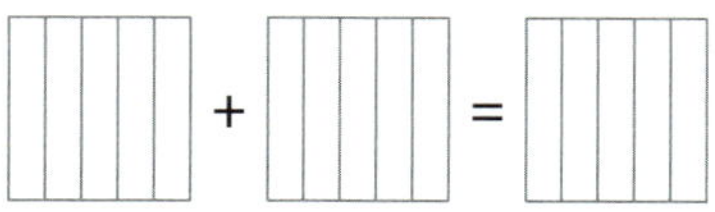 $\frac{4}{10} + \frac{5}{10} =$ ____ 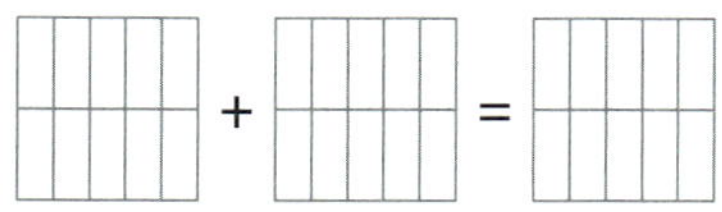

9 Wie viel bleibt übrig?

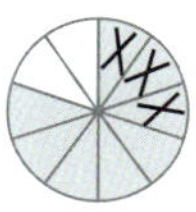 *acht Zehntel* − *drei Zehntel* = ____

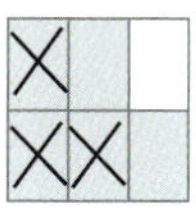 ____ − ____ = ____

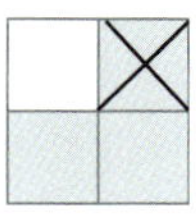 ____ − ____ = ____

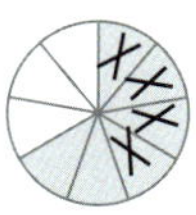 ____ − ____ = ____

10 Wie viel bleibt übrig? Ergänze die Skizzen.

drei Viertel − ein Viertel = ____ 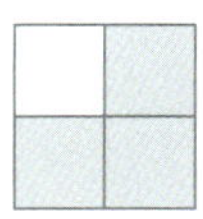

fünf Neuntel − zwei Neuntel = ____ 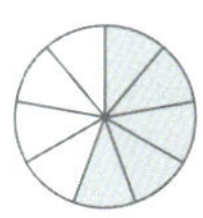

$\frac{7}{8} - \frac{5}{8} =$ ____ 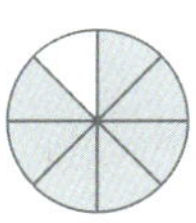 $\frac{3}{5} - \frac{1}{5} =$ ____ 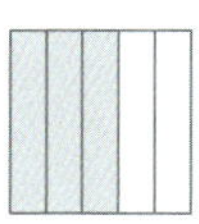 $\frac{4}{6} - \frac{3}{6} =$ ____ 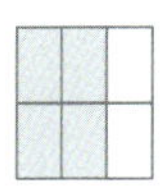

Ungleichnamige Brüche addieren und subtrahieren

1 Wie viel ist es zusammen? Erweitere zuerst.

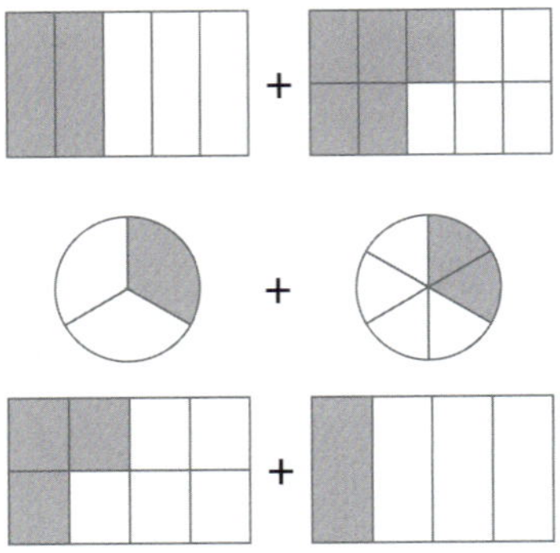

zwei Fünftel + fünf Zehntel = neun Zehntel

______ + ______ = ______

______ + ______ = ______

2 Wie viel ist es zusammen? Erweitere die Brüche zuerst, bevor du rechnest. Ergänze die Skizzen.

$\frac{2}{4} + \frac{3}{8} =$ ____

$\frac{4}{8} + \frac{1}{2} =$ ____

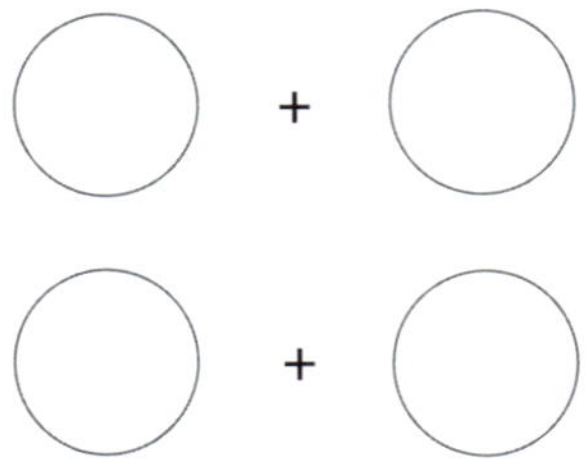

$\frac{2}{3} + \frac{1}{6} =$ ____

$\frac{3}{9} + \frac{1}{3} =$ ____

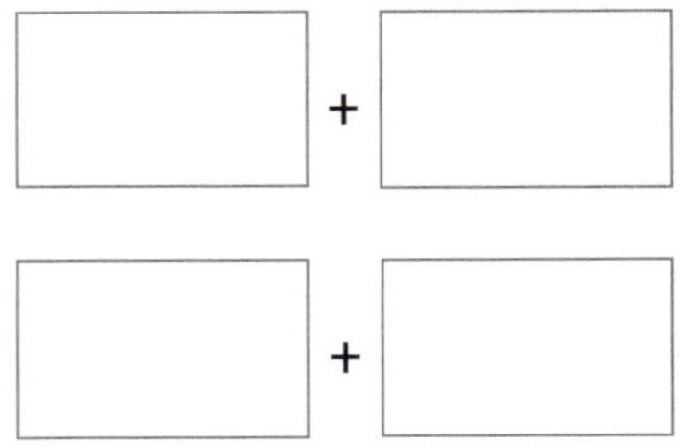

3 Wie viel bleibt übrig? Erweitere zuerst.

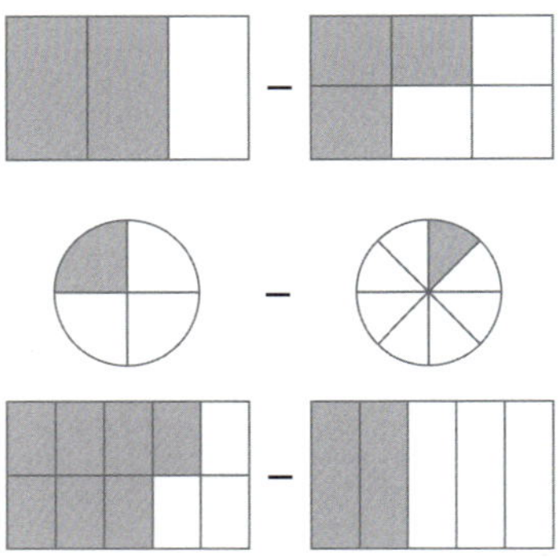

zwei Drittel – drei Sechstel = ein Sechstel

______ – ______ = ______

______ – ______ = ______

4 Wie viel bleibt übrig? Erweitere die Brüche zuerst, bevor du rechnest. Ergänze die Skizzen.

$\frac{3}{4} - \frac{5}{8} =$ ____

$\frac{6}{8} - \frac{1}{2} =$ ____

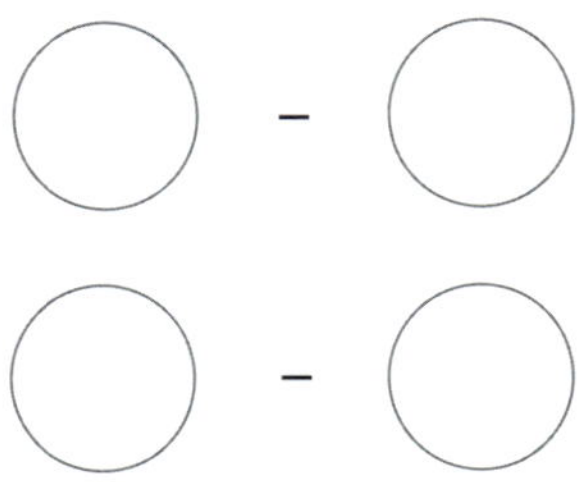

$\frac{1}{3} - \frac{1}{6} =$ ____

$\frac{7}{9} - \frac{2}{3} =$ ____

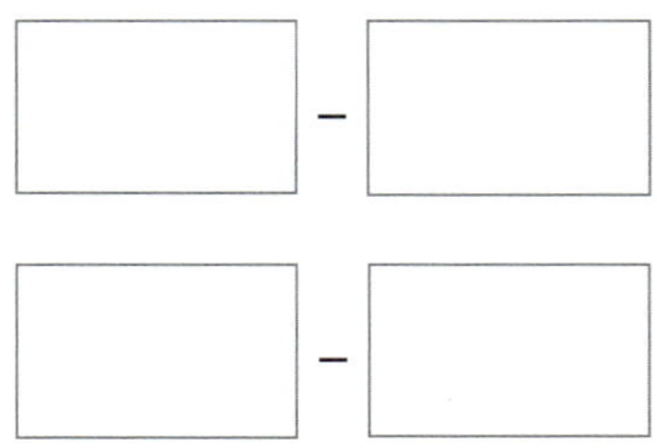

Winkel und Winkelarten

Zwei Geraden laufen aufeinander zu.

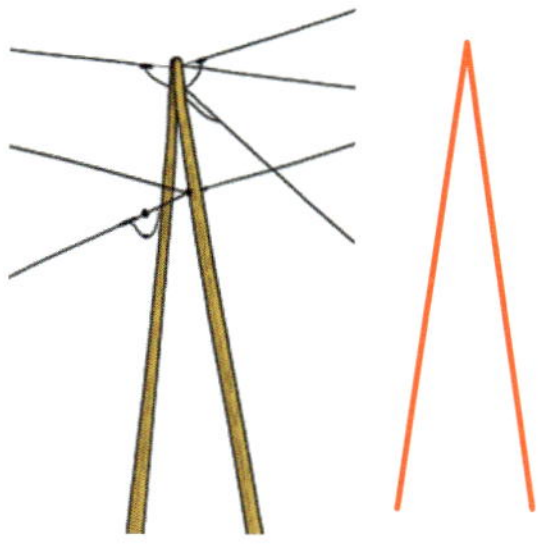

Strommasten

Fahrzeugkran und Seil

Winkel entstehen, wenn zwei Geraden aufeinandertreffen.

1 Vervollständige die Winkel, indem du den zweiten Schenkel zeichnest.

a) 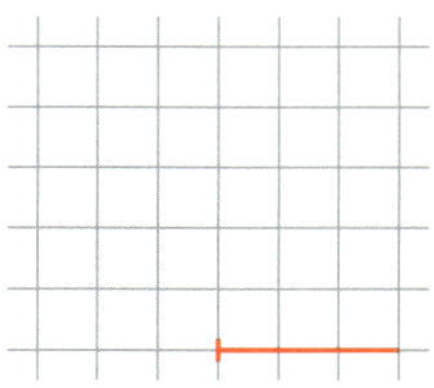

spitzer Winkel

b) 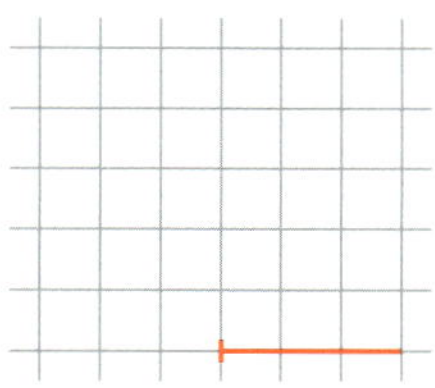

rechter Winkel

c) 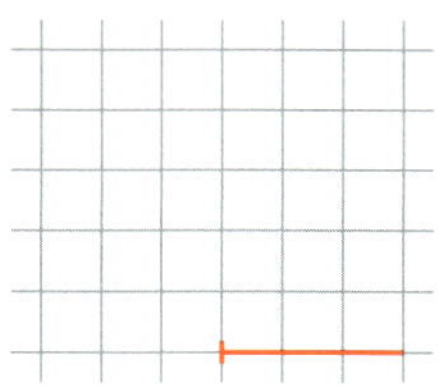

stumpfer Winkel

d) 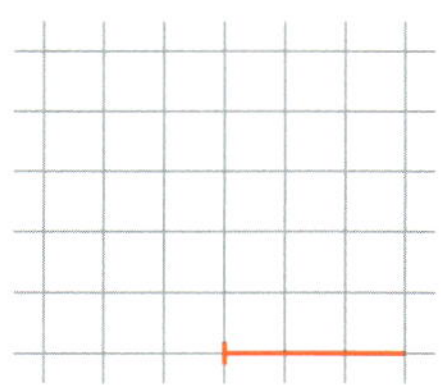

gestreckter Winkel

2 Baue eine Winkelscheibe.

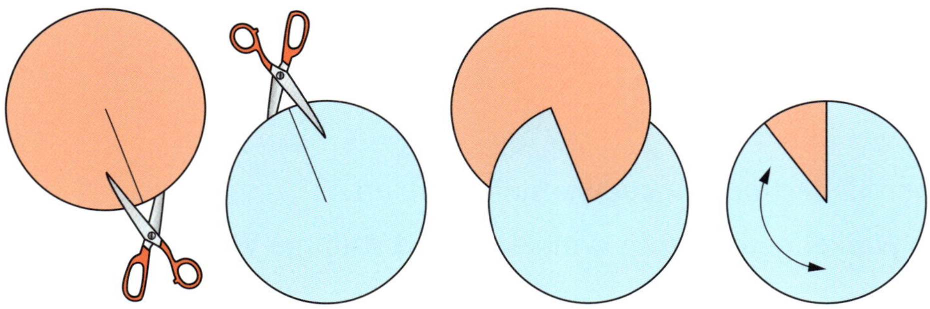

3 Spitzer, rechter, stumpfer oder überstumpfer Winkel? Schreibe die Winkelart auf.

a) 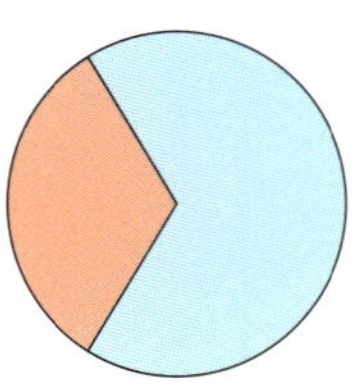

b) 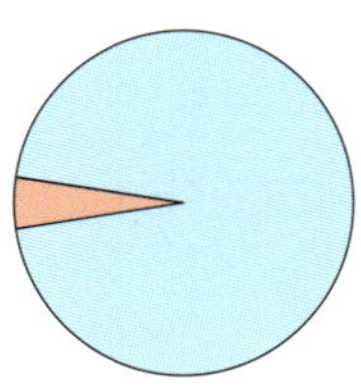

c) 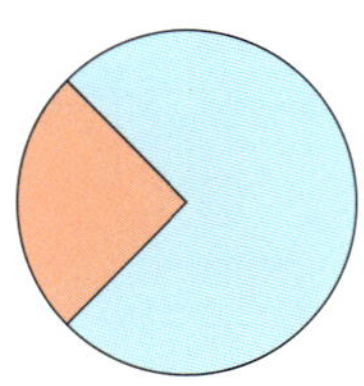

d) 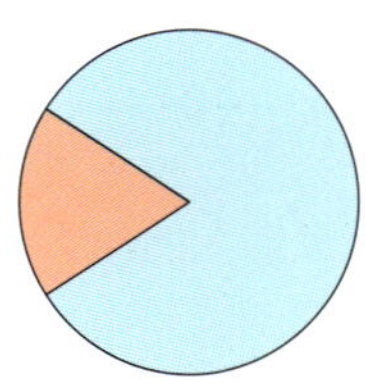

e) 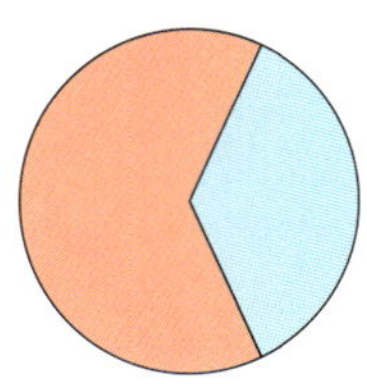

Ein Winkel wird von zwei **Schenkeln** begrenzt. Die beiden Schenkel haben einen Punkt gemeinsam. Diesen Punkt nennt man **Scheitelpunkt**.
Winkel werden mit griechischen Buchstaben bezeichnet:
alpha α beta β gamma γ
delta δ epsilon ε

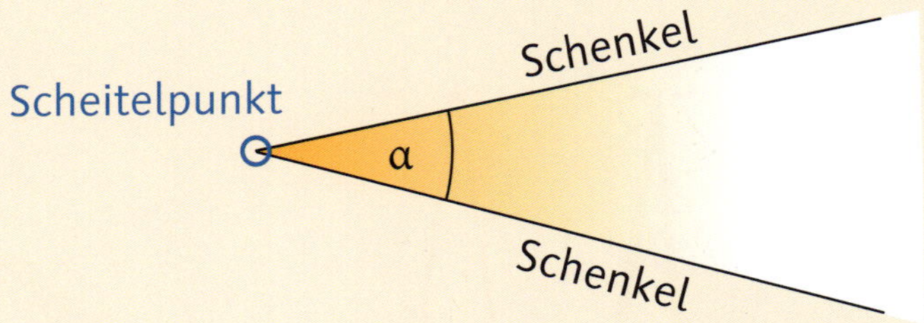

4 Schreibe α, β und γ.

5 In den Zeichnungen findest du Winkel. Sie sind markiert.
Male alle spitzen Winkel gelb, rechte Winkel rot und stumpfe Winkel blau.

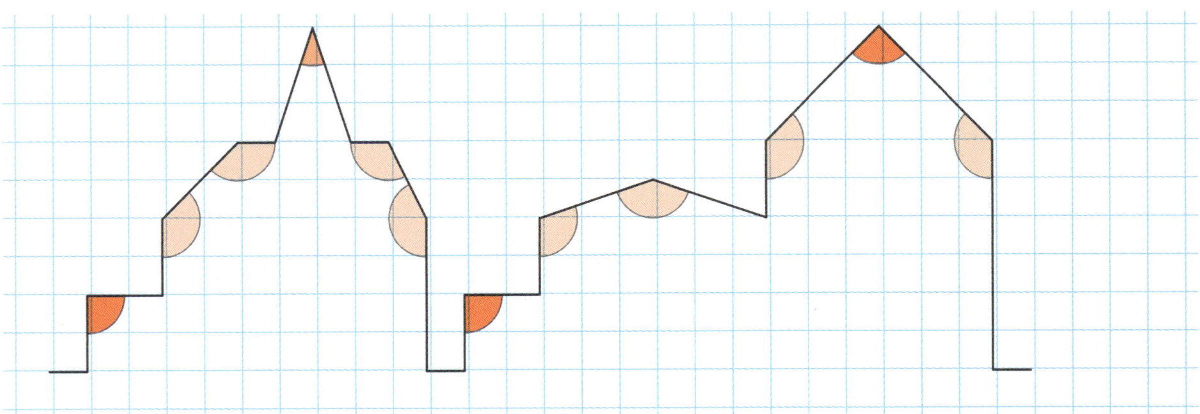

Ich finde ______ spitze Winkel, ______ rechte Winkel, ______ stumpfe Winkel.

6 Zeichne die folgenden Zeitspannen in die Ziffernblätter ein.
Schreibe die Winkelart auf.

a) von 3 Uhr bis 6 Uhr

rechter Winkel

b) von 3 Uhr bis 9 Uhr

c) von 3 Uhr bis 12 Uhr

d) von 6 Uhr bis 9 Uhr

e) von 7 Uhr bis 12 Uhr

f) von 4 Uhr bis 12 Uhr

g) von 2 Uhr bis 3 Uhr

h) von 6 Uhr bis 11 Uhr

i) von 4 Uhr bis 15 Uhr

j) von 18 Uhr bis 20 Uhr

k) von 7 Uhr bis 15 Uhr

l) von 4 Uhr bis 16 Uhr

Winkel messen

1

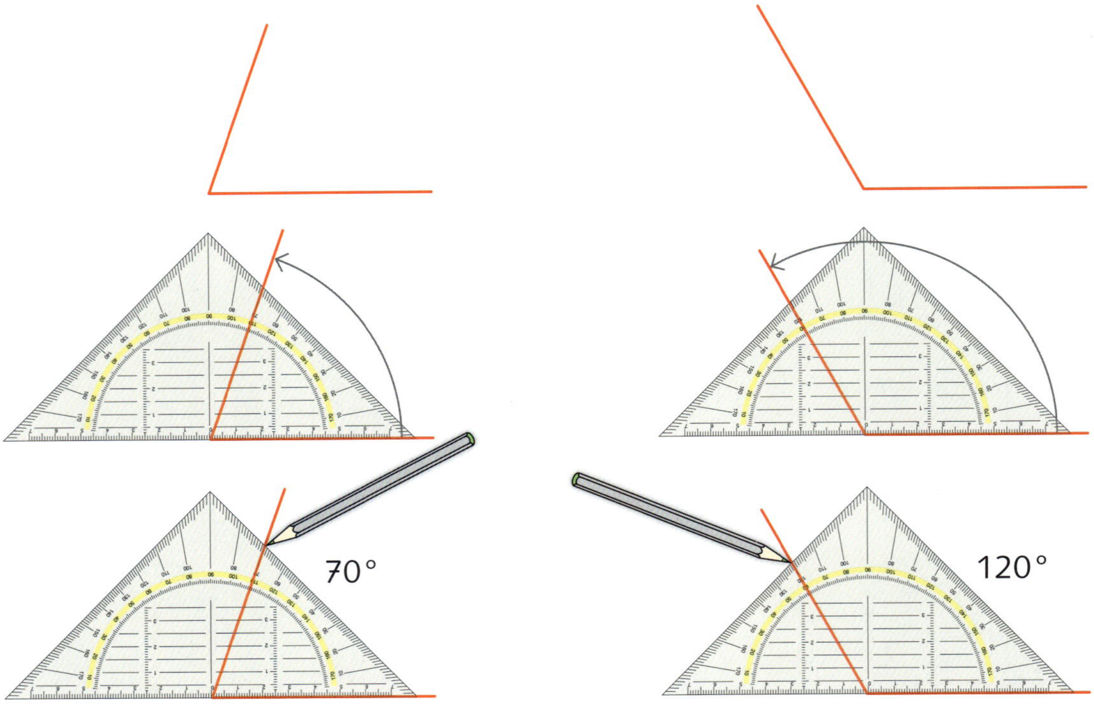

Winkel werden in Grad gemessen. Das Zeichen für Grad ist °.

Setze die Begriffe richtig ein.

1. Lege den ______ des Geodreiecks genau auf den Scheitelpunkt des Winkels.
2. Achte darauf, dass die lange Kante des Geodreiecks am unteren ______ des Winkels liegt.
3. Betrachte den zweiten Schenkel: Wo trifft er auf den Winkelmesser des Geodreiecks? Lies dort außen die ______ ab.

Schenkel | Gradzahl | Nullpunkt

2 Miss die Winkel nach den Schritten der Anleitung.

a)

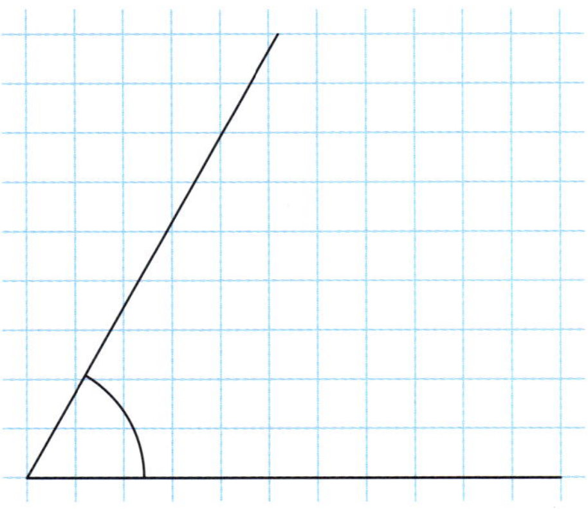

α = ______

b)

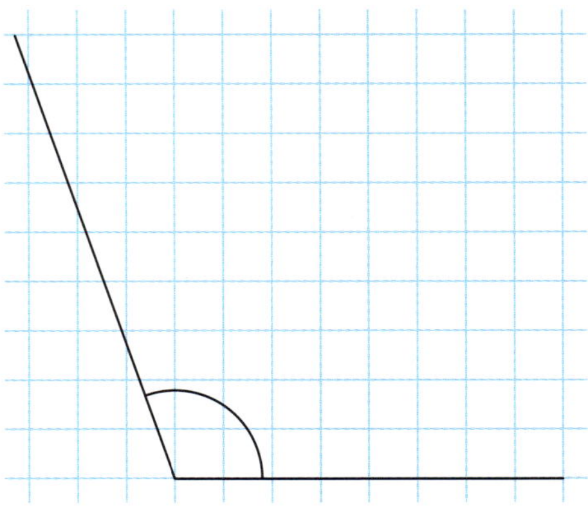

β = ______

3 Wie groß sind die Winkel?
Schätze die Größe des Winkels.
Miss genau.
Vergleiche beide Ergebnisse.

a)

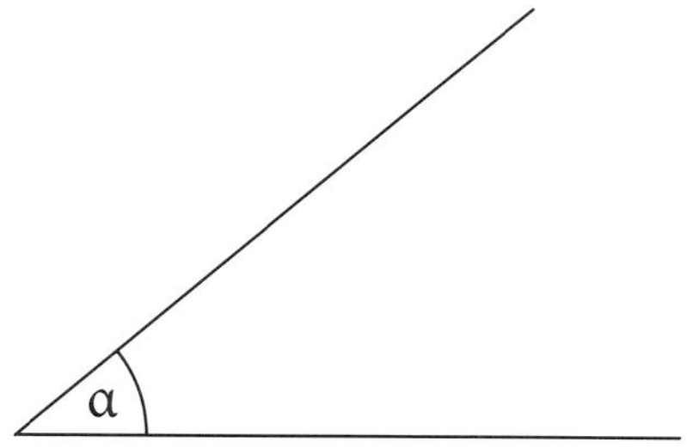

geschätzt: ....

gemessen: ....

Vergleich: ☺ ☹

b)

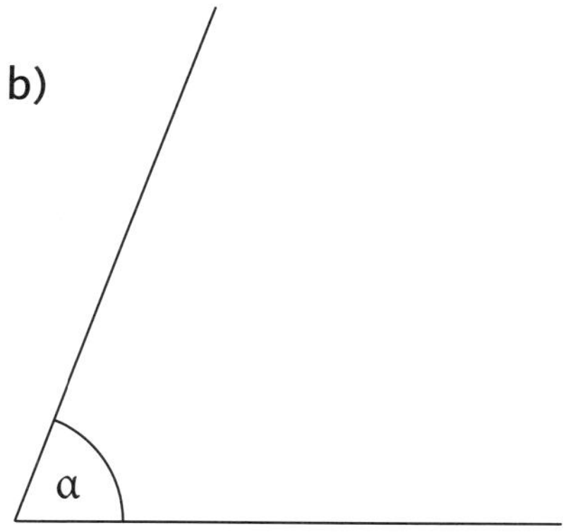

geschätzt: ....

gemessen: ....

Vergleich: ☺ ☹

c)

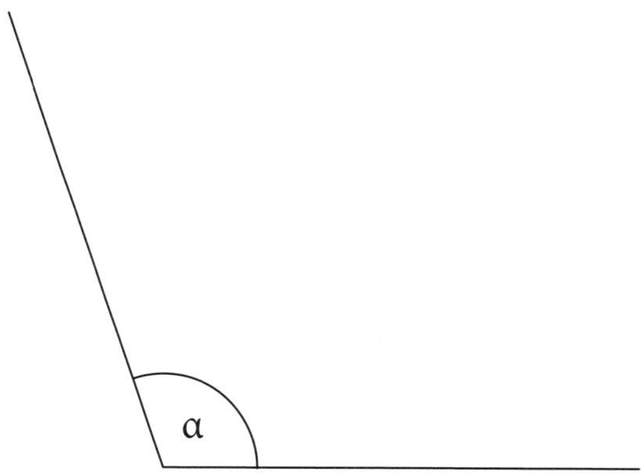

geschätzt: ....

gemessen: ....

Vergleich: ☺ ☹

d)

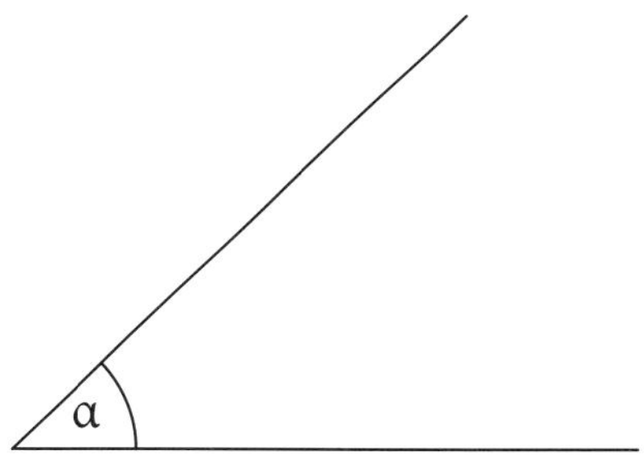

geschätzt: ....

gemessen: ....

Vergleich: ☺ ☹

e)

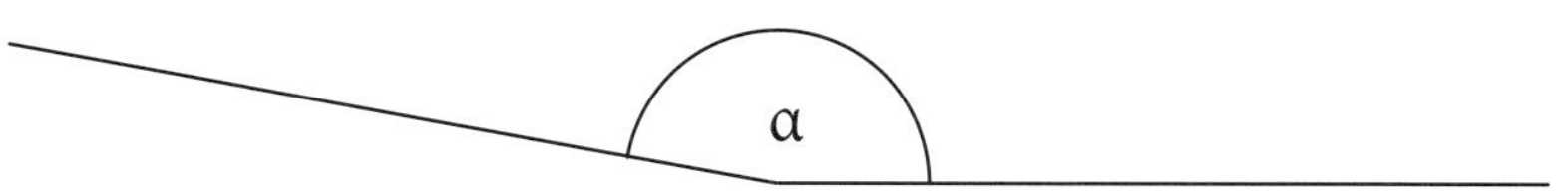

geschätzt: ....

gemessen: ....

Vergleich: ☺ ☹

4 Wie groß sind die Winkel?

a)

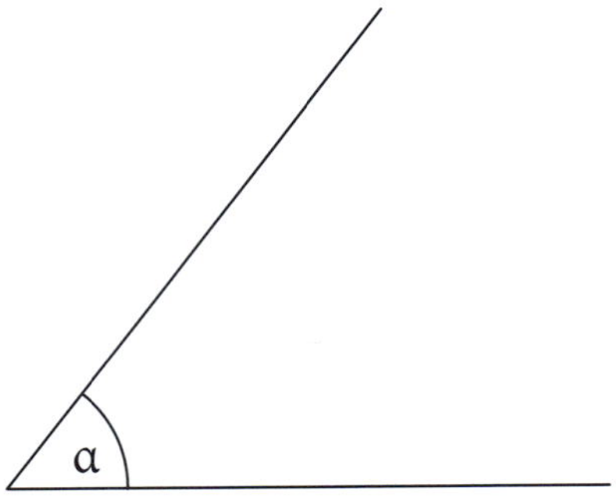

geschätzt: ______

gemessen: ______

Vergleich: ☺ ☹

b)

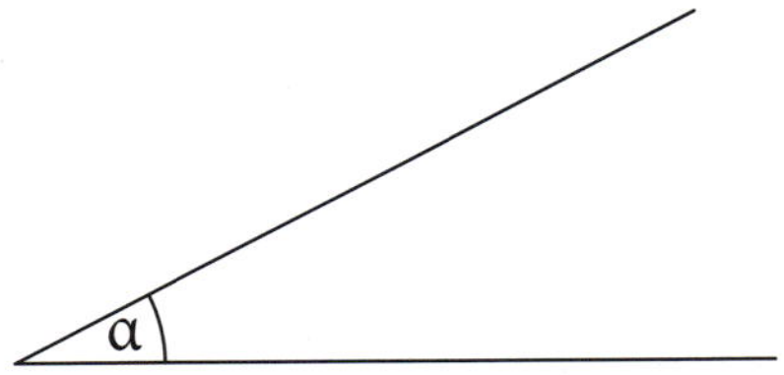

geschätzt: ______

gemessen: ______

Vergleich: ☺ ☹

c)

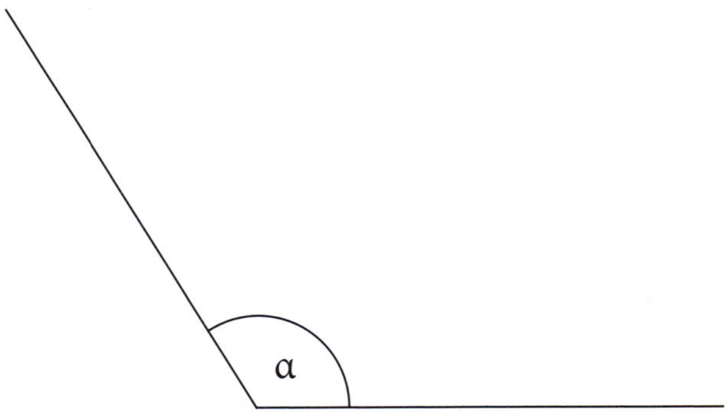

geschätzt: ______

gemessen: ______

Vergleich: ☺ ☹

d)

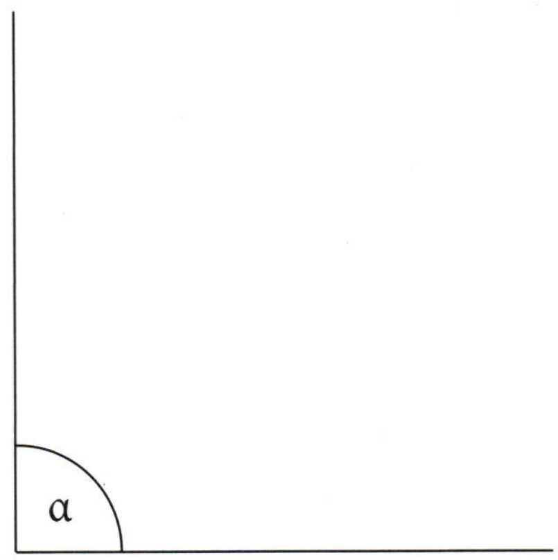

geschätzt: ______

gemessen: ______

Vergleich: ☺ ☹

Bei einem überstumpfen Winkel zeichne ich eine Hilfslinie mit dem gestreckten Winkel ein. Dann messe ich den kleinen spitzen Winkel …

e)

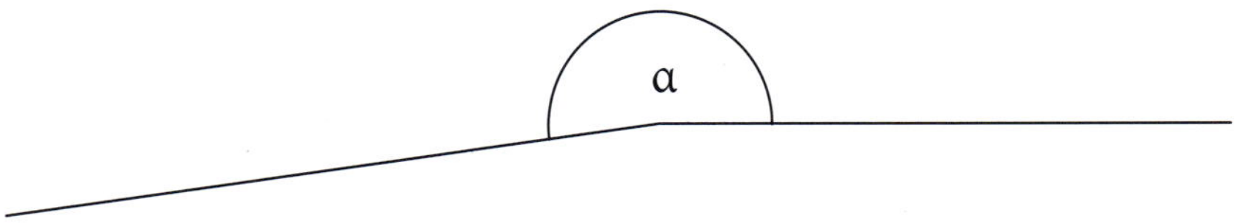

geschätzt: ______

gemessen und berechnet:

______

Vergleich: ☺ ☹

Winkel zeichnen

α = 60°

1 Zeichne einen Schenkel und markiere den Scheitelpunkt.

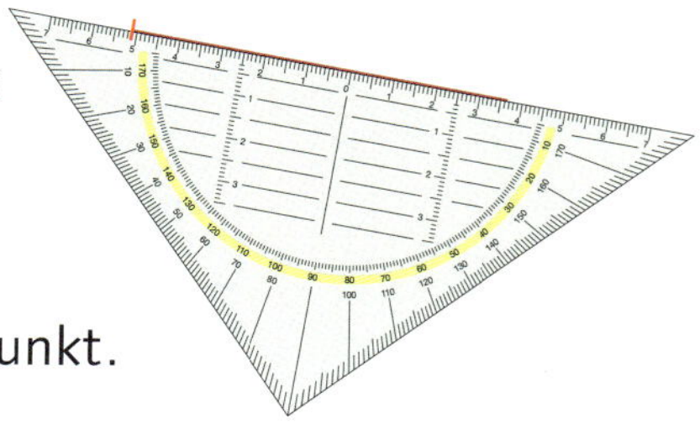

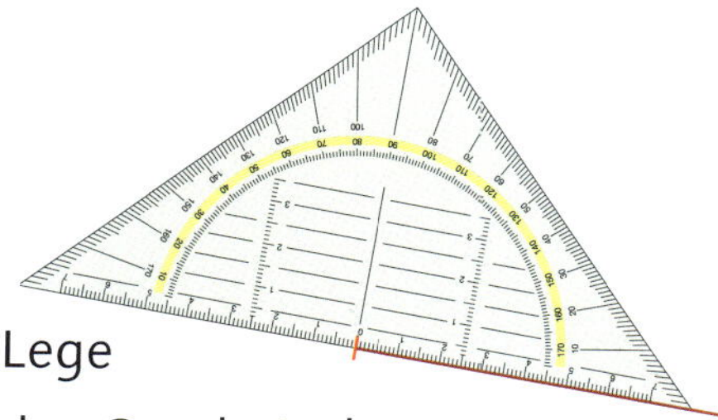

2 Lege das Geodreieck genau an. Achte auf die Null.

3 Lies die Gradzahl ab und markiere sie.

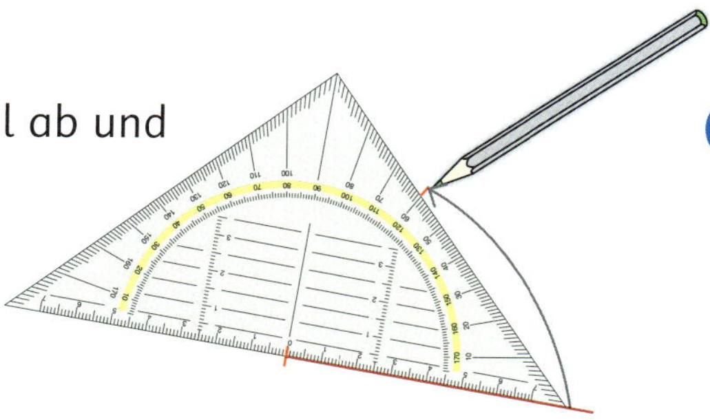

4 Zeichne den zweiten Schenkel.

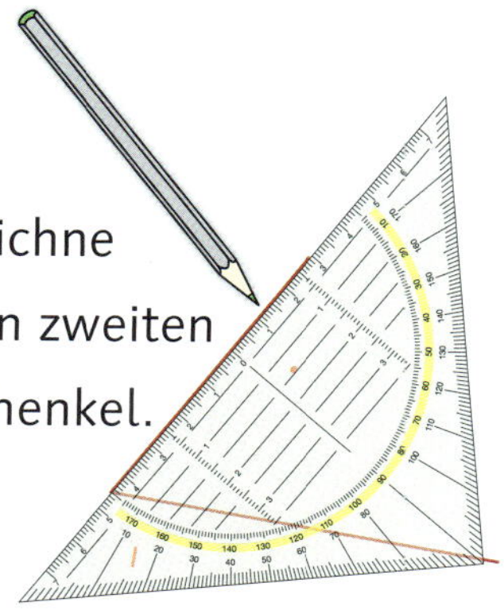

5 Ergänze den Winkelbogen. Benenne den Winkel.

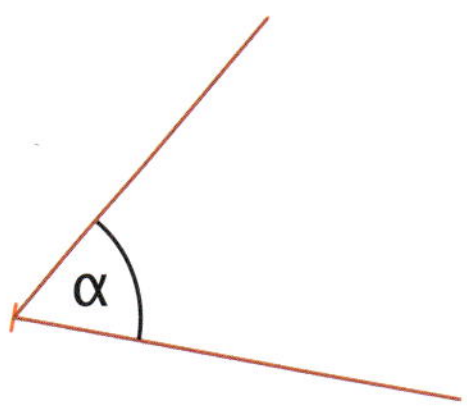

Winkel werden mit griechischen Buchstaben bezeichnet: α = alpha.

1 Zeichne die Winkel.

a) 100°

b) 60°

c) 78°

d) 112°

2 Zeichne die Winkel.

a) 90°

b) 45°

c) 110°

d) 70°

e) 50°

f) 135°

g) 15°

h) 155°

i) 63°

j) 123°

3 So zeichnest du einen überstumpfen Winkel von 285° mit dem Geodreieck:

1

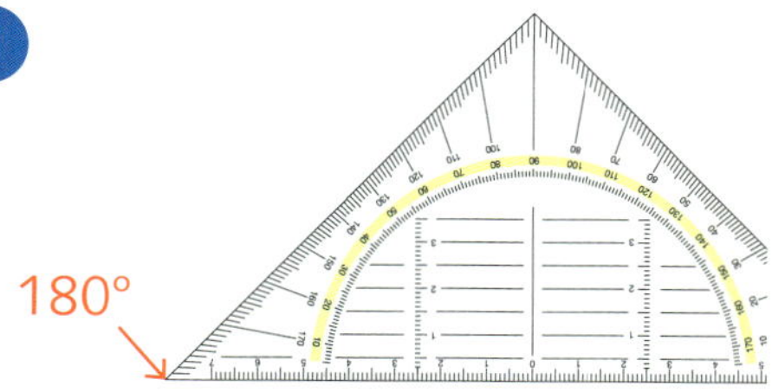

Da das Geodreieck nur Winkel bis 180° anzeigt, nutzt du zum Zeichnen eines überstumpfen Winkels einen Trick.

2

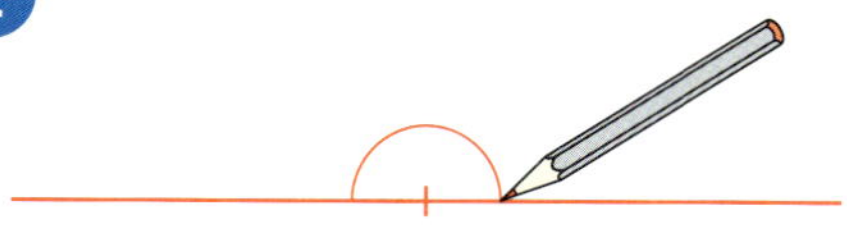

Zuerst zeichnest du einen Winkel von 180°.
Zeichne den ersten Schenkel und markiere den Scheitelpunkt des Winkels.
Dann verlängere den Schenkel nach links auf die andere Seite des Scheitelpunkts.
Nun zeichne den Winkelbogen ein.

3

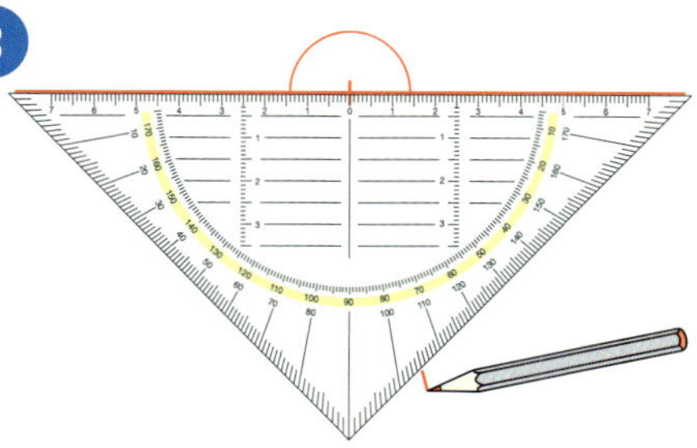

Drehe das Geodreieck um und lege es mit dem Nullpunkt an den Scheitelpunkt.
Errechne den Rest des Winkels.
180° + Rest = 285°
180° + 105° = 285°
Lies die Gradzahl 105° ab und markiere sie.

4

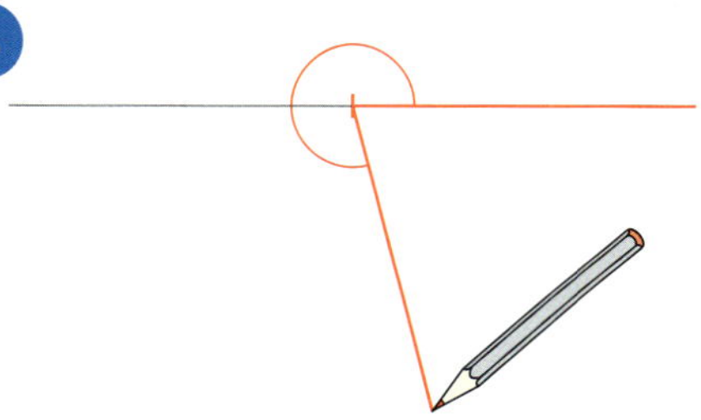

Nimm das Geodreieck weg und verbinde den Scheitelpunkt mit der Markierung.
Ergänze den Winkelbogen.
Nun hast du einen Winkel von 285° gezeichnet.

Zeichne den überstumpfen Winkel $\alpha = 270°$.

Kreise

1 a) **Der Radius eines Kreises**

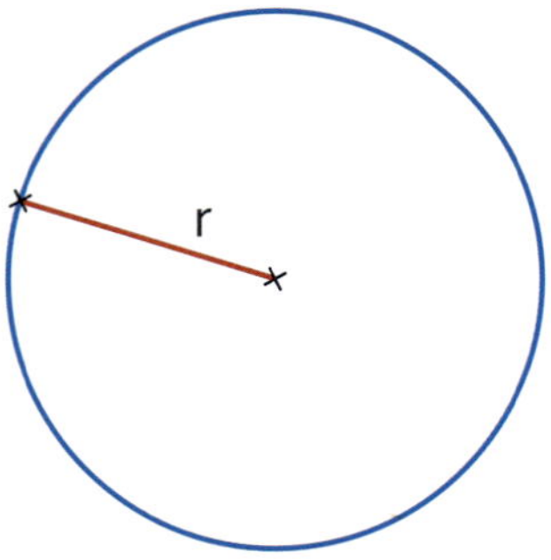

Der Abstand vom Mittelpunkt zu jedem Punkt auf der Kreislinie heißt **Radius (r)**.

Miss den Radius: r = ________

b) **Der Durchmesser eines Kreises**

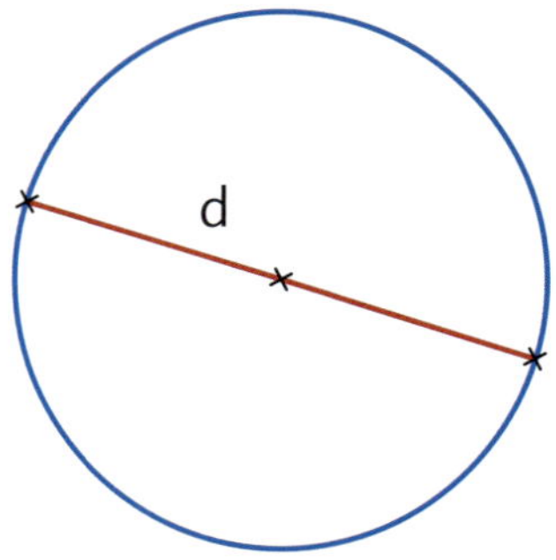

Eine Strecke von Kreislinie zu Kreislinie, die durch den Mittelpunkt verläuft, heißt **Durchmesser (d)**.

Miss den Durchmesser: d = ________

2 Der Kreis. Ordne die Begriffe zu.

Mittelpunkt | Kreislinie | Radius | Durchmesser

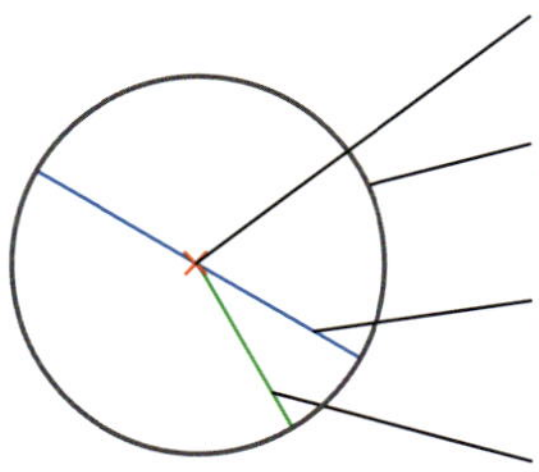

____

____

____

____

3 Zeichne Durchmesser d und Radius r in die Kreise ein und miss ihre Längen.

a)

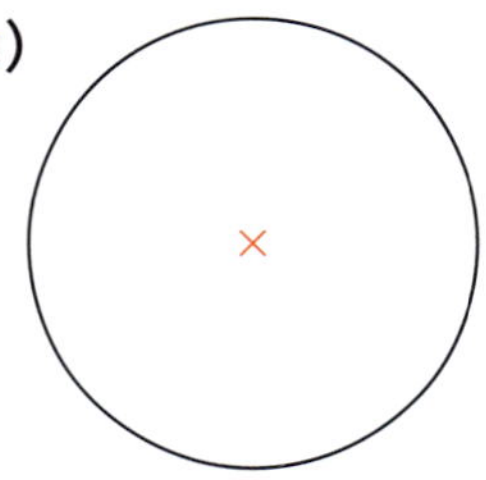

r	=		cm
d	=		cm

b)

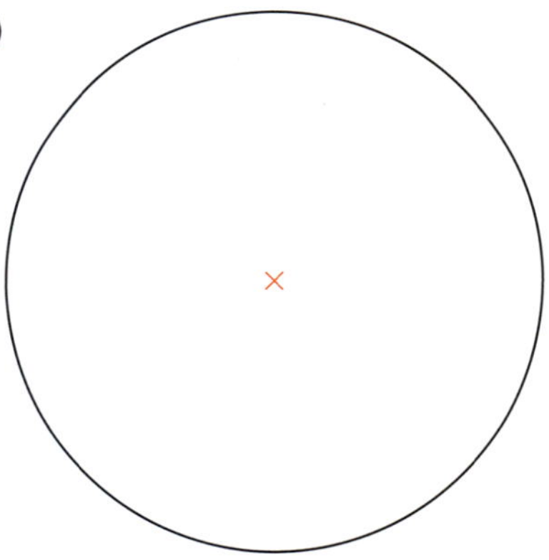

r	=		cm
d	=		cm

c)

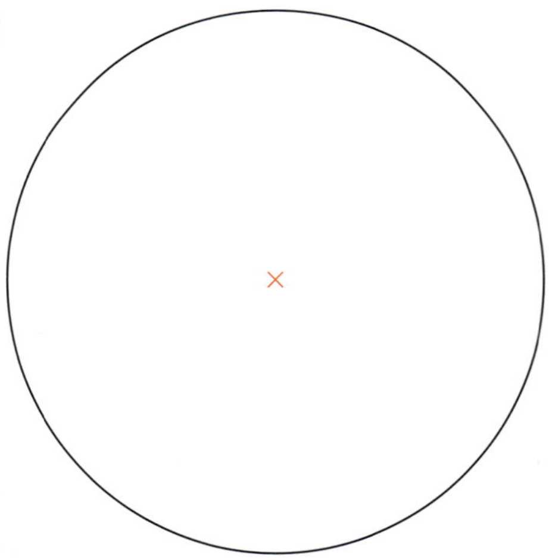

r	=		cm
d	=		cm

d)

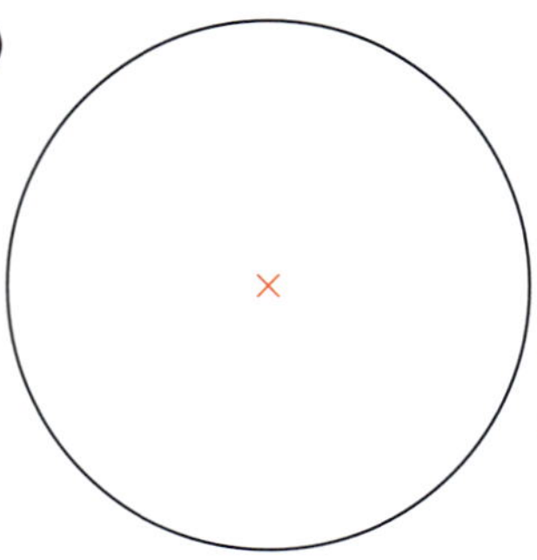

r	=		cm
d	=		cm

e)

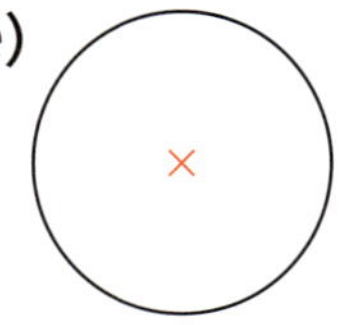

r	=		cm
d	=		cm

4 Zeichne die Kreise. Kennzeichne jeweils den Radius.

a) r = 2 cm b) r = 5 cm c) r = 7 cm d) r = 3,5 cm

5 Berechne den Radius. Zeichne die Kreise. Kennzeichne jeweils den Durchmesser.

a) d = 8 cm

r = ______

b) d = 10 cm

r = ______

c) d = 5 cm

r = ______

d) d = 3 cm

r = ______

Quader und Würfel

1 Welche dieser Körper sind Quader, Würfel, Kugeln, Zylinder?

Quader	Würfel	Kugel	Zylinder

2 Finde weitere Beispiele. Trage sie in die Tabelle ein.

3 Wie heißen die Körper?

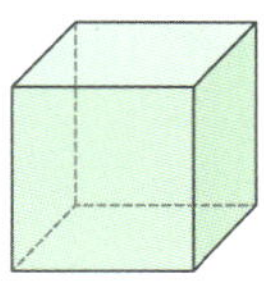

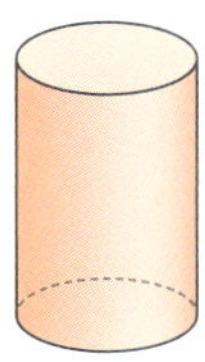

4 Körper haben Flächen, Kanten und Ecken.

Fläche

Kante

Ecke

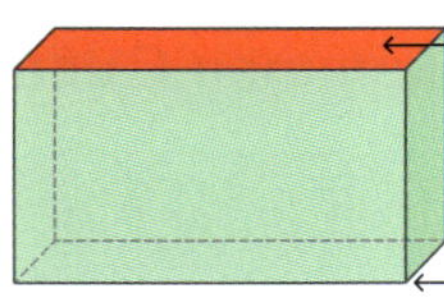

Zähle beim Würfel: ☐ Flächen, ☐ Kanten, ☐ Ecken.

Flächen an Körpern

So werden die Flächen eines Körpers bezeichnet:

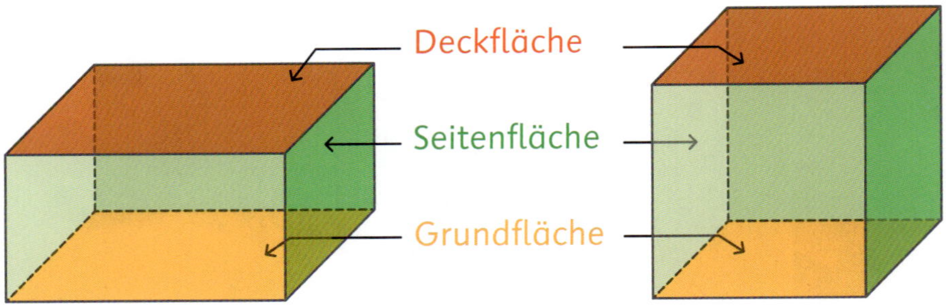

5 Male die Grundfläche gelb an.

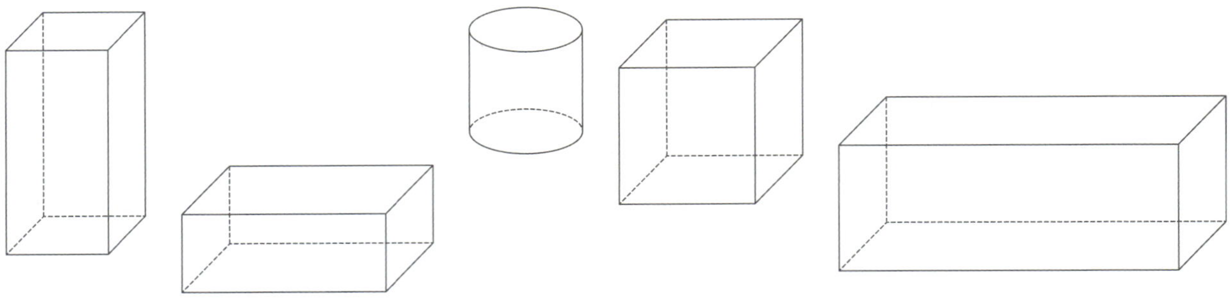

6 Male die Deckfläche orange an.

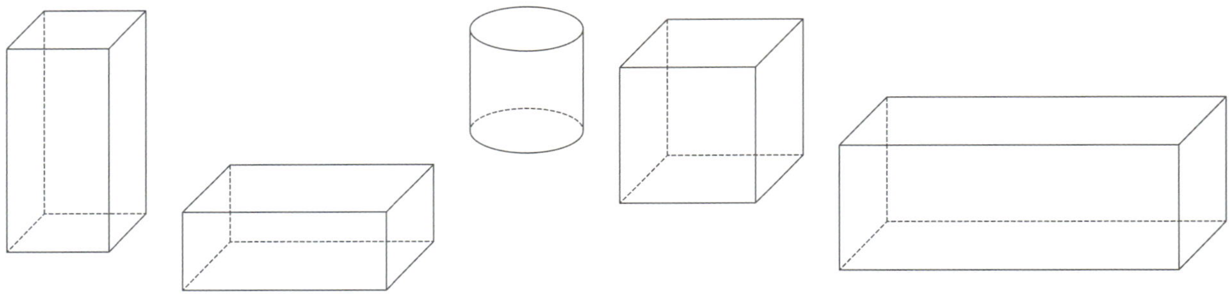

7 Male die (von vorn oder rechts) sichtbaren Seitenflächen grün an.

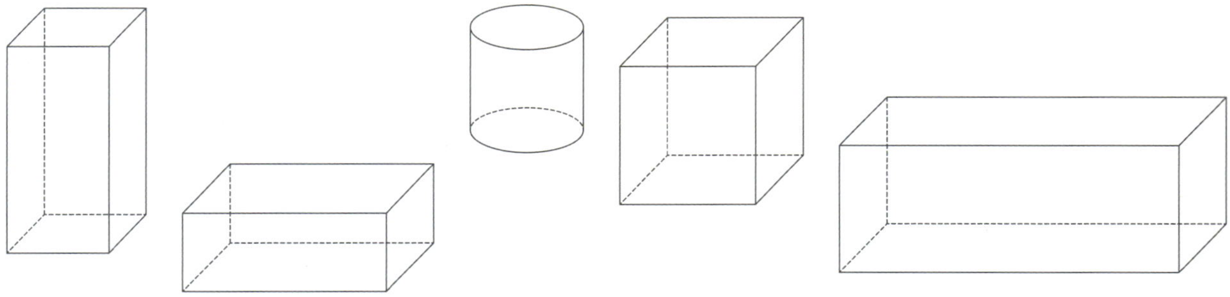

8 Wo kommen Quadrate vor? Streiche falsche Antworten durch.

Grundfläche eines Würfels

Grundfläche eines Zylinders

Grundfläche eines Quaders

Deckfläche eines Würfels

Deckfläche eines Zylinders

Seitenfläche eines Würfels

9 Zeichne die Kanten mit einem blauen Stift nach.
Markiere die Ecken mit einem braunen Punkt.

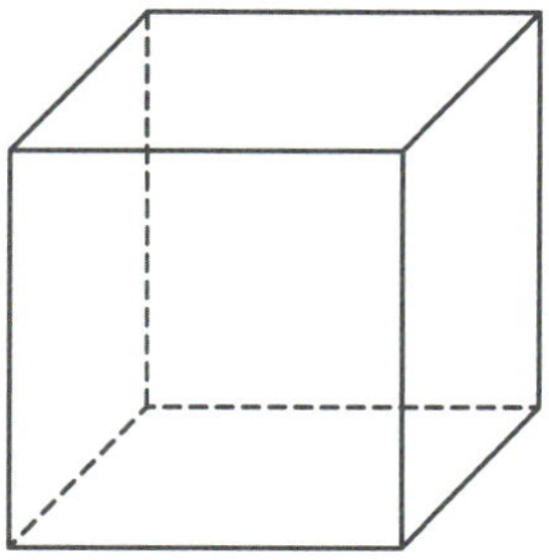
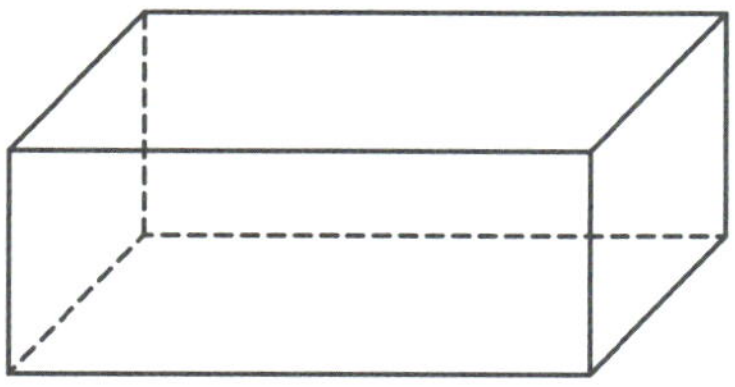
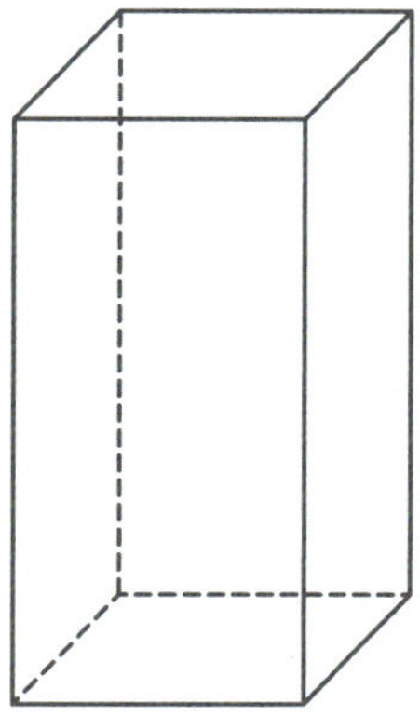

10 Ergänze die Tabelle.

	Name	Ecken	Kanten	Flächen	Form der Grundfläche
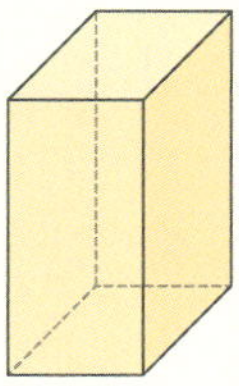		8			
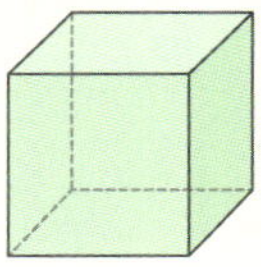	Würfel				

11 Zeichne die jeweiligen Flächen.

	Grundfläche	Deckfläche	Seitenfläche
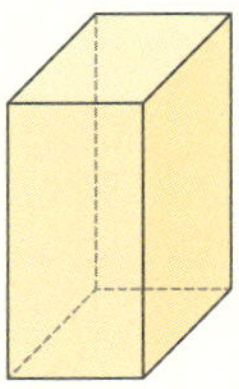			
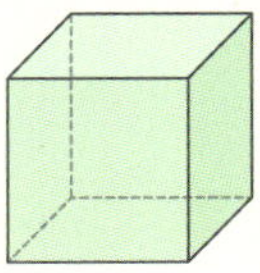			

Netze und Oberflächeninhalte von Würfeln

Körpernetze

Das Körpernetz eines Würfels

Schneidet man einen Körper entlang seiner Kanten auf, so entsteht ein Körpernetz. Das Körpernetz darf dabei nicht in mehrere Teile zerfallen.

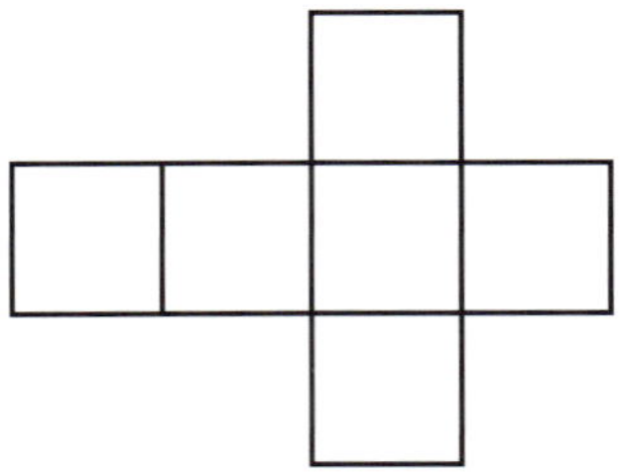

1 Würfelnetz – ja oder nein?

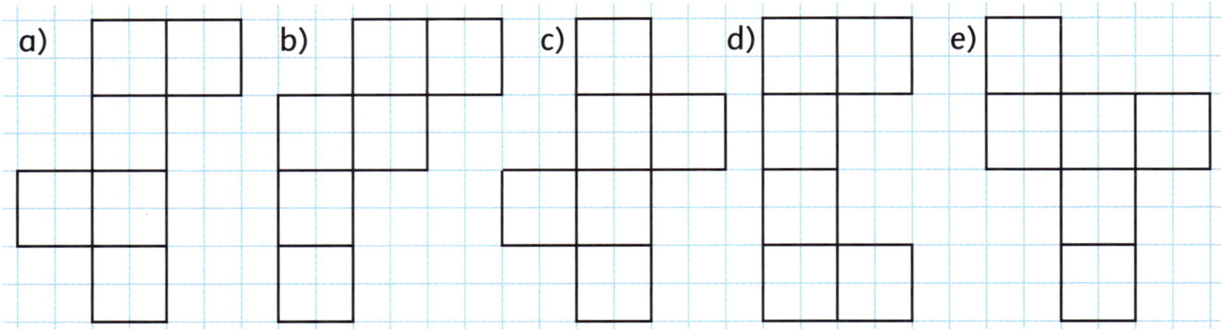

a) ◯ ja ◯ nein b) ◯ ja ◯ nein c) ◯ ja ◯ nein d) ◯ ja ◯ nein e) ◯ ja ◯ nein

2 In jedem Würfelnetz ist die Grundfläche mit G gekennzeichnet.
Finde die Deckfläche. Trage D ein.

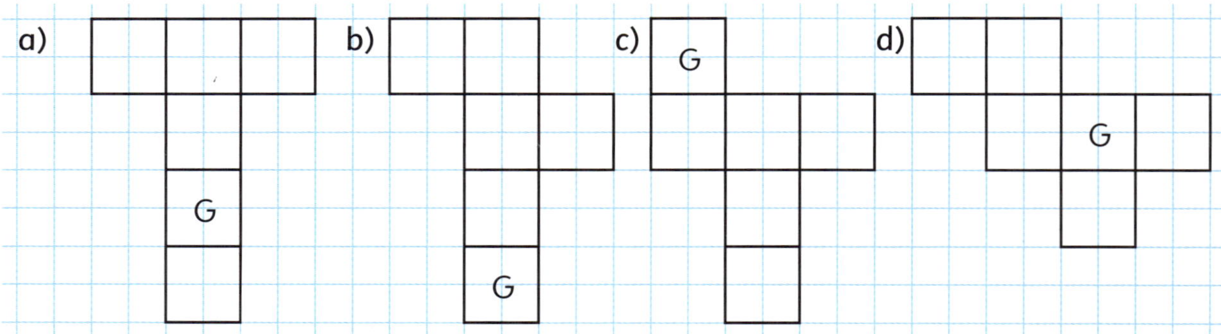

3 a) Ergänze das Bild zu einem Würfelnetz (mehrere Lösungen sind möglich).

b) Male gegenüberliegende Seiten des Würfels in der gleichen Farbe an.

4 Markiere im Schrägbild und im Würfelnetz jeweils eine Kante farbig und miss ihre Länge. Berechne die Oberfläche des Würfels.

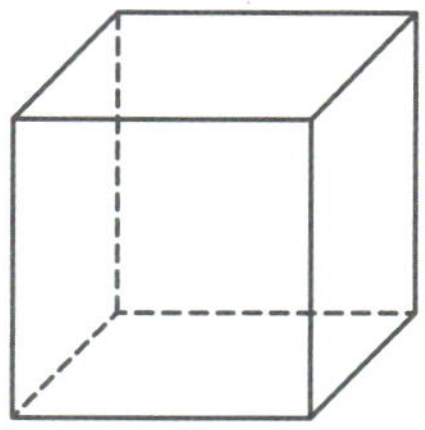

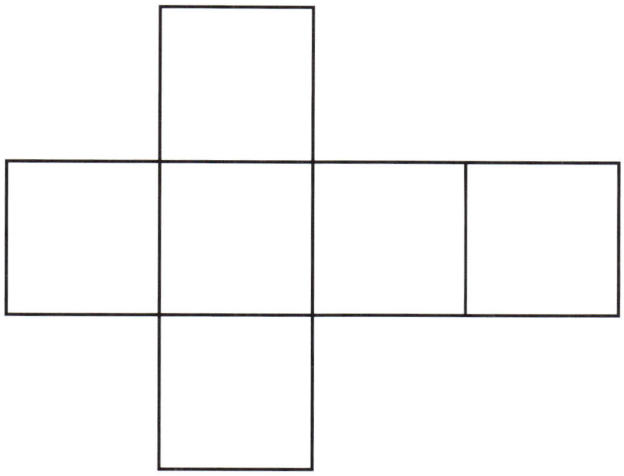

Kantenlänge des Würfels: ______ cm

A = a · a

Erst berechne ich den Flächeninhalt einer einzelnen Fläche.

O = 6 · A

Dann addiere ich die Flächeninhalte aller Flächen. Es sind sechs gleiche Flächen.

5 Der Würfel hat eine Kantenlänge von 5 cm.

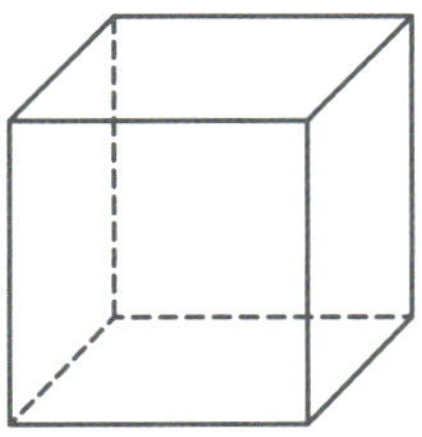

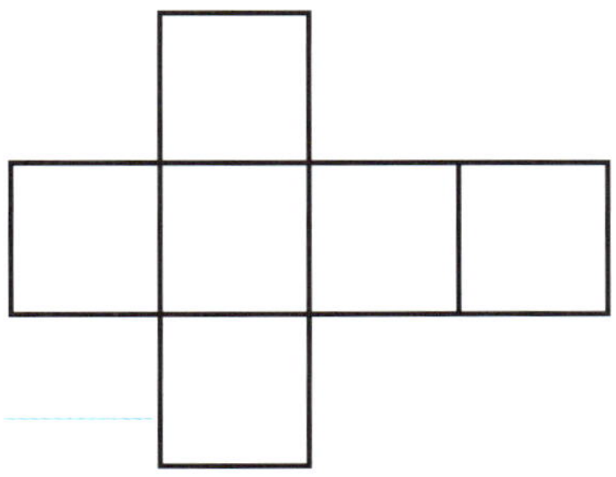

a) Ergänze die Kantenlänge im Schrägbild und im Würfelnetz.

b) Berechne den Inhalt A einer Fläche des Würfels.

A = a · a

c) Berechne die Oberfläche O des Würfels.

O = 6 · A

6 Berechne die Oberfläche der folgenden Würfel. Achte auf die Maßeinheit.

a) a = 4 cm O = ________	b) a = 80 cm O = ________	c) a = 9 m O = ________
d) a = 12 cm O = ________	e) a = 13 cm O = ________	f) a = 40 mm O = ________

Netze und Oberflächeninhalte von Quadern

Das Körpernetz eines Quaders

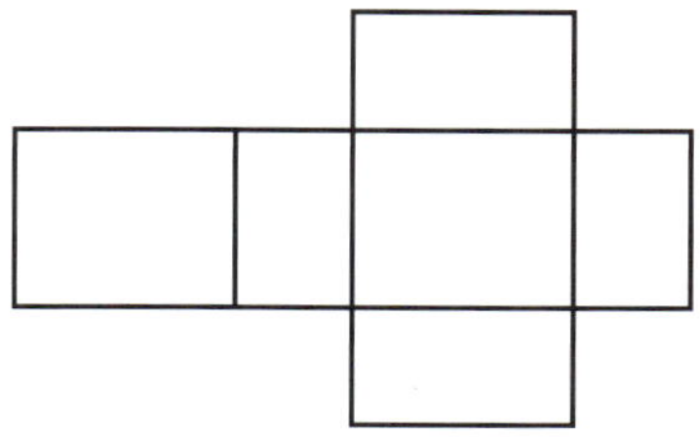

1 Welche Flächen des Quaders liegen sich gegenüber?
Male sie in der gleichen Farbe an.

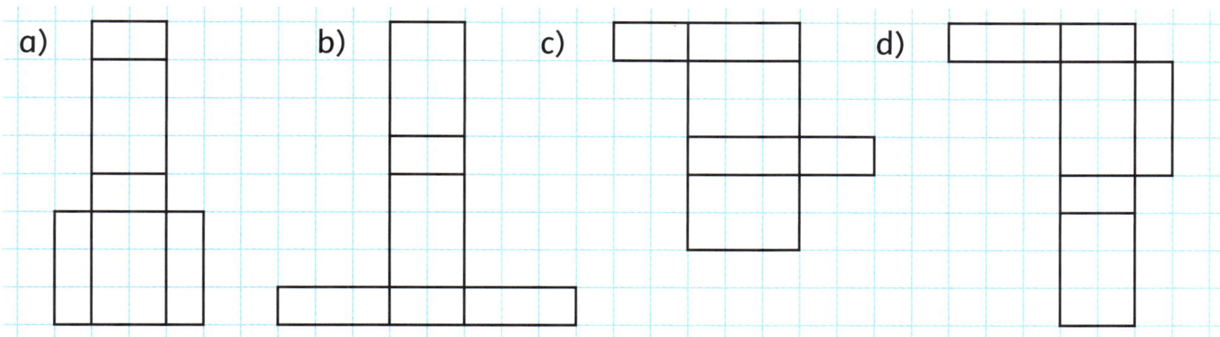

2 Quadernetz – ja oder nein?

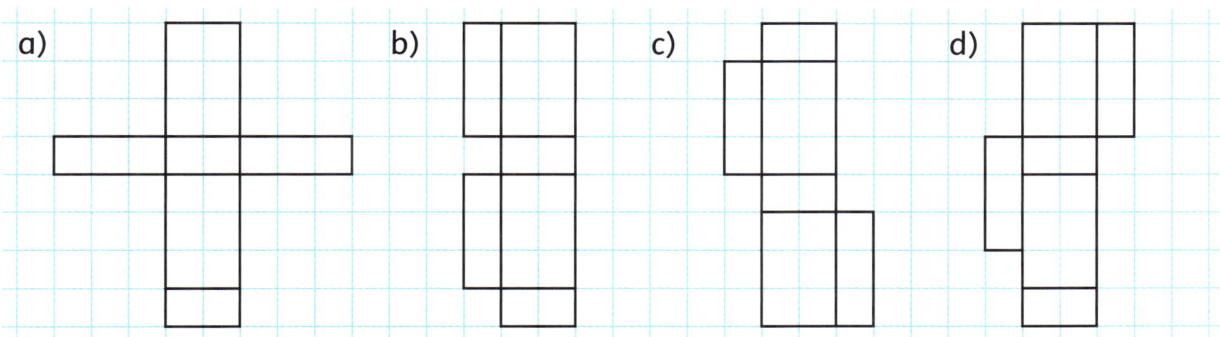

a) ◯ ja ◯ nein b) ◯ ja ◯ nein c) ◯ ja ◯ nein d) ◯ ja ◯ nein

3 Vervollständige das Quadernetz (mehrere Lösungen sind möglich).

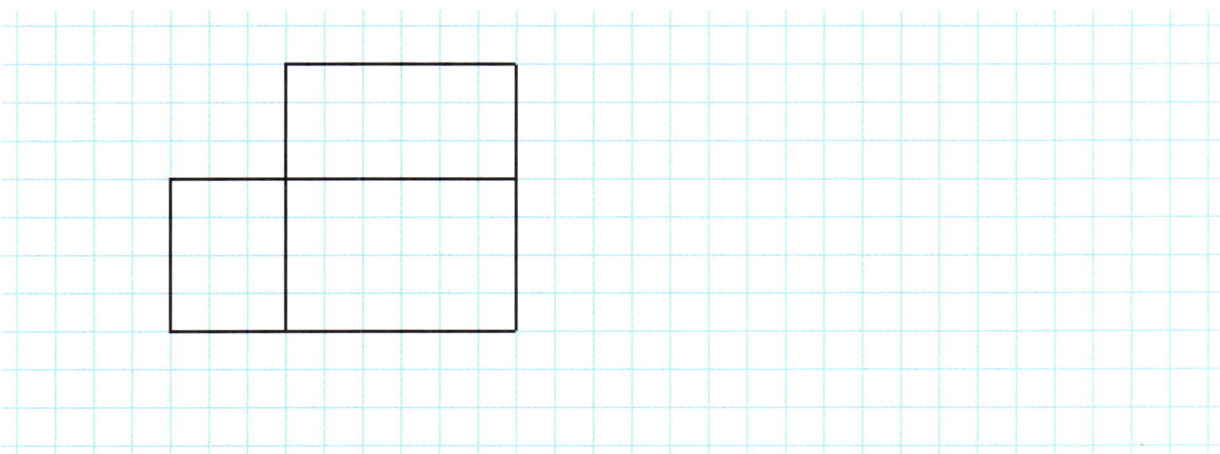

4 Berechne die Oberfläche des Quaders.
Der Quader hat die Maße $a = 3\,cm$, $b = 6\,cm$ und $c = 5\,cm$.
Berechne zuerst die Flächeninhalte von A_1, A_2 und A_3.
Rechne dann erst weiter.
Ergänze die Lücken.

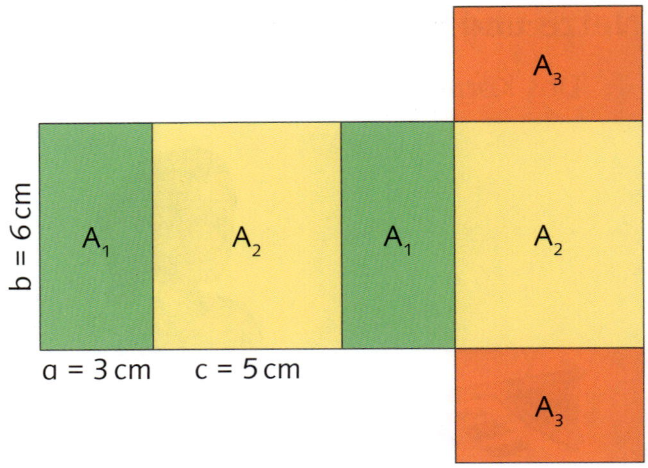

$A_1 = a \cdot b$
$A_1 = 3\,cm \cdot 6\,cm$
$A_1 = 18\,cm^2$

$A_2 = b \cdot c$
$A_2 = 6\,cm \cdot$ ___ cm
$A_2 =$ ___ cm^2

$A_3 = a \cdot c$
$A_3 =$ ___ $cm \cdot$ ___ cm
$A_3 =$ ___ cm^2

$O_Q = 2 \cdot A_1 + 2 \cdot A_2 + 2 \cdot A_3$

$O_Q = 2 \cdot 18\,cm^2 + 2 \cdot$ ___ $cm^2 + 2 \cdot$ ___ cm^2

$O_Q = 36\,cm^2 +$ ___ $cm^2 +$ ___ cm^2

$O_Q =$ ___ cm^2

5 Berechne die Oberfläche des Quaders mit den Maßen $a = 2\,cm$, $b = 5\,cm$ und $c = 6\,cm$.

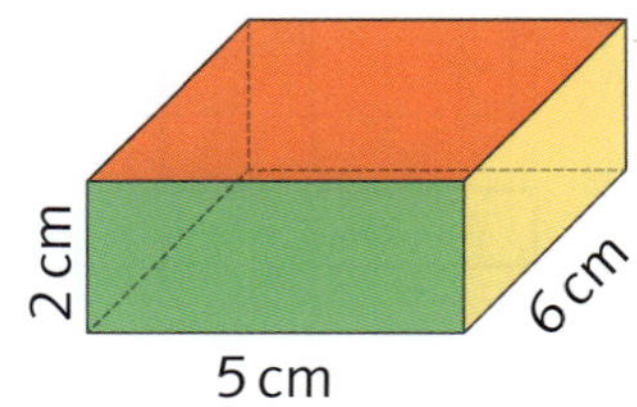

$A_1 = a \cdot b$
$A_1 =$ ___ $cm \cdot$ ___ cm
$A_1 =$ ___ cm^2

$A_2 =$
$A_2 =$
$A_2 =$

$A_3 =$

$O_Q = 2 \cdot A_1 + 2 \cdot A_2 + 2 \cdot A_3$

$O_Q =$

$O_Q =$

$O_Q =$

6 Ein Quader hat die Maße a = 1 cm, b = 2 cm und c = 4 cm.

a) Kennzeichne gegenüberliegende Flächen in gleicher Farbe.

b) Ergänze im Quadernetz die Längenangaben der Kanten.

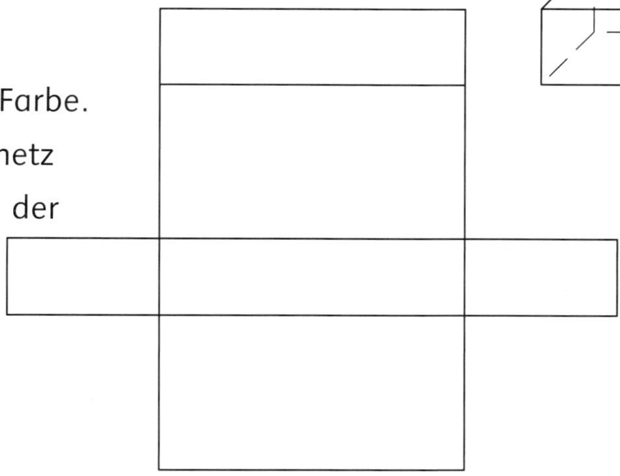

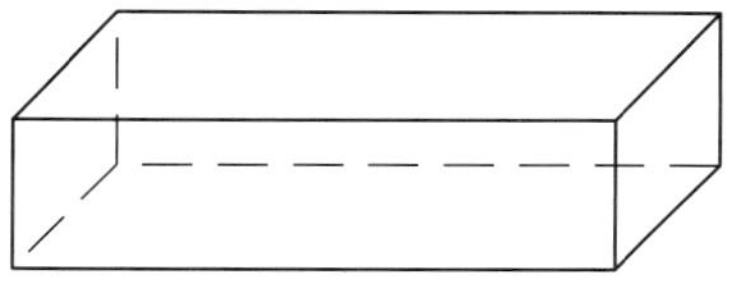

c) Benenne die unterschiedlich großen Flächen mit A_1, A_2 und A_3 und berechne ihren Flächeninhalt.

A_1 = ____________________

A_2 = ____________________

A_3 = ____________________

d) Berechne die Oberfläche des Quaders.

$O_Q = 2 \cdot A_1 + 2 \cdot A_2 + 2 \cdot A_3$ $\quad$ $O_Q = 2 \cdot$ ________ $+ 2 \cdot$ ________ $+ 2 \cdot$ ________

O_Q = ____________________

7 Ein Würfel hat eine Kantenlänge von 2 cm.

a) Ergänze im Würfelnetz die Längenangaben der Kanten.

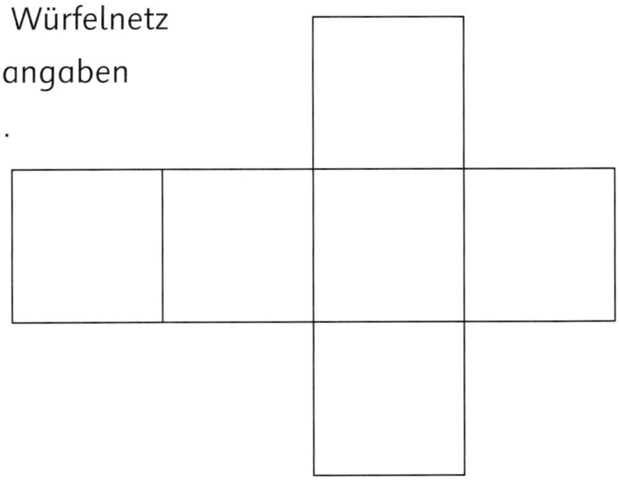

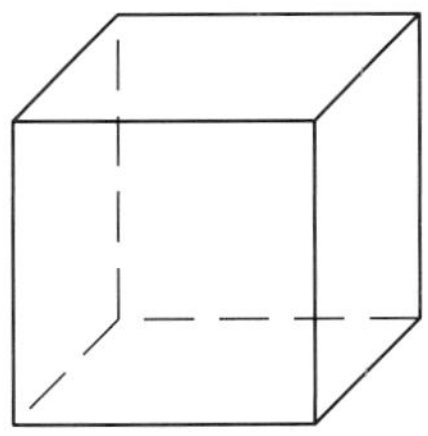

b) Berechne den Flächeninhalt einer Fläche des Würfels.

A = ____________________

c) Berechne die Oberfläche des Würfels.

$O_W = 6 \cdot A$ $\quad$ O_W = ____________________

Würfelbauten

1 Zeichne die Pläne zu den einzelnen Bauwerken.

a)

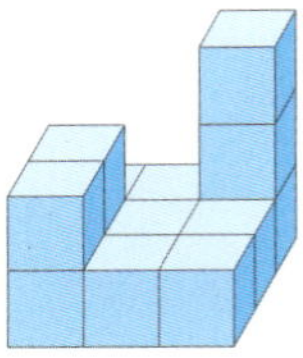

1	1	3
2	1	1
2	1	1

b)

c)

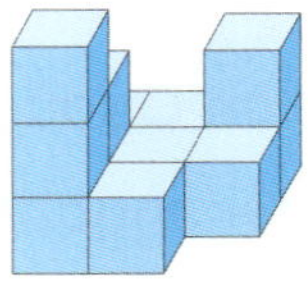

d)

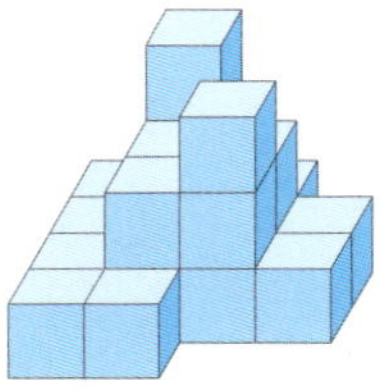

e)

f)

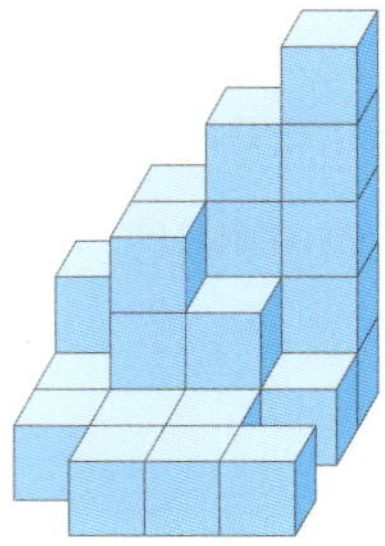

2 Von welcher Seite schaust du auf das Würfelbauwerk? Es sind teilweise mehrere Lösungen möglich.

a)

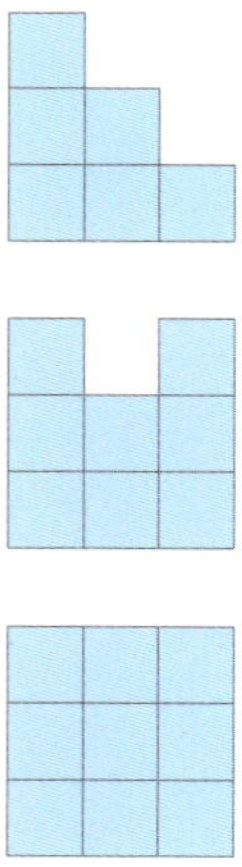

b)

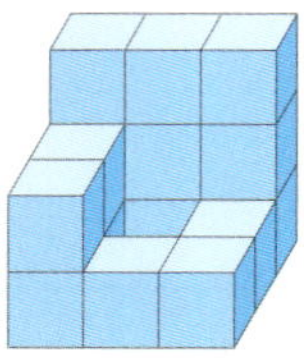

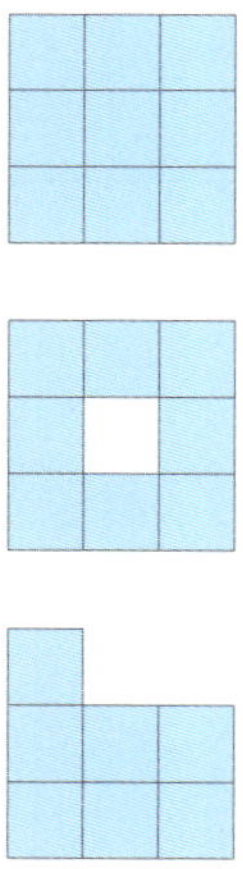

c)

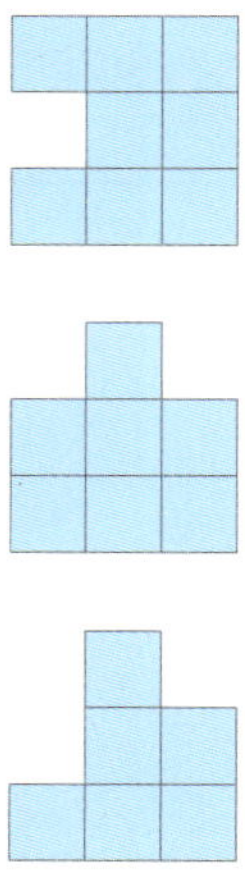

d)

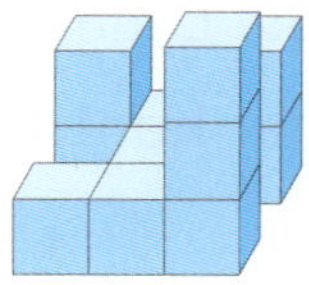

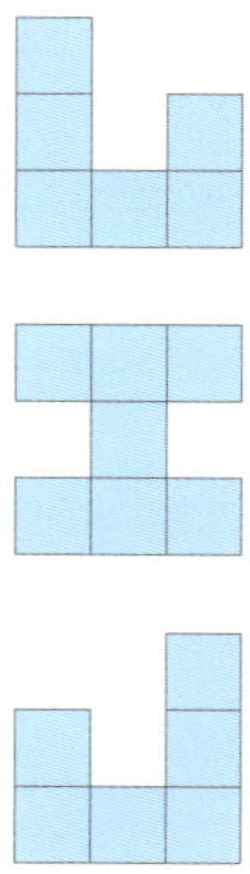

3 Schau dir die Würfelbauten an. Wie viele Würfel sind es?

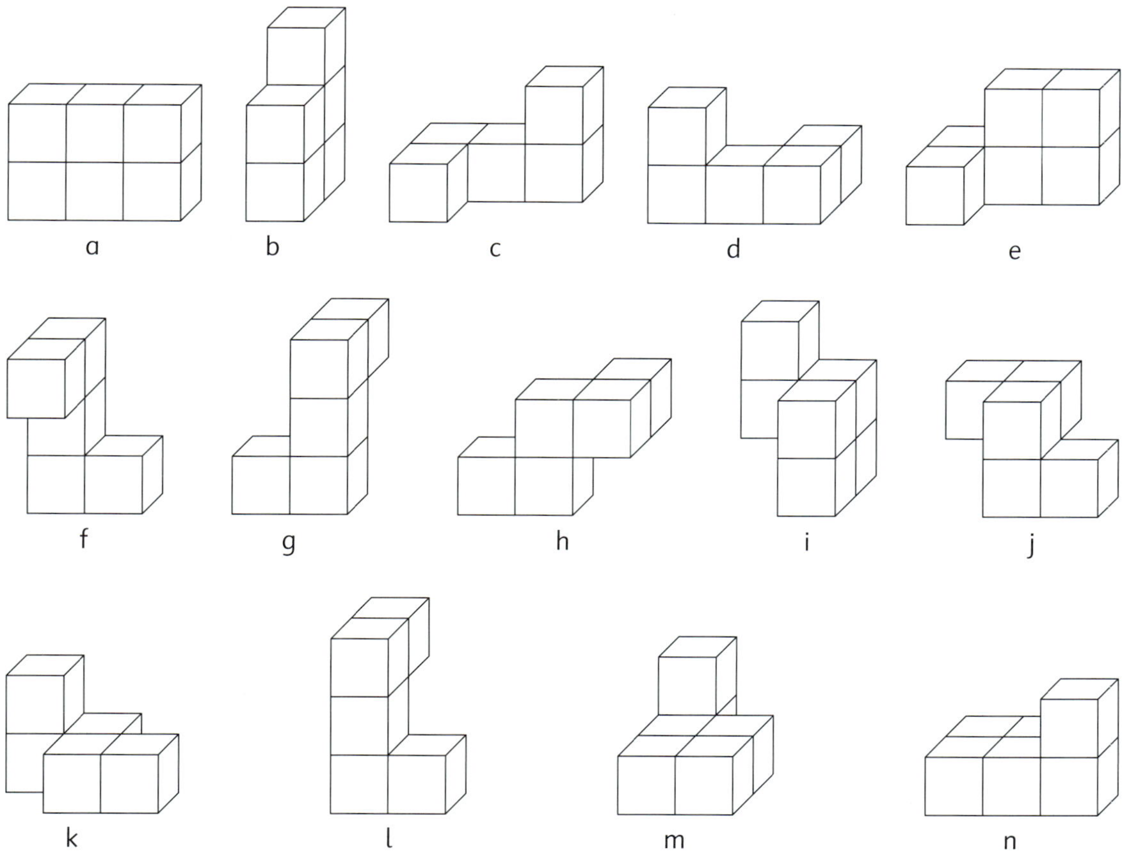

a)	b)	c)	d)	e)
f)	g)	h)	i)	j)
k)	l)	m)	n)	

4 Schreibe die Pläne der Bauwerke. Wie viele Würfel sind es?

a)

3	1	2
2	0	0
1	0	0

Es sind ______ Würfel.

b)

Es sind ______ Würfel.

c)

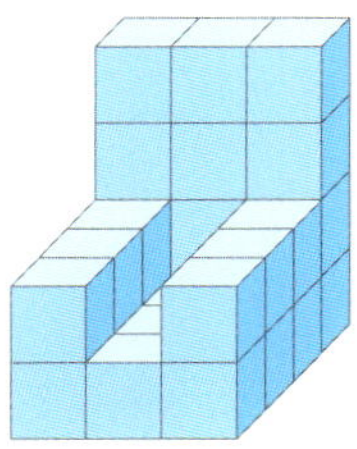

Es sind ______ Würfel.

d)

Es sind ______ Würfel.

5 Baue nach den Plänen. Wie viele Würfel brauchst du?

a)

1	2	1
2	4	2
3	2	3

_____ Würfel wurden verbaut.

b)

2	3	2
1	2	1
3	1	3

_____ Würfel wurden verbaut.

c)

4	3	1
3	1	2
1	2	0

_____ Würfel wurden verbaut.

d)

1	2	4	3
1	2	4	3
1	2	4	3
1	2	4	3

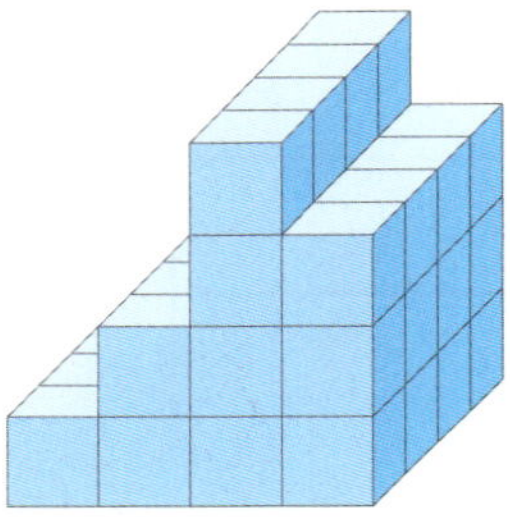

_____ Würfel wurden verbaut.

e)

1	2	3	4
2	3	4	3
3	4	3	2
4	3	2	1

_____ Würfel wurden verbaut.

f)

3	4	5	6
2	3	4	5
1	2	3	4
0	1	2	3

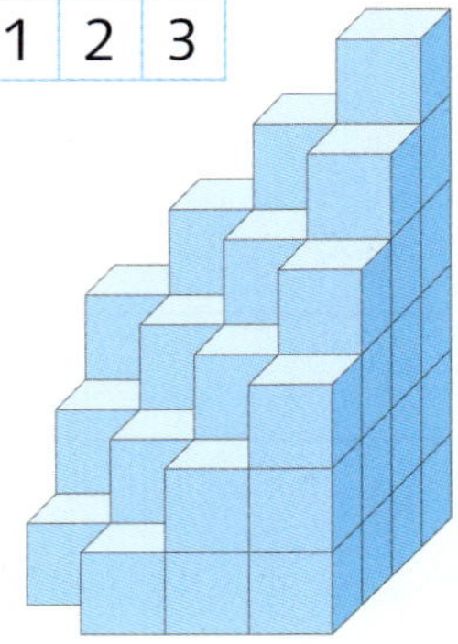

_____ Würfel wurden verbaut.

6 Baue und schreibe Pläne. Es sind verschiedene Lösungen möglich.

a)

b)

c)

Parallelo

Mathematik

6

Lösungen zum Arbeitsheft

für Lernende mit erhöhtem Förderbedarf
für den inklusiven Unterricht

220047611

Cornelsen

Parallelo
Mathematik

Erarbeitet von: Elisabeth Jenert, Petra Kühne

Teile dieses Arbeitsheftes basieren auf Inhalten der Lehrwerksreihe Klick! Mathematik. Diese wurden herausgegeben von Prof. Dr. Franz B. Wember und Meike Busch sowie erarbeitet von Dr. Thomas Breucker, Christel Gerling, Steffen Glaubitz, Elisabeth Jenert, Doris Keuck, Petra Kühne, Maike Schindler, Verena Waslikowski, Ines Zemkalis

Redaktion: Redaktionsbüro Dr. Matthias Delbrück, Dossenheim
Illustration: Cornelsen/Timo Grubing (Seiten 11, 12, 14, 17–19, 32, 42, 43, 45, 53, 55, 59, 64, 75, 76, 83, 84, 86, 89, 90, 95, 96)
Cornelsen/Gabriele Heinisch (Seiten 20, 23, 24)
Cornelsen/Isabelle Metzen (Seiten 27, 51, 74, 80, 81, 97, 98, 103, 104, 105)
Grafik/technische Zeichnungen: Cornelsen/Christian Böhning
Umschlaggestaltung: Studio SYBERG
Bildnachweis:
Coverfoto: Shutterstock.com/nikkytok;
Fotos Seite 56: Deutsche Bundesbank/Luc Luycx aus Belgien
Layout: lernsatz.de
Technische Umsetzung: Straive

Teiler und Vielfache

1 Welche Multiplikationsreihe ist das? Ergänze die nächsten Vielfachen.

a) Multiplikationsreihe: 2

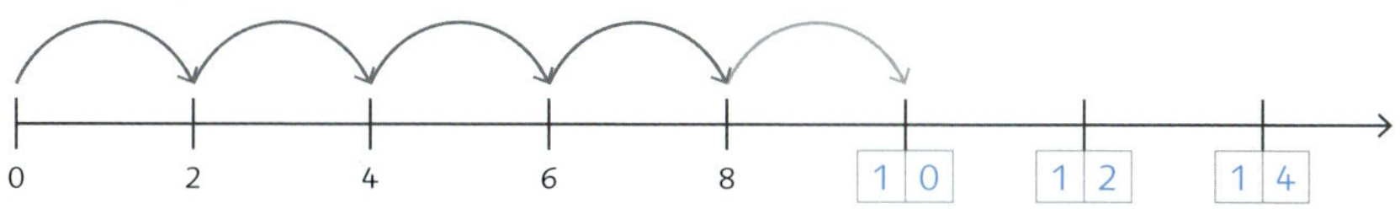

b) Multiplikationsreihe: 10

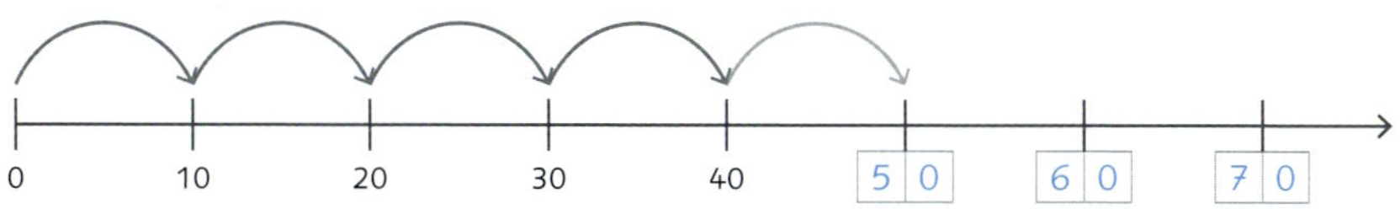

c) Multiplikationsreihe: 4

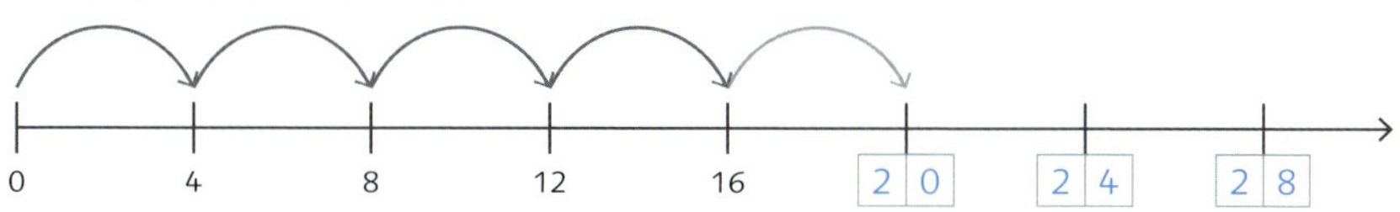

2 Kreise die Vielfachen farbig ein.

a) Vielfache von 3

(3) 13 29 22 4 (27) (36) (15) (9) 19

b) Vielfache von 5

(20) 2 28 31 (55) (95) 9 99 (40) (15)

c) Vielfache von 8

19 (80) 33 12 (72) (56) 70 84 (48) (16)

d) Vielfache von 9

(27) 100 (81) 49 (54) 33 11 69 (18) (72)

3 Ergänze Vielfache.

a) V_6 = {6; 12; 18; 24; 30; 36; … }

b) V_7 = {7; 14; 21; 28; 35; 42; … }

c) V_5 = {5; 10; 15; 20; 25; 30; … }

Wenn eine Zahl nicht in der Multiplikationsreihe vorkommt, kann sie kein Vielfaches sein.

4 Ergänze.

a) 9 ist ein (ein/kein) Vielfaches von 3, weil $3 \cdot 3 = 9$ ist.
46 ist kein (ein/kein) Vielfaches von 5, weil $9 \cdot 5 + 1 = 46$ ist.
16 ist ein (ein/kein) Vielfaches von 8, weil $2 \cdot 8 = 16$ ist.
11 ist kein (ein/kein) Vielfaches von 2, weil $5 \cdot 2 + 1 = 11$ ist.

b) 25 ist kein (ein/kein) Vielfaches von 10, weil $2 \cdot 10 + 5 = 25$ ist.
27 ist ein (ein/kein) Vielfaches von 9, weil $3 \cdot 9 = 27$ ist.
28 ist ein (ein/kein) Vielfaches von 7, weil $4 \cdot 7 = 28$ ist.
17 ist kein (ein/kein) Vielfaches von 4, weil $4 \cdot 4 + 1 = 17$ ist.

5 Ergänze die Merksätze.

unendlich | Zahl | Vielfachen

Wenn man eine Zahl mit 1; 2; 3; … multipliziert, erhält man die Vielfachen dieser Zahl. Es gibt unendlich viele Vielfache.

6 Ergänze die Vielfachen. Kreise das kleinste gemeinsame Vielfache (kgV) ein und notiere es.

Methode Das kgV: Das kleinste gemeinsame Vielfache
Gemeinsame Vielfache kann man mit den Vielfachen bestimmen:
V_2 = {2; 4; (6); 8; 10; 12; 14; 16; 18; 20; …} V_3 = {3; (6); 9; 12; 15; 18; 21; …}
Das kleinste gemeinsame Vielfache von 2 und 3 ist 6. kgV (2; 3) = (6)

a) V_2 = {2; 4; 6; 8; (10); 12; … }
V_5 = {5; (10); 15; 20; 25; 30; … } kgV (2; 5) = 10

b) V_6 = {6; 12; 18; (24); 30; 36; … }
V_8 = {8; 16; (24); 32; 40; 48; … } kgV (6; 8) = 24

c) V_6 = {6; 12; (18); 24; 30; 36; … }
V_9 = {9; (18); 27; 36; 45; 54; … } kgV (6; 9) = 18

7 Ergänze die Merksätze.

> **Merke** Wenn man eine Zahl ohne Rest dividieren kann, sagt man: Die Zahl ist teilbar. Die Zahlen, durch die man ohne Rest dividieren kann, nennt man Teiler.

teilbar | Teiler | Rest

8 Ergänze.

a) 2 ist ein (ein/kein) Teiler von 12, weil 12 : 2 = 6 ist.
10 ist ein (ein/kein) Teiler von 40, weil 40 : 10 = 4 ist.

b) 5 ist ein (ein/kein) Teiler von 35, weil 35 : 5 = 7 ist.
6 ist ein (ein/kein) Teiler von 36 , weil 36 : 6 = 6 ist.

9 Kreise die Teiler farbig ein.

a) Teiler von 12

14, 5, 3, 4, 2, 11, 6, 9, 7, 13

b) Teiler von 20

4, 19, 3, 9, 2, 1, 40, 10, 6, 5

c) Teiler von 18

6, 4, 3, 2, 20, 19, 9, 1, 5, 7

d) Teiler von 24

7, 12, 4, 8, 2, 3, 6, 5, 9, 10

10 Bestimme alle Teiler.

a) T_{15} = { 1 ; 3 ; 5 ; 15 }
b) T_{16} = { 1 ; 2 ; 4 ; 8 ; 16 }
c) T_{30} = { 1 ; 2 ; 3 ; 5 ; 6 ; 10 ; 15 ; 30 }

Teilbarkeit durch 2, 5 und 10

1 Ergänze die Merksätze.

> **Merke** Eine Zahl ist **durch 2 teilbar,** wenn die letzte Ziffer eine 0 , 2 , 4 , 6 oder 8 ist. Man nennt eine Zahl gerade , wenn sie durch 2 teilbar ist.

2 Markiere im Hunderterfeld alle Zahlen, die durch 2 teilbar sind.

1	2	3	4	5	6	7	8	9	10
11	12	13	14	15	16	17	18	19	20
21	22	23	24	25	26	27	28	29	30
31	32	33	34	35	36	37	38	39	40
41	42	43	44	45	46	47	48	49	50
51	52	53	54	55	56	57	58	59	60
61	62	63	64	65	66	67	68	69	70
71	72	73	74	75	76	77	78	79	80
81	82	83	84	85	86	87	88	89	90
91	92	93	94	95	96	97	98	99	100

3 Welche Zahl ist durch 2 teilbar? Begründe.

a) 24 ist durch 2 teilbar (teilbar/nicht teilbar), weil die letzte Ziffer eine 4 ist.
67 ist durch 2 nicht teilbar , weil die letzte Ziffer eine 7 ist.
120 ist durch 2 teilbar , weil die letzte Ziffer eine 0 ist.

b) 245 ist durch 2 nicht teilbar , weil die letzte Ziffer eine 5 ist.
312 ist durch 2 teilbar , weil die letzte Ziffer eine 2 ist.
598 ist durch 2 teilbar , weil die letzte Ziffer eine 8 ist.

4 Die Zahlen sollen durch 2 teilbar sein. Ergänze eine passende letzte Ziffer. (Es gibt verschiedene mögliche Lösungen.)

a) 52   b) 400   c) 376   d) 582
438   110   984   3258

5 Ergänze den Merksatz.

Merke Eine Zahl ist **durch 10 teilbar**, wenn die letzte Ziffer eine 0 ist.

6 Markiere im Hunderterfeld alle Zahlen, die durch 10 teilbar sind.

1	2	3	4	5	6	7	8	9	10
11	12	13	14	15	16	17	18	19	20
21	22	23	24	25	26	27	28	29	30
31	32	33	34	35	36	37	38	39	40
41	42	43	44	45	46	47	48	49	50
51	52	53	54	55	56	57	58	59	60
61	62	63	64	65	66	67	68	69	70
71	72	73	74	75	76	77	78	79	80
81	82	83	84	85	86	87	88	89	90
91	92	93	94	95	96	97	98	99	100

7 Welche Zahl ist durch 10 teilbar? Begründe.

42 ist durch 10 nicht teilbar (teilbar/nicht teilbar), weil die letzte Ziffer eine 2 ist.

60 ist durch 10 teilbar, weil die letzte Ziffer eine 0 ist.

190 ist durch 10 teilbar, weil die letzte Ziffer eine 0 ist.

475 ist durch 10 nicht teilbar, weil die letzte Ziffer eine 5 ist.

8 Die Zahlen sollen durch 10 teilbar sein. Ergänze eine passende letzte Ziffer.

a) 290   b) 880   c) 260   d) 360

9 Die Zahlen sollen **nicht** durch 10 teilbar sein. Ergänze eine passende letzte Ziffer. (Es gibt verschiedene mögliche Lösungen.)

a) 631   b) 946   c) 789   d) 525

10 Ergänze den Merksatz.

Merke Eine Zahl ist **durch 5 teilbar**, wenn die letzte Ziffer eine 5 oder 0 ist.

11 Markiere im Hunderterfeld alle Zahlen, die durch 5 teilbar sind.

1	2	3	4	5	6	7	8	9	10
11	12	13	14	15	16	17	18	19	20
21	22	23	24	25	26	27	28	29	30
31	32	33	34	35	36	37	38	39	40
41	42	43	44	45	46	47	48	49	50
51	52	53	54	55	56	57	58	59	60
61	62	63	64	65	66	67	68	69	70
71	72	73	74	75	76	77	78	79	80
81	82	83	84	85	86	87	88	89	90
91	92	93	94	95	96	97	98	99	100

12 Welche Zahl ist durch 5 teilbar? Begründe.

15 ist durch 5 teilbar (teilbar/nicht teilbar), weil die letzte Ziffer eine 5 ist.

78 ist durch 5 nicht teilbar, weil die letzte Ziffer eine 8 ist.

90 ist durch 5 teilbar, weil die letzte Ziffer eine 0 ist.

704 ist durch 5 nicht teilbar, weil die letzte Ziffer eine 4 ist.

13 Die Zahlen sollen durch 5 teilbar sein. Ergänze eine passende letzte Ziffer. (Es gibt verschiedene mögliche Lösungen.)

a) 435   b) 900   c) 775   d) 530

Quersumme und Teilbarkeit

1 Ergänze die Merksätze.

Merke Wenn man alle Ziffern einer Zahl addiert, dann heißt das Ergebnis **Quersumme**.
Eine Zahl ist **durch 3 teilbar**, wenn ihre Quersumme durch 3 teilbar ist.

Quersumme | Ziffern | addiert | teilbar

2 Berechne die Quersumme.

a) 21 Quersumme: 2 + 1 = 3
37 Quersumme: 3 + 7 = 10
65 Quersumme: 6 + 5 = 11

b) 15 Quersumme: 1 + 5 = 6
98 Quersumme: 9 + 8 = 17
44 Quersumme: 4 + 4 = 8

c) 531 Quersumme: 5 + 3 + 1 = 9
294 Quersumme: 2 + 9 + 4 = 15
952 Quersumme: 9 + 5 + 2 = 16

d) 810 Quersumme: 8 + 1 + 0 = 9
763 Quersumme: 7 + 6 + 3 = 16
182 Quersumme: 1 + 8 + 2 = 11

3 a) Ergänze die Multiplikationsreihe der 3.

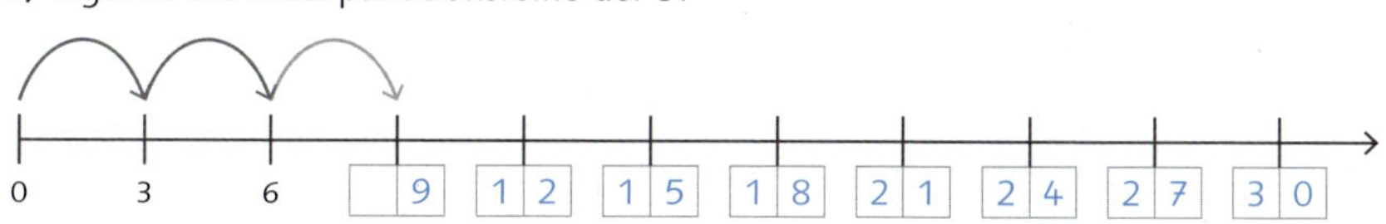

b) Berechne für alle Zahlen der Multiplikationsreihe die Quersumme.

3 Quersumme: 3
6 Quersumme: 6
9 Quersumme: 9
12 Quersumme: 1 + 2 = 3
15 Quersumme: 1 + 5 = 6
18 Quersumme: 1 + 8 = 9
21 Quersumme: 2 + 1 = 3
24 Quersumme: 2 + 4 = 6
27 Quersumme: 2 + 7 = 9
30 Quersumme: 3 + 0 = 3

4 Markiere im Hunderterfeld alle Zahlen, deren Quersumme ...
a) 3 ist, rot, b) 6 ist, blau, c) 9 ist, gelb,
d) 12 ist, grün, e) 15 ist, lila, f) 18 ist, orange.

1	2	3	4	5	6	7	8	9	10
11	12	13	14	15	16	17	18	19	20
21	22	23	24	25	26	27	28	29	30
31	32	33	34	35	36	37	38	39	40
41	42	43	44	45	46	47	48	49	50
51	52	53	54	55	56	57	58	59	60
61	62	63	64	65	66	67	68	69	70
71	72	73	74	75	76	77	78	79	80
81	82	83	84	85	86	87	88	89	90
91	92	93	94	95	96	97	98	99	100

rot
blau
gelb
grün
lila
orange

Was bedeutet es, wenn die Quersumme einer Zahl in der Multiplikationsreihe der 3 vorkommt?

5 Welche Zahl ist durch 3 teilbar? Begründe.

a) 12 ist durch 3 teilbar (teilbar/nicht teilbar), weil die Quersumme 3 ist.
71 ist durch 3 nicht teilbar, weil die Quersumme 8 ist.
54 ist durch 3 teilbar, weil die Quersumme 9 ist.

b) 804 ist durch 3 teilbar, weil die Quersumme 12 ist.
923 ist durch 3 nicht teilbar, weil die Quersumme 14 ist.
1770 ist durch 3 teilbar, weil die Quersumme 15 ist.

6 Die Zahlen sollen durch 3 teilbar sein. Ergänze eine passende letzte Ziffer.
Es gibt immer mehrere Möglichkeiten, finde jeweils zwei davon.
(Angegeben sind jeweils Beispiele.)

a) 144, 147
b) 261, 264
c) 900, 909
d) 753, 750

7 Die Zahlen sollen nicht durch 3 teilbar sein. Ergänze eine passende letzte Ziffer. Es gibt immer mehrere Möglichkeiten, finde jeweils zwei davon.
(Angegeben sind jeweils Beispiele.)

a) 271 272
b) 481 485
c) 610 616
d) 341 343

8 Bilde aus den Kärtchen mindestens 5 verschiedene Zahlen, die durch 3 teilbar sind.
(Angegeben sind jeweils Beispiele.)

Kärtchen: 7, 1, 2, 4, 8, 5

72
48
81
18
45

9 Die Zahl ist durch 3 teilbar. Überprüfe: Ist die Zahl noch durch 3 teilbar, wenn man Ziffern vertauscht?

> Ich schreibe die Zahl mit den vertauschten Ziffern auf. Dann berechne ich die Quersumme.

258
a) 582 Quersumme 5 + 8 + 2 = 15
852 Quersumme 8 + 5 + 2 = 15
Die neuen Zahlen sind durch 3 teilbar. (teilbar/nicht teilbar)

741
b) 417 Quersumme 4 + 1 + 7 = 12
174 Quersumme 1 + 7 + 4 = 12
Die neuen Zahlen sind durch 3 teilbar. (teilbar/nicht teilbar)

10 Die Zahl ist durch 3 teilbar. Überprüfe: Ist die Zahl noch durch 3 teilbar, wenn man zu der Zahl 9 addiert?

159
a) 159 + 9 = 168 Quersumme 1 + 6 + 8 = 15

813
b) 813 + 9 = 822 Quersumme 8 + 2 + 2 = 12

Die neuen Zahlen sind durch 3 teilbar. (teilbar/nicht teilbar)

Brüche als Teile vom Ganzen

Zähler und Nenner

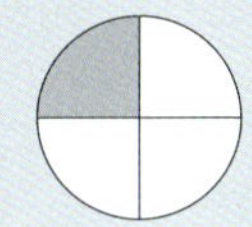
$\frac{1}{4}$ Zähler / Bruchstrich / Nenner $\frac{3}{4}$
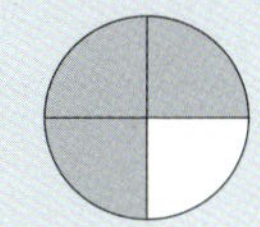

1 Ergänze.
Die Zahl im Nenner gibt an, in wie viele Teile das Ganze geteilt wird.
Die Zahl im Zähler gibt an, wie viele Teile davon gemeint sind.

2 Kreise ein.
a) Alle Brüche mit einer 4 im Zähler.

$\frac{4}{10}$ $\frac{2}{4}$ $\frac{4}{6}$ $\frac{1}{4}$ $\frac{4}{8}$ $\frac{3}{4}$

vier Siebtel, vier Neuntel, drei Viertel, vier Fünftel

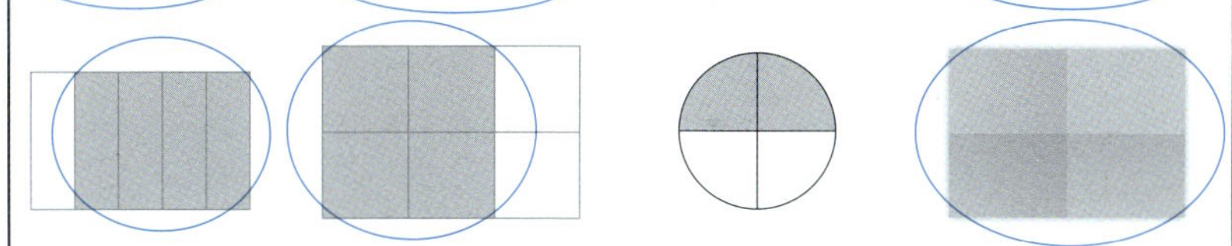

b) Alle Brüche mit einer 5 im Nenner.

$\frac{1}{5}$ $\frac{4}{6}$ $\frac{2}{5}$ $\frac{4}{5}$ $\frac{5}{1}$ $\frac{5}{6}$

drei Fünftel, fünf Neuntel, fünf Achtel, ein Fünftel

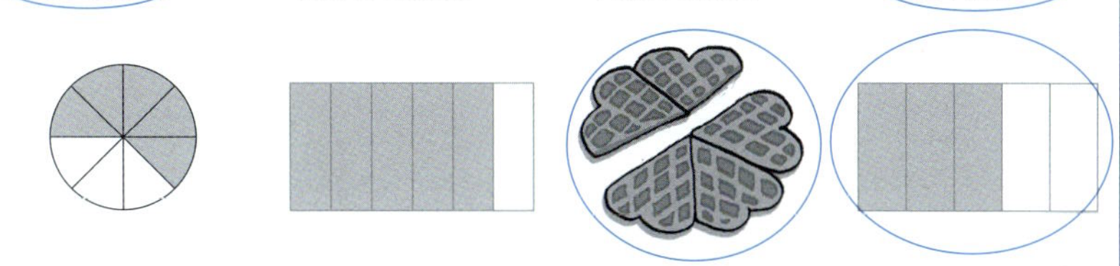

Brüche darstellen

3 Markiere farbig. Finde verschiedene Möglichkeiten.

a) $\frac{5}{8}$

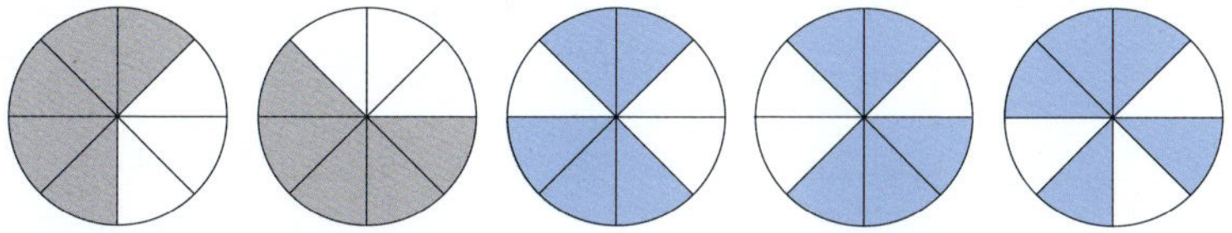

b) $\frac{4}{9}$

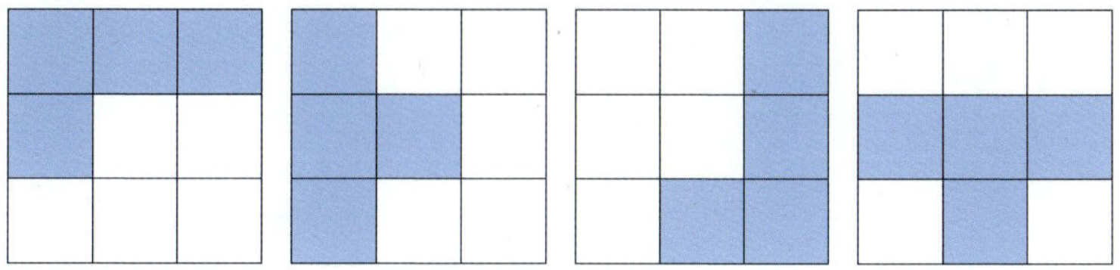

4 Stelle die Brüche dar.

a) $\frac{3}{4}$

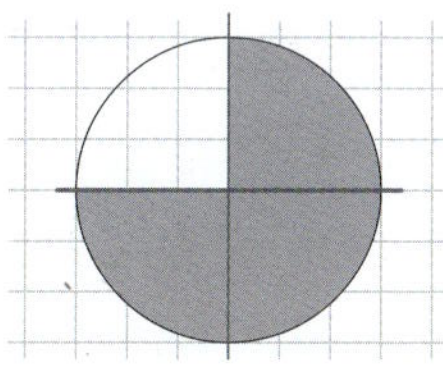

b) $\frac{2}{4}$

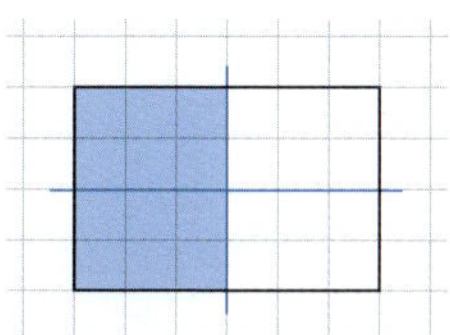

c) $\frac{3}{8}$

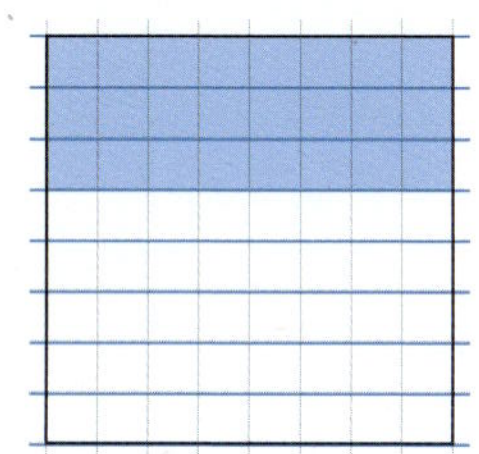

d) $\frac{1}{3}$

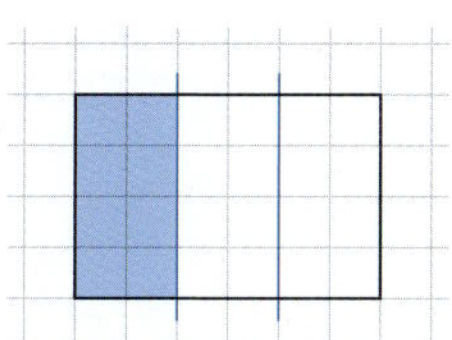

e) $\frac{1}{2}$

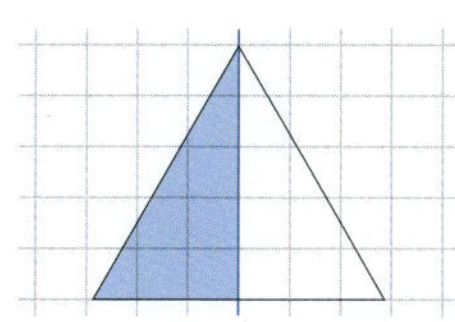

5 Welche Brüche sind es?

a) Der Zähler ist 4, der Nenner ist 5.
Der Bruch heißt *vier Fünftel*. $\frac{4}{5}$

b) Der Zähler ist 3, der Nenner ist 2.
Der Bruch heißt drei Halbe. $\frac{3}{2}$

c) Der Zähler ist 1, der Nenner ist 3.
Der Bruch heißt ein Drittel. $\frac{1}{3}$

6 Ergänze die Tabelle.

Bild	Zahl	Zahlwort
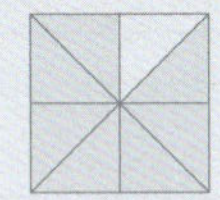	$\frac{7}{8}$	*sieben Achtel*
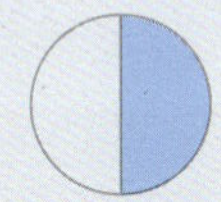	$\frac{1}{2}$	ein Halbes
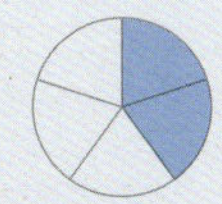	$\frac{2}{5}$	zwei Fünftel
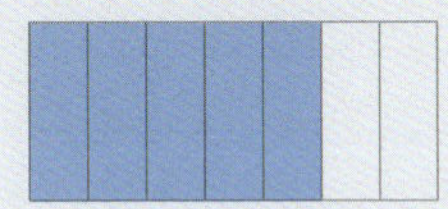	$\frac{5}{7}$	fünf Siebtel
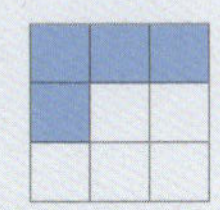	$\frac{4}{9}$	vier Neuntel
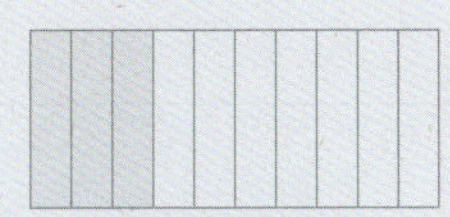	$\frac{3}{10}$	drei Zehntel
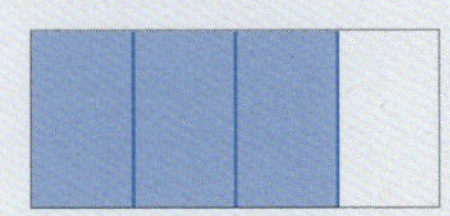	$\frac{3}{4}$	drei Viertel

Brüche erweitern und kürzen

1 Hier siehst du drei Viertel einer Pizza.

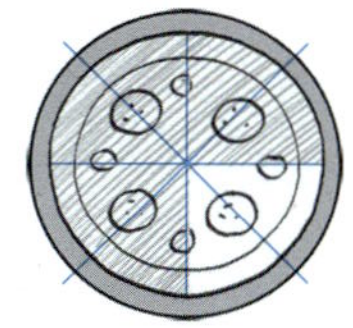

a) Erweitere die Einteilung der Pizza in Achtel.
b) Wie viele Achtel sind dann markiert?

Es sind 6 Achtel markiert.

2 Teile den Kuchen in fünf gleich große Stücke.

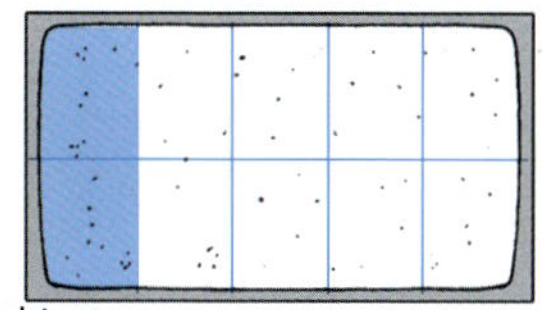

a) Markiere ein Fünftel.
b) Erweitere die Einteilung des Kuchens in Zehntel.
c) Wie viele Zehntel sind dann markiert?

Es sind 2 Zehntel markiert.

3 Erweitere die Brüche mit 4.

a) $\frac{2}{9} = \frac{2 \cdot 4}{9 \cdot 4} = \frac{8}{36}$ b) $\frac{1}{3} = \frac{1 \cdot 4}{3 \cdot 4} = \frac{4}{12}$

c) $\frac{7}{4} = \frac{7 \cdot 4}{4 \cdot 4} = \frac{28}{16}$ d) $\frac{3}{5} = \frac{3 \cdot 4}{5 \cdot 4} = \frac{12}{20}$

4 Mit welcher Zahl wurden die Brüche erweitert? Ergänze.

a) $\frac{3}{2} = \frac{3 \cdot 3}{2 \cdot 3} = \frac{9}{6}$ b) $\frac{3}{4} = \frac{3 \cdot 5}{4 \cdot 5} = \frac{15}{20}$

c) $\frac{4}{9} = \frac{4 \cdot 2}{9 \cdot 2} = \frac{8}{18}$ d) $\frac{3}{7} = \frac{3 \cdot 6}{7 \cdot 6} = \frac{18}{42}$

5 Erweitere so, dass alle Brüche den Nenner 12 haben.

a) $\frac{3}{4} = \frac{3 \cdot 3}{4 \cdot 3} = \frac{9}{12}$ b) $\frac{2}{3} = \frac{2 \cdot 4}{3 \cdot 4} = \frac{8}{12}$

c) $\frac{1}{2} = \frac{1 \cdot 6}{2 \cdot 6} = \frac{6}{12}$ d) $\frac{2}{6} = \frac{2 \cdot 2}{6 \cdot 2} = \frac{4}{12}$

6 Hier siehst du sechs Neuntel eines Auflaufs.

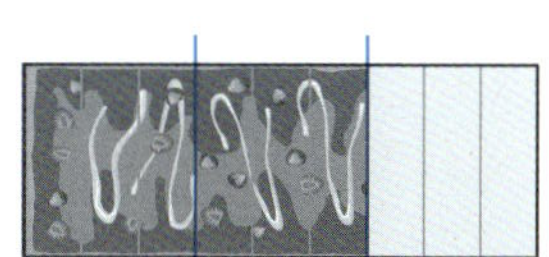

a) Kürze die Einteilung des Auflaufs in Drittel.
b) Wie viele Drittel sind dann markiert?

Es sind 2 Drittel markiert.

7 Hier siehst du neun Zwölftel einer Torte.

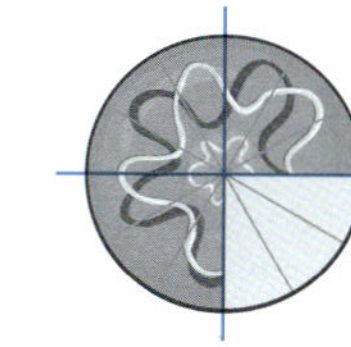

a) Kürze die Einteilung der Torte in Viertel.
b) Wie viele Viertel sind dann markiert?

Es sind 3 Viertel markiert.

8 Hier siehst du vier Zehntel eines Auflaufs.

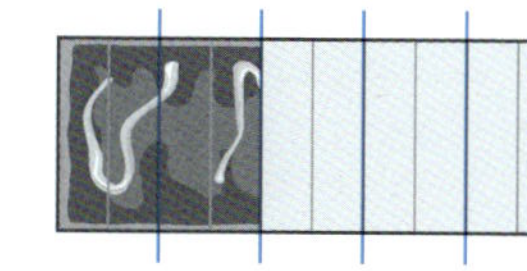

a) Kürze die Einteilung der Auflaufs in Fünftel.
b) Wie viele Fünftel sind dann markiert?

Es sind 2 Fünftel markiert.

9 Kürze die Brüche mit 3.

a) $\frac{9}{12} = \frac{9 : 3}{12 : 3} = \frac{3}{4}$ b) $\frac{21}{30} = \frac{21 : 3}{30 : 3} = \frac{7}{10}$

c) $\frac{3}{9} = \frac{3 : 3}{9 : 3} = \frac{1}{3}$ d) $\frac{12}{15} = \frac{12 : 3}{15 : 3} = \frac{4}{5}$

10 Mit welcher Zahl kannst du die Brüche möglichst vollständig kürzen?

a) $\frac{25}{35} = \frac{25 : 5}{35 : 5} = \frac{5}{7}$ b) $\frac{70}{80} = \frac{70 : 10}{80 : 10} = \frac{7}{8}$

c) $\frac{4}{12} = \frac{4 : 4}{12 : 4} = \frac{1}{3}$ d) $\frac{21}{49} = \frac{21 : 7}{49 : 7} = \frac{3}{7}$

e) $\frac{9}{18} = \frac{9 : 9}{18 : 9} = \frac{1}{2}$ f) $\frac{8}{10} = \frac{8 : 2}{10 : 2} = \frac{4}{5}$

g) $\frac{16}{24} = \frac{16 : 8}{24 : 8} = \frac{2}{3}$ h) $\frac{6}{15} = \frac{6 : 3}{15 : 3} = \frac{2}{5}$

11 Kürze so weit wie möglich.

a) $\frac{10}{30} = \frac{10 : 10}{30 : 10} = \frac{1}{3}$ b) $\frac{60}{80} = \frac{60 : 10}{80 : 10} = \frac{6 : 2}{8 : 2} = \frac{3}{4}$

c) $\frac{18}{42} = \frac{18 : 6}{42 : 6} = \frac{3}{7}$ d) $\frac{28}{56} = \frac{28 : 7}{56 : 7} = \frac{4 : 4}{8 : 4} = \frac{1}{2}$

12 Finde die gleichen Brüche. Umkreise.

a)

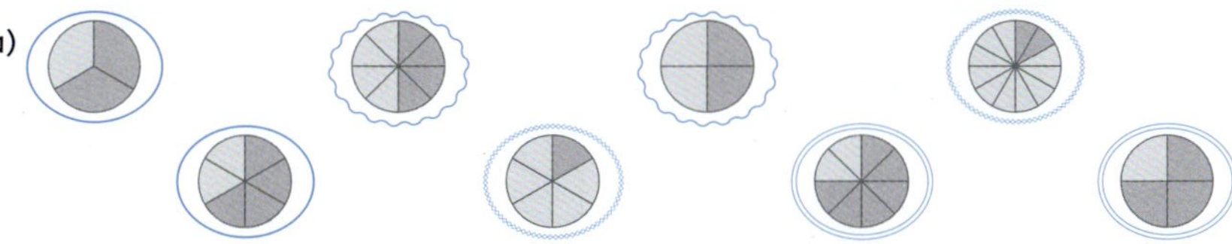

b) zwei Halbe · ein Viertel · zwei Achtel · zwei Viertel · drei Viertel · sechs Achtel · acht Achtel · vier Achtel

c)

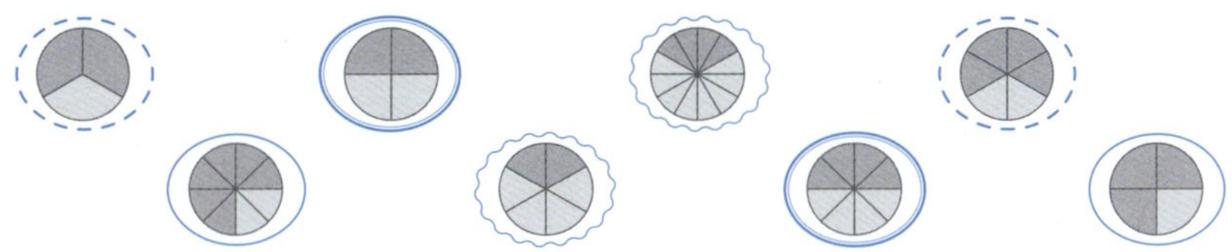

d) zwei Halbe · zwei Zwölftel · ein Halb · ein Sechstel · zwei Zehntel · zwei Viertel · ein Fünftel · vier Viertel

13 Wie wurde erweitert, gekürzt und umgewandelt? Vervollständige die Lücken.

a) $\frac{3}{7} = \frac{3 \cdot 4}{7 \cdot 4} = \frac{12}{28}$

b) $\frac{24}{9} = \frac{24 : 3}{9 : 3} = \frac{8}{3}$

c) $\frac{6}{8} = \frac{6 \cdot 2}{8 \cdot 2} = \frac{12}{16}$

d) $\frac{20}{12} = \frac{20 : 4}{12 : 4} = \frac{5}{3}$

e) $\frac{5}{7} = \frac{5 \cdot 5}{7 \cdot 5} = \frac{25}{35}$

f) $\frac{49}{35} = \frac{49 : 7}{35 : 7} = \frac{7}{5}$

14 Kürze so weit wie möglich.

a) $\frac{30}{72} = \frac{30 : 6}{72 : 6} = \frac{5}{12}$

b) $\frac{15}{60} = \frac{15 : 15}{60 : 15} = \frac{1}{4}$

Brüche am Zahlenstrahl

Brüche als Teil einer Strecke

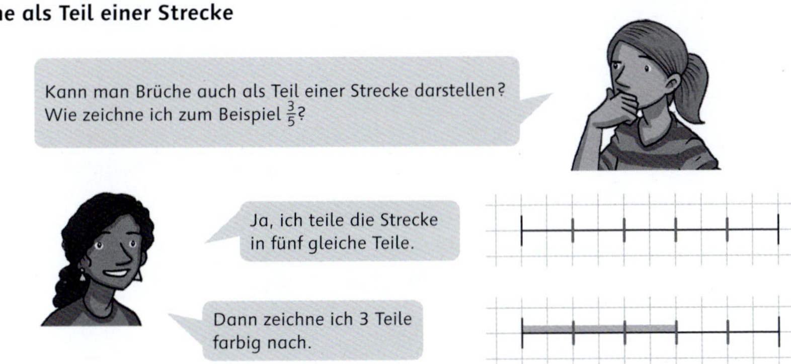

1 Zeichne die Brüche.

a) $\frac{2}{6}$

b) $\frac{7}{8}$

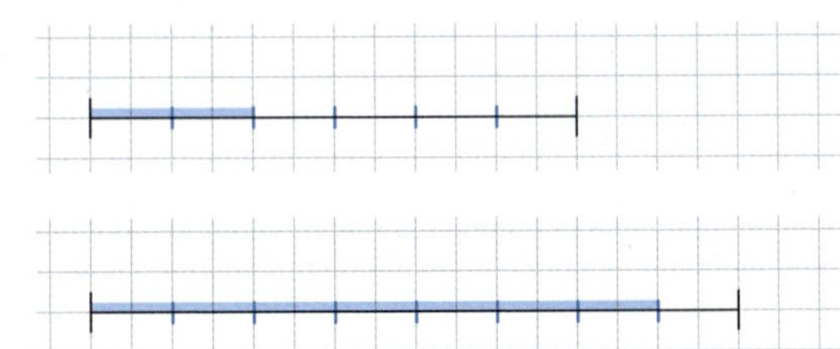

2 Markiere farbig.

a) $\frac{1}{2}$

b) $\frac{5}{10}$

c) $\frac{2}{4}$

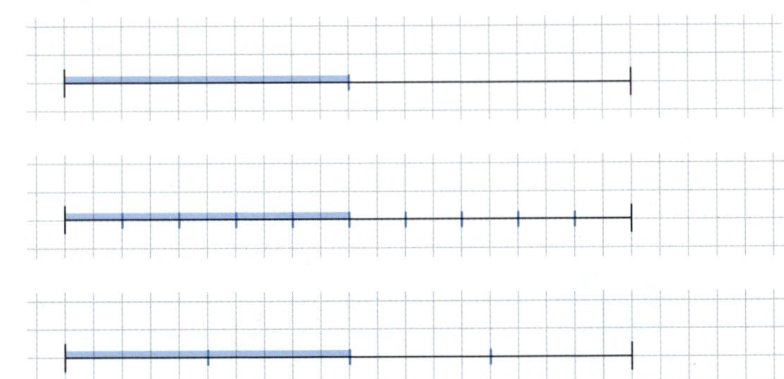

d) Was fällt dir auf?

Die Brüche $\frac{1}{2}$, $\frac{5}{10}$ und $\frac{2}{4}$ sind gleich groß.

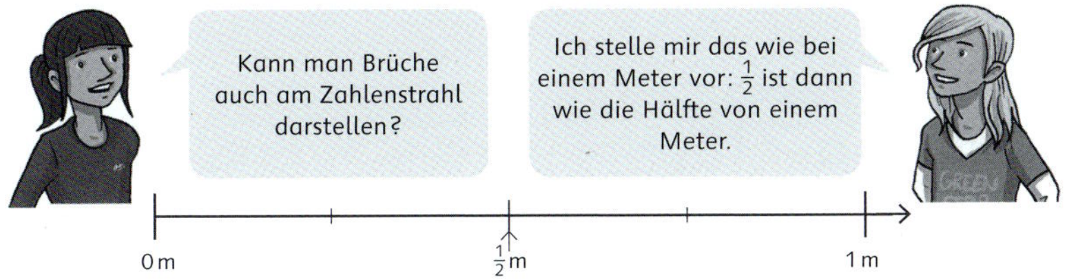

3 Ordne zu. Verbinde.

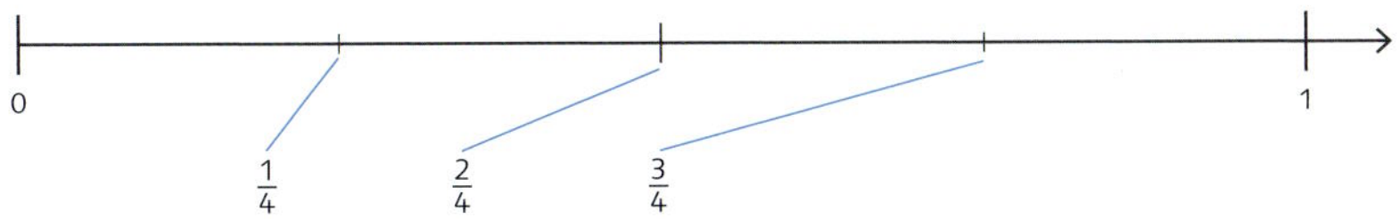

4 Ordne zu: $\frac{1}{10}$, $\frac{2}{10}$, $\frac{3}{10}$, $\frac{4}{10}$, $\frac{5}{10}$, $\frac{6}{10}$, $\frac{7}{10}$, $\frac{8}{10}$, $\frac{9}{10}$, $\frac{10}{10}$

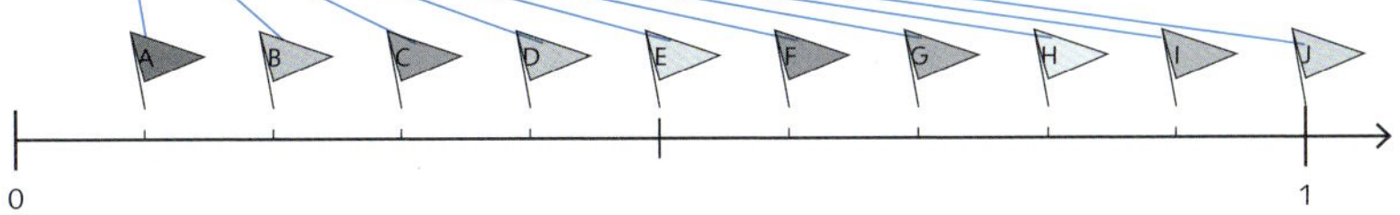

5 Ordne die Brüche richtig zu. Verbinde.

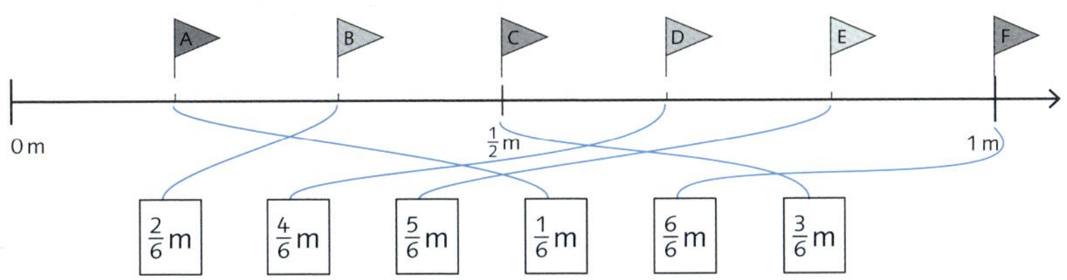

6 Betrachte die Zahlenstrahlen in den Aufgaben **3** bis **5**.

a) Welche Brüche liegen auf dem Zahlenstrahl genau auf $\frac{1}{2}$?

$\frac{2}{4}$; $\frac{5}{10}$; $\frac{3}{6}$

b) Finde andere Brüche, die genau auf $\frac{1}{2}$ liegen. Es gibt mehrere Möglichkeiten.

$\frac{4}{8}$; $\frac{6}{12}$; $\frac{7}{14}$

7 Markiere die Brüche auf dem Zahlenstrahl.

a) $\frac{1}{2}$

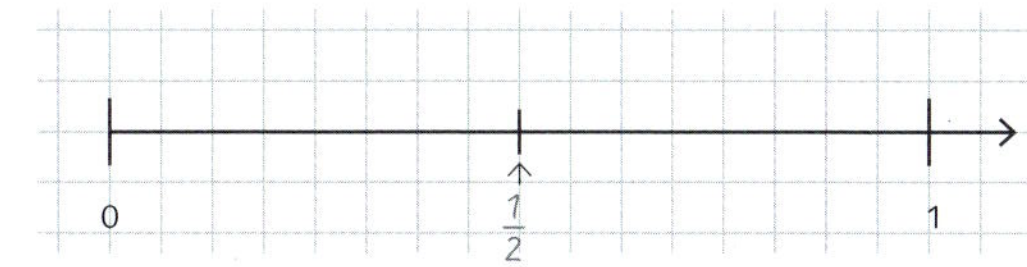

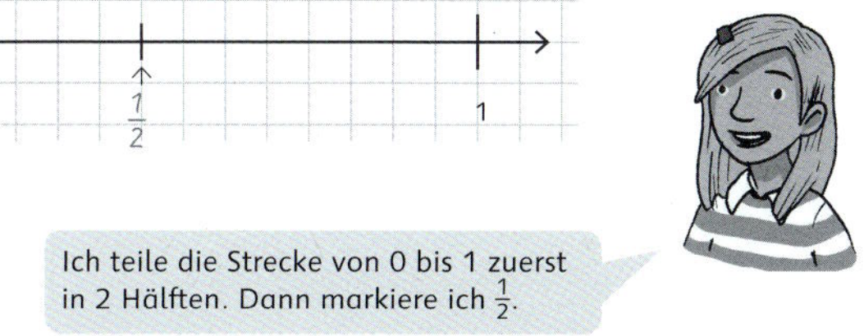

b) $\frac{1}{4}$

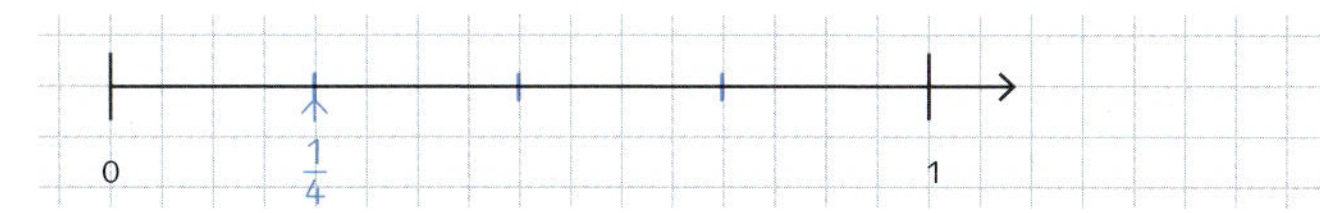

c) $\frac{3}{4}$

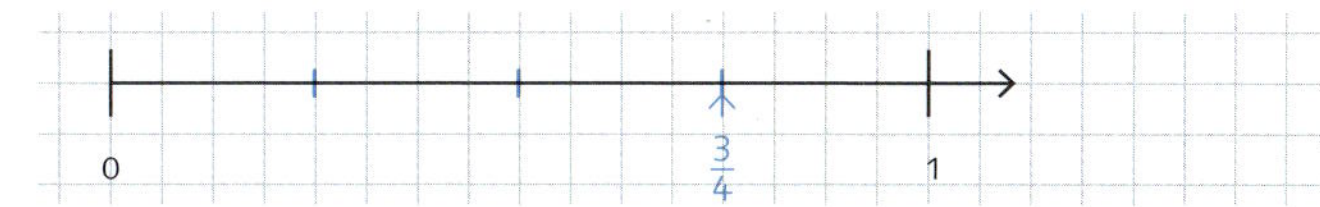

d) $\frac{1}{3}$

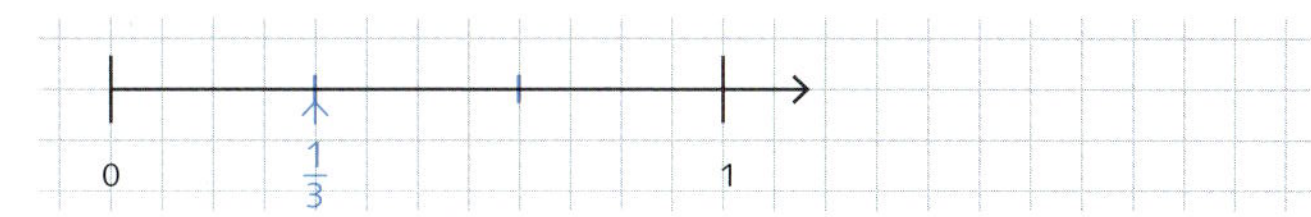

e) $\frac{2}{3}$

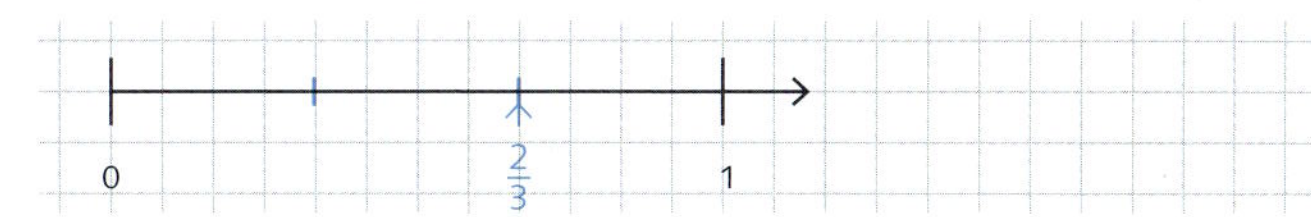

f) $\frac{3}{5}$

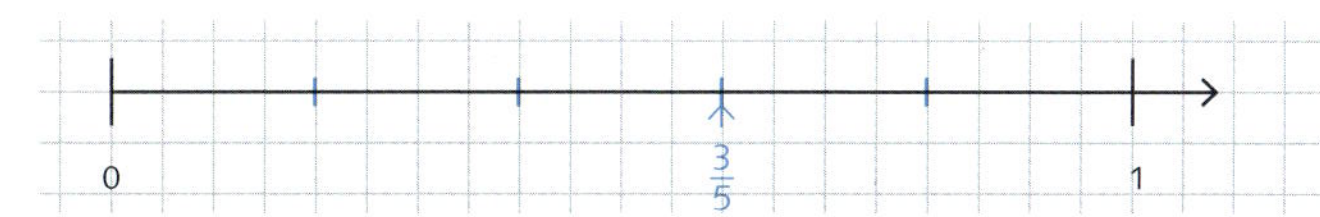

8 Ordne die Brüche richtig zu. Verbinde.

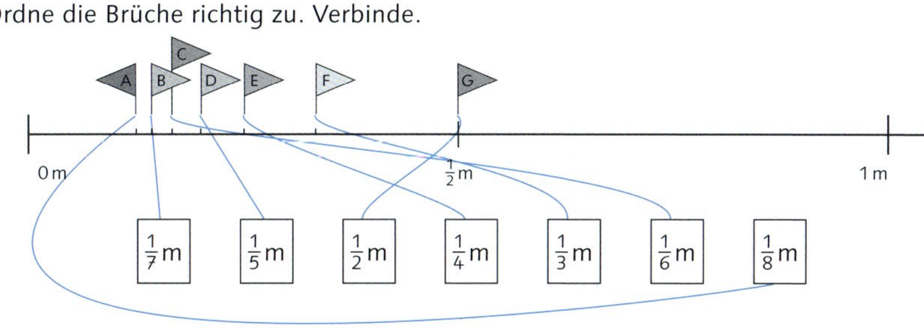

Brüche vergleichen und ordnen

1 Schreibe jeweils den Namen des Bruchs auf.
Was ist mehr? Setze >, < oder = ein.

a) 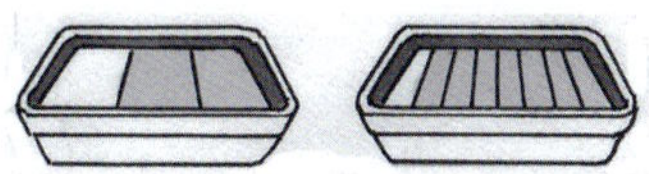

ein Drittel [>] ein Achtel

b) 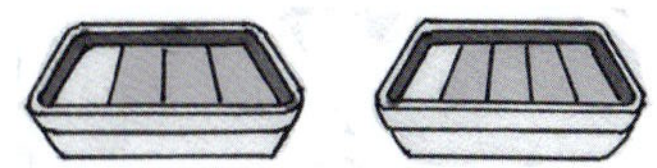

ein Viertel [>] ein Fünftel

c) 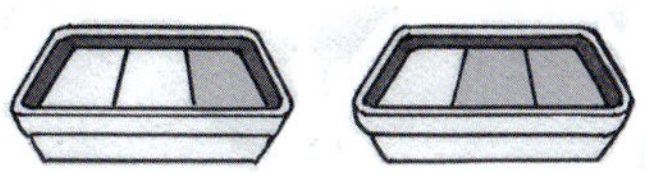

zwei Drittel [>] ein Drittel

d) 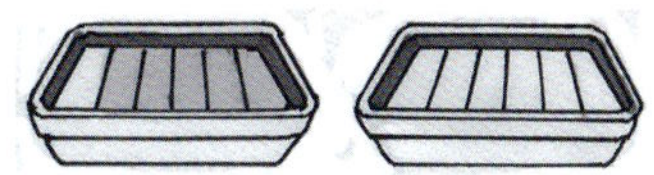

ein Sechstel [<] sechs Sechstel / ein Ganzes

e) 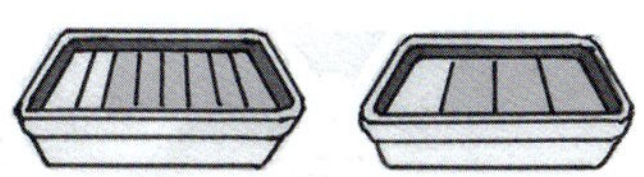

zwei Achtel [=] ein Viertel

f) 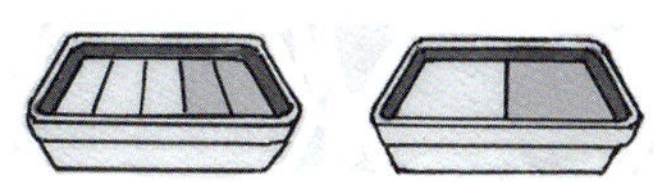

drei Fünftel [>] ein Halbes

2 Schreibe jeweils den Bruch auf.
Was ist mehr? Setze >, < oder = ein.

a) 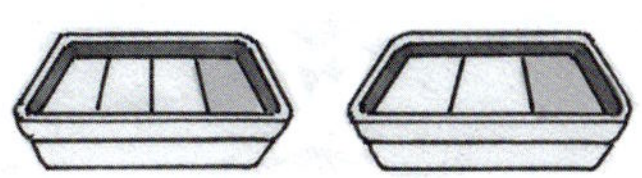

$\frac{3}{4}$ [>] $\frac{2}{3}$

b) 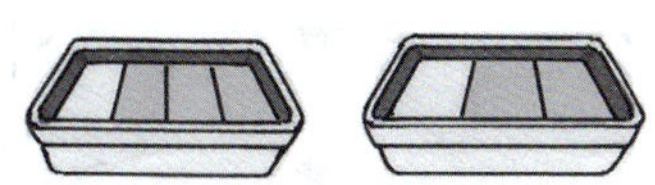

$\frac{1}{4}$ [<] $\frac{1}{3}$

c) 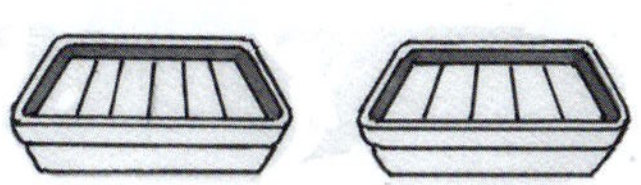

$\frac{6}{6}$ [=] $\frac{5}{5}$

d) 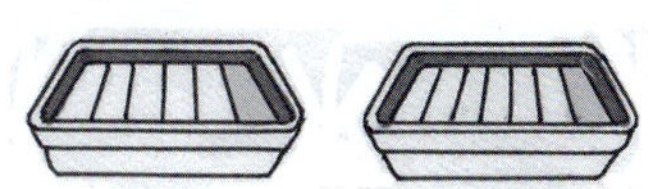

$\frac{5}{6}$ [<] $\frac{6}{7}$

3 Schreibe jeweils einen Bruch auf. Was ist mehr? Setze >, < oder = ein.

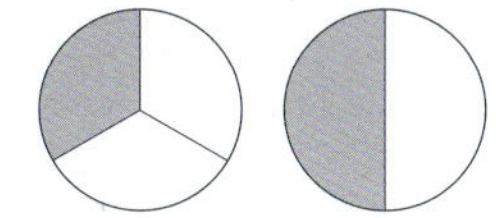

$\frac{1}{3}$ [<] $\frac{1}{2}$

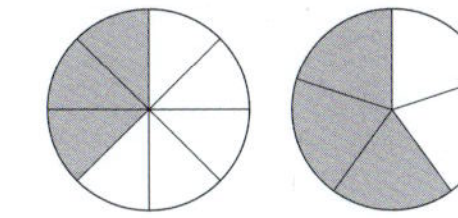

$\frac{3}{8}$ [<] $\frac{3}{5}$

4 Vergleiche. >, < oder =? Als Hilfe kannst du den Zahlenstrahl nutzen.

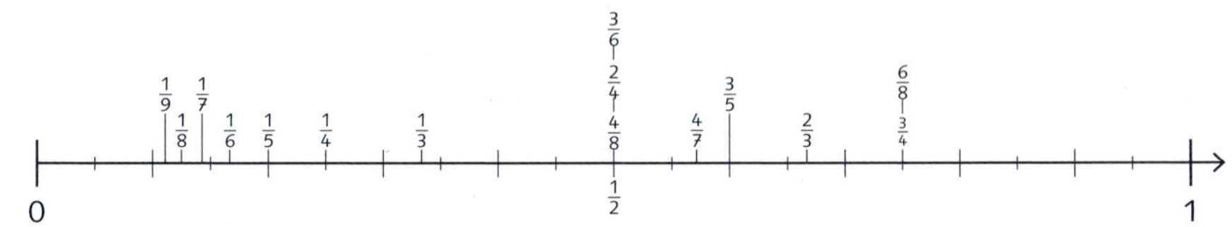

a)			b)			c)			d)		
$\frac{1}{3}$	<	$\frac{1}{2}$	$\frac{1}{2}$	>	$\frac{1}{4}$	$\frac{1}{4}$	<	$\frac{3}{4}$	$\frac{1}{2}$	=	$\frac{3}{6}$
$\frac{1}{4}$	>	$\frac{1}{5}$	$\frac{1}{5}$	>	$\frac{1}{6}$	$\frac{2}{3}$	>	$\frac{1}{3}$	$\frac{3}{6}$	>	$\frac{1}{4}$
$\frac{1}{8}$	<	$\frac{1}{7}$	$\frac{1}{9}$	<	$\frac{1}{3}$	$\frac{4}{8}$	=	$\frac{1}{2}$	$\frac{3}{4}$	=	$\frac{6}{8}$
$\frac{1}{7}$	<	$\frac{1}{4}$	$\frac{1}{6}$	>	$\frac{1}{7}$	$\frac{1}{2}$	=	$\frac{2}{4}$	$\frac{4}{7}$	<	$\frac{3}{5}$

Brüche kann man leichter vergleichen, wenn sie denselben Nenner haben. Beispiel:

$\frac{4}{7}$ [?] $\frac{3}{5}$ NR: $\frac{4 \cdot 5}{7 \cdot 5} = \frac{20}{35}$ $\frac{3 \cdot 7}{5 \cdot 7} = \frac{21}{35}$

$\frac{20}{35} < \frac{21}{35}$, also $\frac{4}{7} < \frac{3}{5}$

Nun kann ich $\frac{20}{35}$ und $\frac{21}{35}$ gut miteinander vergleichen.

5 Vergleiche die Brüche miteinander.
Bringe sie auf einen Nenner und setze <, > oder = ein.

a) $\frac{4}{6}$ [=] $\frac{2}{3}$ (erweitert: $\frac{4}{6}$) NR: $\frac{2 \cdot 2}{3 \cdot 2} = \frac{4}{6}$

b) $\frac{9}{4}$ (erweitert: $\frac{45}{20}$) [>] $\frac{34}{20}$ NR: $\frac{9 \cdot 5}{4 \cdot 5} = \frac{45}{20}$

6 Vergleiche die Brüche. Setze <, > oder = ein.
Forme dazu einen Bruch so um, dass beide Brüche denselben Nenner haben.

a) $\frac{7}{8} > \frac{13}{16}$ NR: $\frac{7 \cdot 2}{8 \cdot 2} = \frac{14}{16}$

b) $\frac{19}{42} > \frac{3}{7}$ NR: $\frac{3 \cdot 6}{7 \cdot 6} = \frac{18}{42}$

c) $\frac{3}{4} < \frac{17}{20}$ NR: $\frac{3 \cdot 5}{4 \cdot 5} = \frac{15}{20}$

d) $\frac{40}{81} < \frac{5}{9}$ NR: $\frac{5 \cdot 9}{9 \cdot 9} = \frac{45}{81}$

e) $\frac{3}{4} < \frac{7}{8}$ NR: $\frac{3 \cdot 2}{4 \cdot 2} = \frac{6}{8}$

f) $\frac{4}{9} > \frac{7}{18}$ NR: $\frac{4 \cdot 2}{9 \cdot 2} = \frac{8}{18}$

g) $\frac{6}{9} = \frac{2}{3}$ NR: $\frac{2 \cdot 3}{3 \cdot 3} = \frac{6}{9}$

h) $\frac{8}{7} < \frac{30}{21}$ NR: $\frac{8 \cdot 3}{7 \cdot 3} = \frac{24}{21}$

7 Ordne die Brüche der Größe nach. Beginne mit dem kleinsten Bruch. Als Hilfe kannst du den Zahlenstrahl nutzen.

a) $\frac{7}{8}; \frac{1}{8}; \frac{5}{8}; \frac{3}{8}; \frac{2}{8}; \frac{6}{8}$

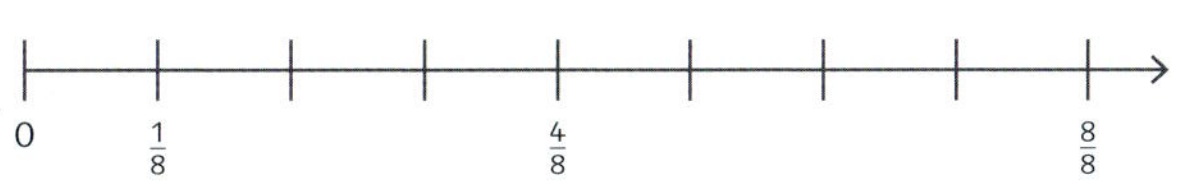

$\frac{1}{8}; \frac{2}{8}; \frac{3}{8}; \frac{5}{8}; \frac{6}{8}; \frac{7}{8}$

b) $\frac{1}{4}; \frac{1}{9}; \frac{1}{3}; \frac{1}{7}; \frac{1}{2}; \frac{1}{10}$

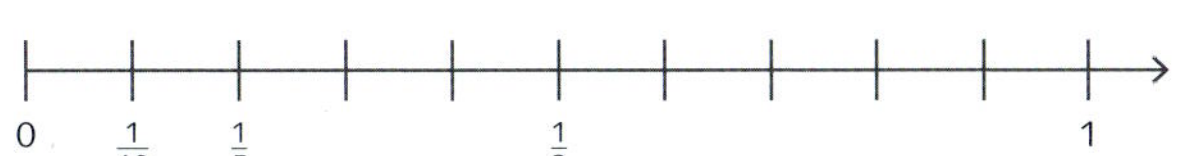

$\frac{1}{10}; \frac{1}{9}; \frac{1}{7}; \frac{1}{4}; \frac{1}{3}; \frac{1}{2}$

Gleichnamige Brüche addieren und subtrahieren

1 Wie viel ist es zusammen? Schreibe auf.

a)

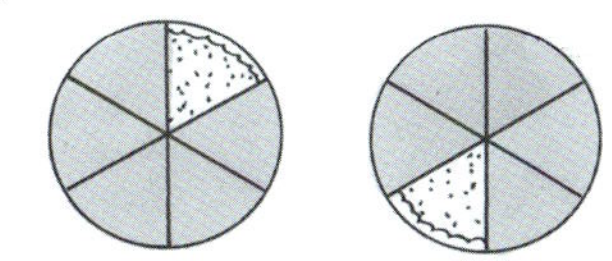

ein Sechstel + ein Sechstel
= zwei Sechstel

b)

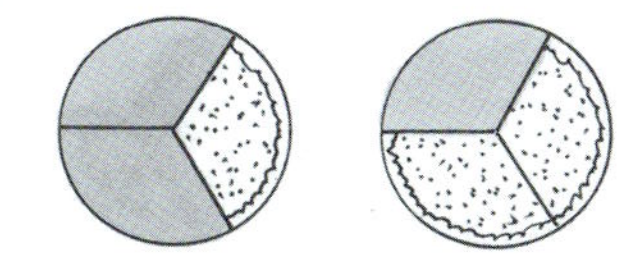

ein Drittel + zwei Drittel
= drei Drittel

2 Welche Zeichnung passt zur Aufgabe?
Verbinde und löse die Aufgaben.

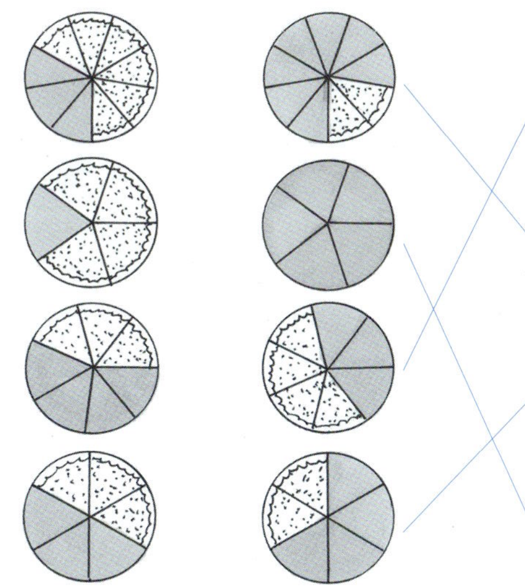

drei Siebtel + vier Siebtel
= sieben Siebtel

sechs Neuntel + zwei Neuntel
= acht Neuntel

drei Sechstel + zwei Sechstel
= fünf Sechstel

vier Fünftel + null Fünftel
= vier Fünftel

3 Schreibe zuerst die Brüche auf und löse dann die Aufgabe.

a) ein Drittel + ein Drittel $\frac{1}{3} + \frac{1}{3} = \frac{2}{3}$

b) zwei Viertel + ein Viertel $\frac{2}{4} + \frac{1}{4} = \frac{3}{4}$

c) sieben Zehntel + zwei Zehntel $\frac{7}{10} + \frac{2}{10} = \frac{9}{10}$

4 Wie viel bleibt übrig? Schreibe auf.

a)

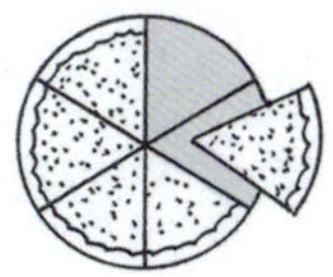

fünf Sechstel – ein Sechstel

= vier Sechstel

b)

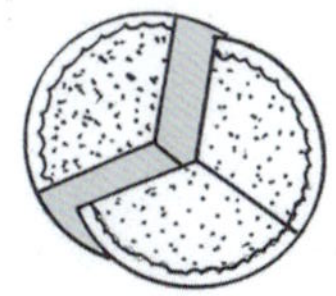

drei Drittel – zwei Drittel

= ein Drittel

5 Welche Zeichnung passt zur Aufgabe? Verbinde und löse die Aufgaben.

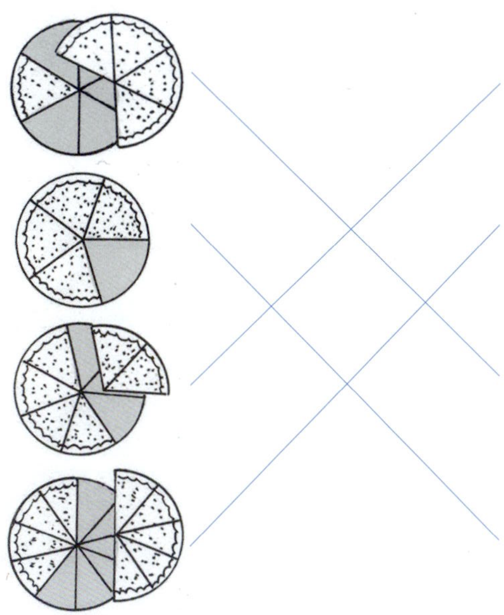

sechs Siebtel – zwei Siebtel

= vier Siebtel

neun Zehntel – fünf Zehntel

= vier Zehntel

fünf Sechstel – vier Sechstel

= ein Sechstel

vier Fünftel – null Fünftel

= vier Fünftel

6 Schreibe zuerst die Brüche auf und löse dann die Aufgabe.

a) drei Drittel – ein Drittel $\frac{3}{3} - \frac{1}{3} = \frac{2}{3}$

b) vier Viertel – zwei Viertel $\frac{4}{4} - \frac{2}{4} = \frac{2}{4}$

c) acht Zehntel – zwei Zehntel $\frac{8}{10} - \frac{2}{10} = \frac{6}{10}$

7 Wie viel ist es zusammen?

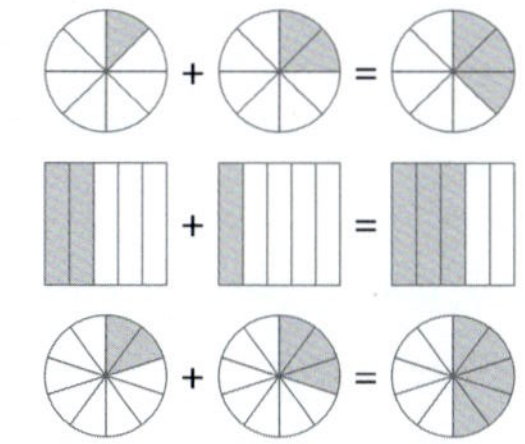

ein Achtel + *zwei Achtel* = drei Achtel

zwei Fünftel + ein Fünftel = drei Fünftel

zwei Zehntel + drei Zehntel = fünf Zehntel

8 Wie viel ist es zusammen? Ergänze die Skizzen.

ein Achtel + ein Achtel = zwei Achtel

ein Viertel + drei Viertel = vier Viertel

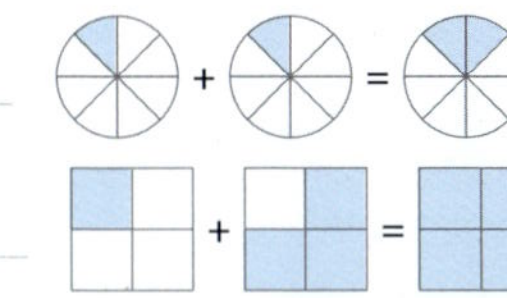

$\frac{3}{6} + \frac{2}{6} = \frac{5}{6}$

$\frac{4}{9} + \frac{3}{9} = \frac{7}{9}$

$\frac{1}{5} + \frac{3}{5} = \frac{4}{5}$

$\frac{4}{10} + \frac{5}{10} = \frac{9}{10}$

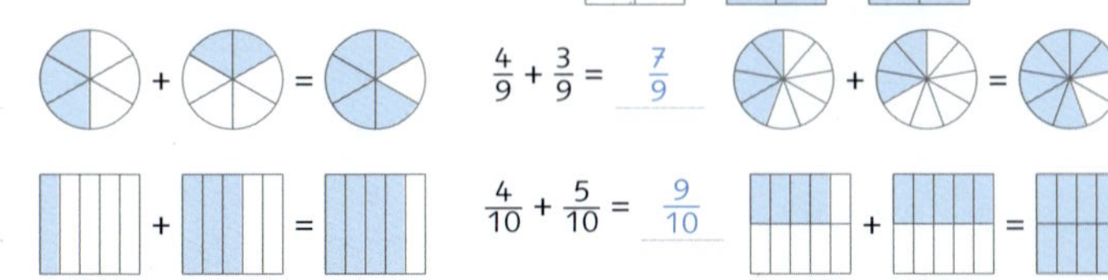

9 Wie viel bleibt übrig?

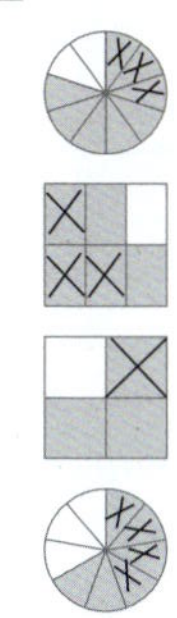

acht Zehntel – *drei Zehntel* = fünf Zehntel

fünf Sechstel – drei Sechstel = zwei Sechstel

drei Viertel – ein Viertel = zwei Viertel

sechs Neuntel – vier Neuntel = zwei Neuntel

10 Wie viel bleibt übrig? Ergänze die Skizzen.

drei Viertel – ein Viertel = zwei Viertel

fünf Neuntel – zwei Neuntel = drei Neuntel

$\frac{7}{8} - \frac{5}{8} = \frac{2}{8}$

$\frac{3}{5} - \frac{1}{5} = \frac{2}{5}$

$\frac{4}{6} - \frac{3}{6} = \frac{1}{6}$

Ungleichnamige Brüche addieren und subtrahieren

1 Wie viel ist es zusammen? Erweitere zuerst.

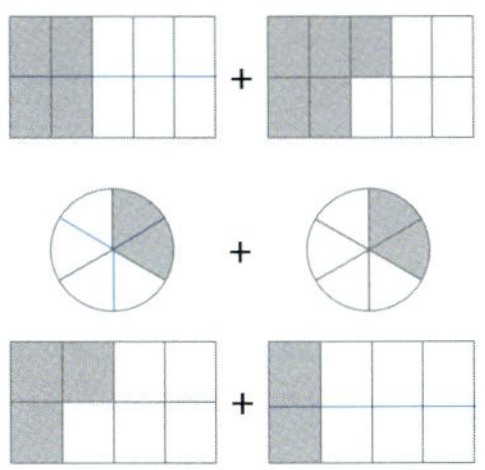

zwei Fünftel + *fünf Zehntel* = *neun Zehntel*

ein Drittel + zwei Sechstel = vier Sechstel

drei Achtel + ein Viertel = fünf Achtel

2 Wie viel ist es zusammen? Erweitere die Brüche zuerst, bevor du rechnest. Ergänze die Skizzen.

$\frac{2}{4} + \frac{3}{8} = \frac{7}{8}$  $\frac{2}{3} + \frac{1}{6} = \frac{5}{6}$ 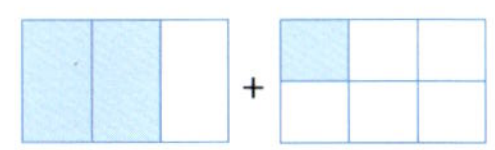

$\frac{4}{8} + \frac{1}{2} = \frac{8}{8}$  $\frac{3}{9} + \frac{1}{3} = \frac{6}{9}$ 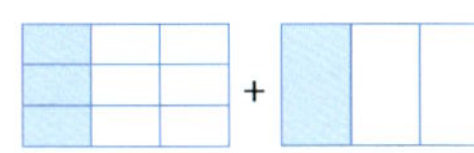

3 Wie viel bleibt übrig? Erweitere zuerst.

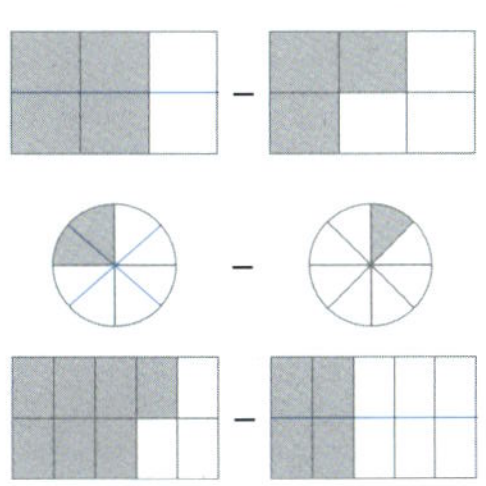

zwei Drittel – *drei Sechstel* = *ein Sechstel*

ein Viertel – ein Achtel = ein Achtel

sieben Zehntel – zwei Fünftel = drei Zehntel

4 Wie viel bleibt übrig? Erweitere die Brüche zuerst, bevor du rechnest. Ergänze die Skizzen.

$\frac{3}{4} - \frac{5}{8} = \frac{1}{8}$  $\frac{1}{3} - \frac{1}{6} = \frac{1}{6}$ 

$\frac{6}{8} - \frac{1}{2} = \frac{2}{8}$  $\frac{7}{9} - \frac{2}{3} = \frac{1}{9}$ 

Winkel und Winkelarten

Zwei Geraden laufen aufeinander zu.

Strommasten

Fahrzeugkran und Seil

Winkel entstehen, wenn zwei Geraden aufeinandertreffen.

1 Vervollständige die Winkel, indem du den zweiten Schenkel zeichnest.

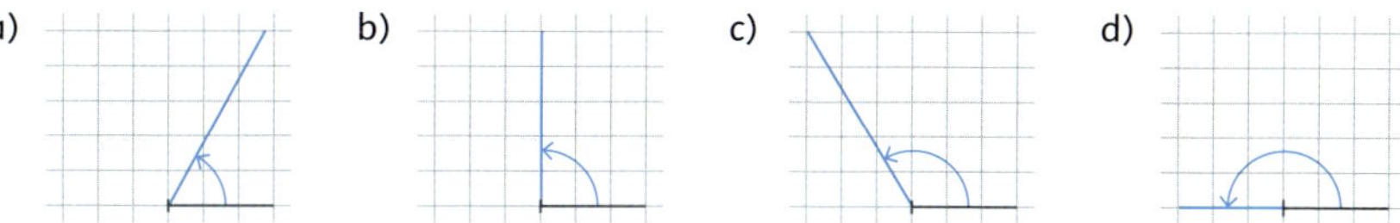

a) spitzer Winkel
b) rechter Winkel
c) stumpfer Winkel
d) gestreckter Winkel

2 Baue eine Winkelscheibe.

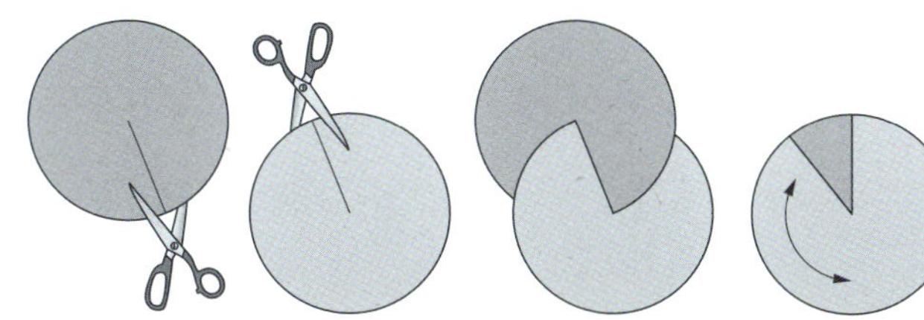

3 Spitzer, rechter, stumpfer oder überstumpfer Winkel? Schreibe die Winkelart auf.

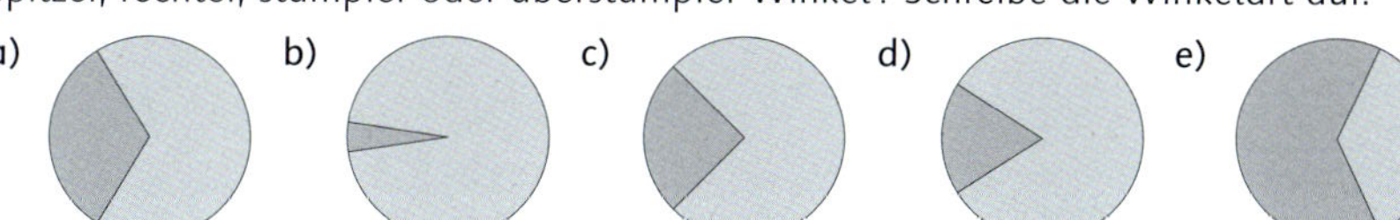

a) stumpfer Winkel
b) spitzer Winkel
c) rechter Winkel
d) spitzer Winkel
e) überstumpfer Winkel

Ein Winkel wird von zwei **Schenkeln** begrenzt. Die beiden Schenkel haben einen Punkt gemeinsam. Diesen Punkt nennt man **Scheitelpunkt**.
Winkel werden mit griechischen Buchstaben bezeichnet:
alpha α beta β gamma γ
delta δ epsilon ε

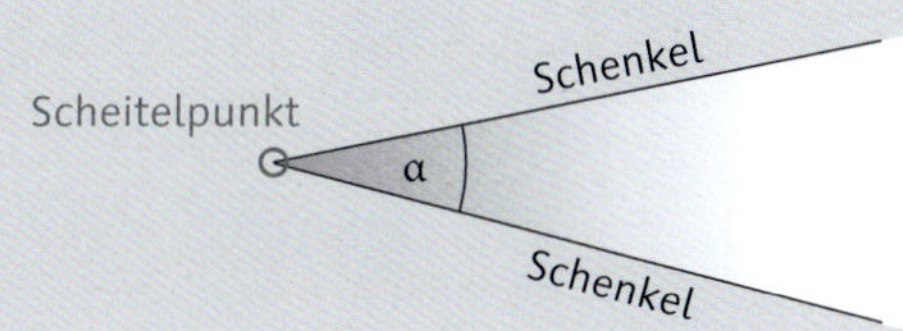

4 Schreibe α, β und γ.

α α α α α α α α α α α α α α α α α α α α α α α α α α α α α α α α α α α α α α α α α α

β β β β β β β β β β β β β β β β β β β β β β β β β β β β β β β β β β β β β β β β β β

γ γ γ γ γ γ γ γ γ γ γ γ γ γ γ γ γ γ γ γ γ γ γ γ γ γ γ γ γ γ γ γ γ γ γ γ γ γ γ γ γ γ γ γ γ γ γ γ

5 In den Zeichnungen findest du Winkel. Sie sind markiert.
Male alle spitzen Winkel gelb, rechte Winkel rot und stumpfe Winkel blau.

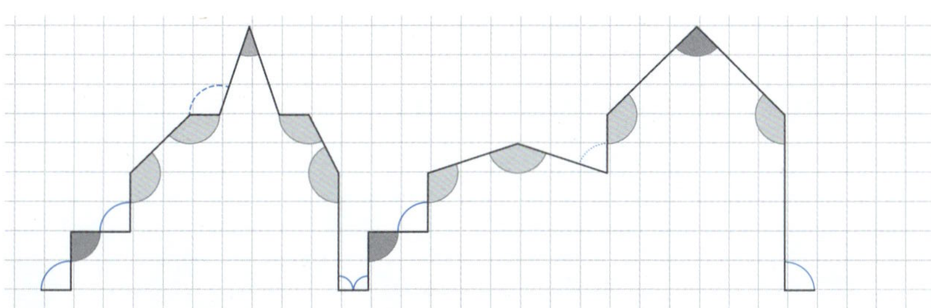

Ich finde 1 spitze Winkel, 3 rechte Winkel, 8 stumpfe Winkel.

6 Zeichne die folgenden Zeitspannen in die Ziffernblätter ein.
Schreibe die Winkelart auf.

a) von 3 Uhr bis 6 Uhr

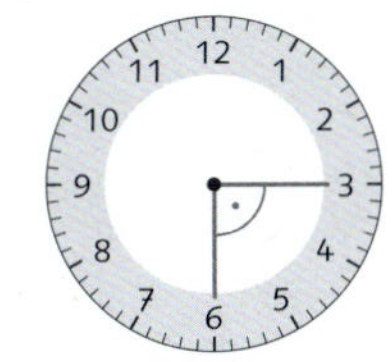

rechter Winkel

b) von 3 Uhr bis 9 Uhr

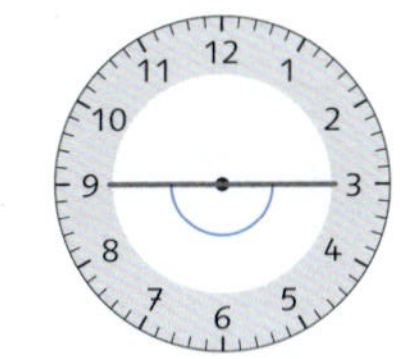

gestreckter Winkel

c) von 3 Uhr bis 12 Uhr

überstumpfer Winkel

d) von 6 Uhr bis 9 Uhr

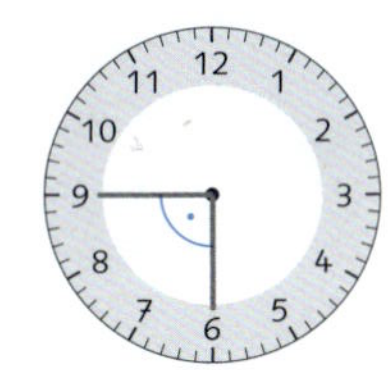

rechter Winkel

e) von 7 Uhr bis 12 Uhr

stumpfer Winkel

f) von 4 Uhr bis 12 Uhr

überstumpfer Winkel

g) von 2 Uhr bis 3 Uhr

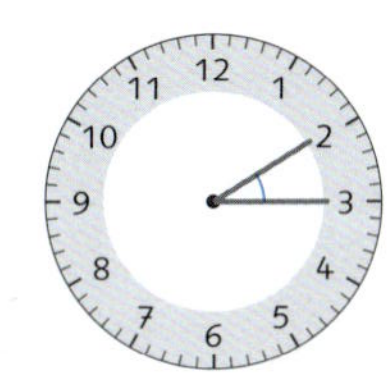

spitzer Winkel

h) von 6 Uhr bis 11 Uhr

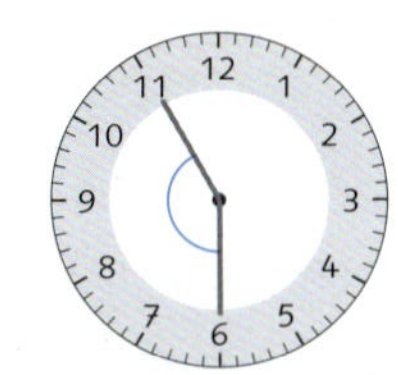

stumpfer Winkel

i) von 4 Uhr bis 15 Uhr

überstumpfer Winkel

j) von 18 Uhr bis 20 Uhr

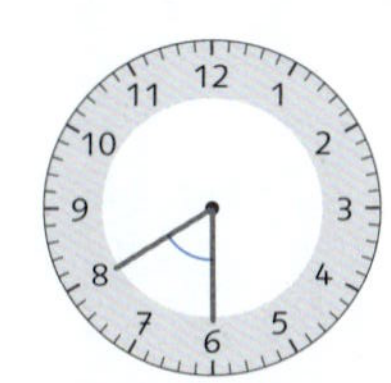

spitzer Winkel

k) von 7 Uhr bis 15 Uhr

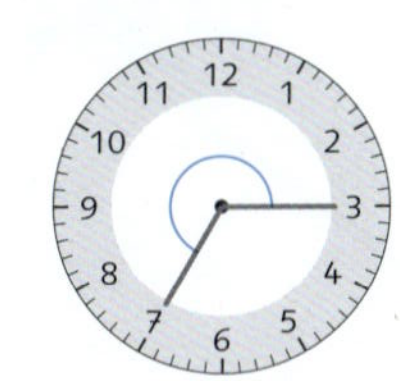

überstumpfer Winkel

l) von 4 Uhr bis 16 Uhr

Vollwinkel

Winkel messen

1

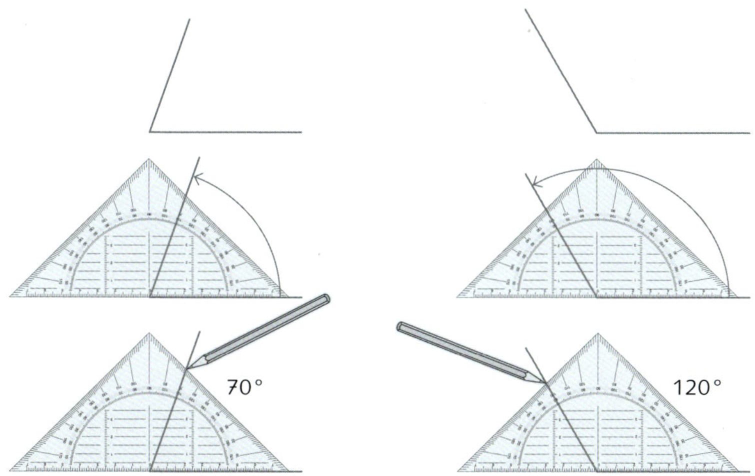

Winkel werden in Grad gemessen. Das Zeichen für Grad ist °.

Setze die Begriffe richtig ein.

1. Lege den Nullpunkt des Geodreiecks genau auf den Scheitelpunkt des Winkels.
2. Achte darauf, dass die lange Kante des Geodreiecks am unteren Schenkel des Winkels liegt.
3. Betrachte den zweiten Schenkel: Wo trifft er auf den Winkelmesser des Geodreiecks? Lies dort außen die Gradzahl ab.

Schenkel | Gradzahl | Nullpunkt

2 Miss die Winkel nach den Schritten der Anleitung.

a)

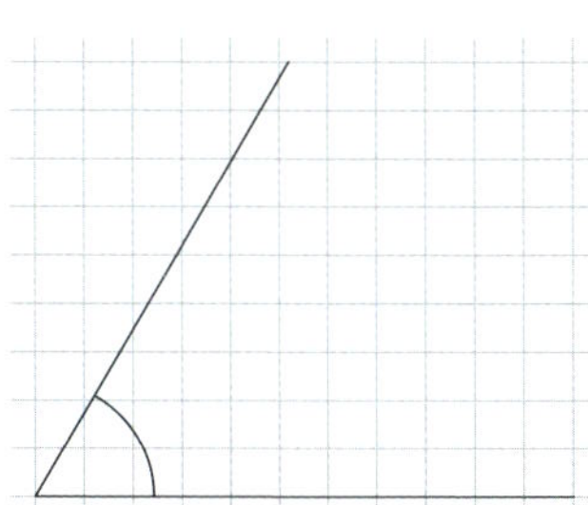

α = 60°

b)

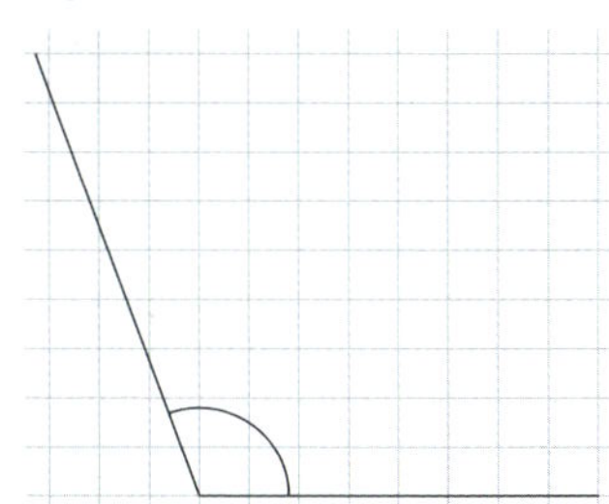

β = 110°

3 Wie groß sind die Winkel?
Schätze die Größe des Winkels.
Miss genau.
Vergleiche beide Ergebnisse.

a)

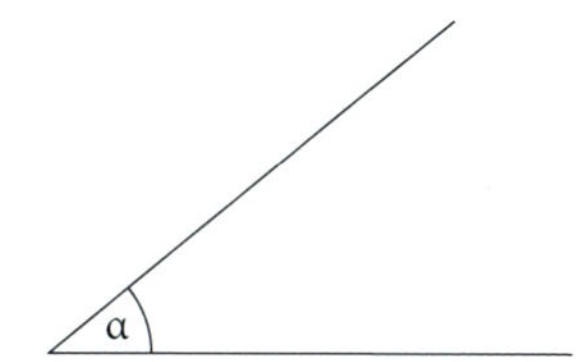

geschätzt:
gemessen: 40°
Vergleich: ☺ ☹

b)

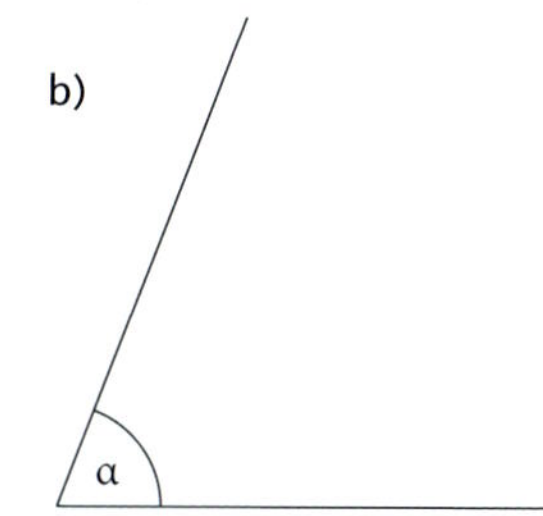

geschätzt:
gemessen: 70°
Vergleich: ☺ ☹

c)

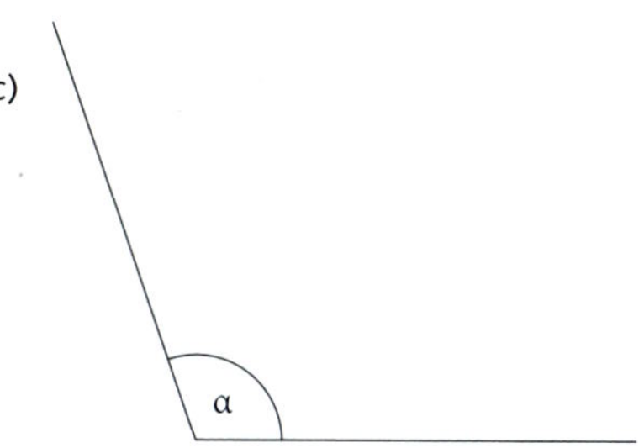

geschätzt:
gemessen: 110°
Vergleich: ☺ ☹

d)

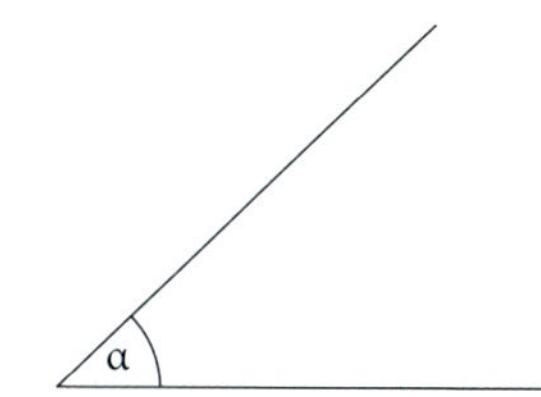

geschätzt:
gemessen: 44°
Vergleich: ☺ ☹

e)

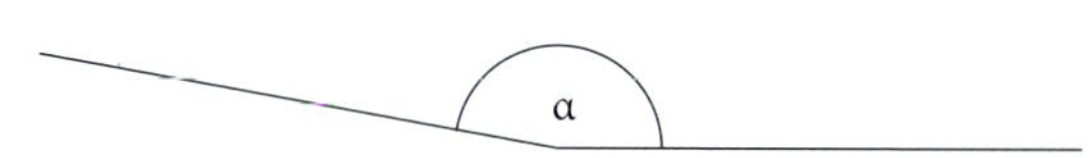

geschätzt:
gemessen: 170°
Vergleich: ☺ ☹

4 Wie groß sind die Winkel?

a)

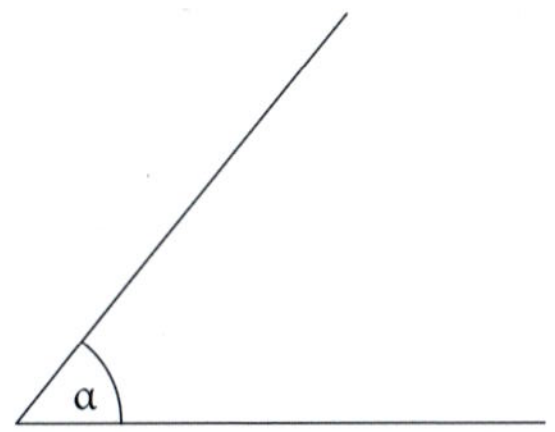

geschätzt: ______

gemessen: 52°

Vergleich: ☺ ☹

b)

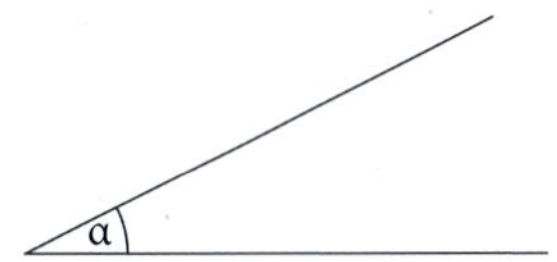

geschätzt: ______

gemessen: 27°

Vergleich: ☺ ☹

c)

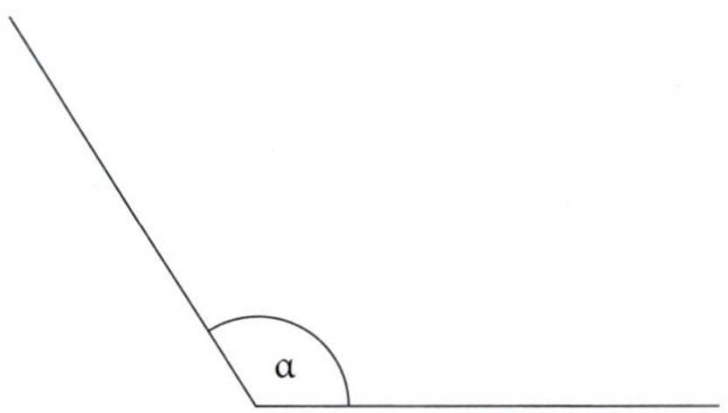

geschätzt: ______

gemessen: 123°

Vergleich: ☺ ☹

d)

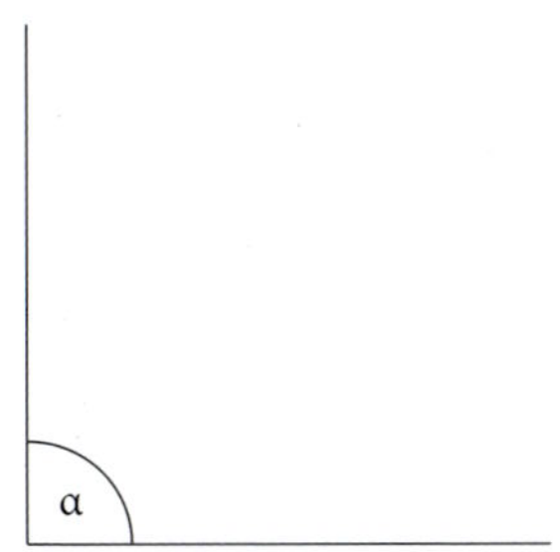

geschätzt: ______

gemessen: 90°

Vergleich: ☺ ☹

Bei einem überstumpfen Winkel zeichne ich eine Hilfslinie mit dem gestreckten Winkel ein. Dann messe ich den kleinen spitzen Winkel …

e)

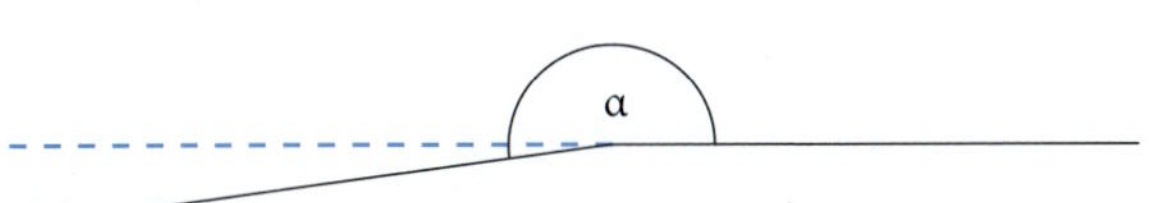

geschätzt: ______

gemessen und berechnet:

180° + 8° = 188°

Vergleich: ☺ ☹

Winkel zeichnen

α = 60°

1 Zeichne einen Schenkel und markiere den Scheitelpunkt.

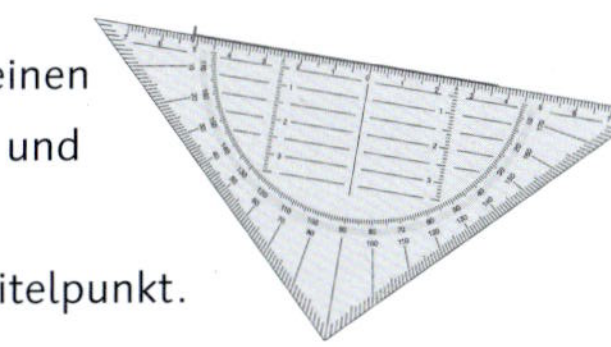

2 Lege das Geodreieck genau an. Achte auf die Null.

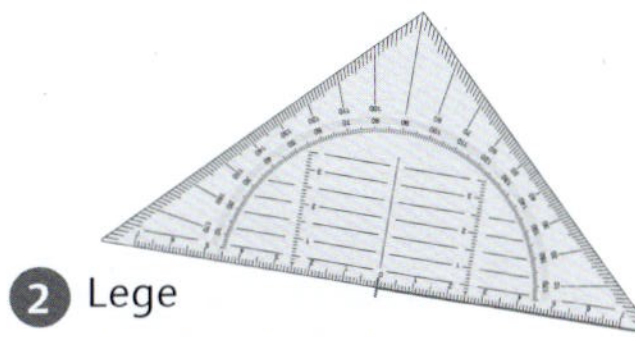

3 Lies die Gradzahl ab und markiere sie.

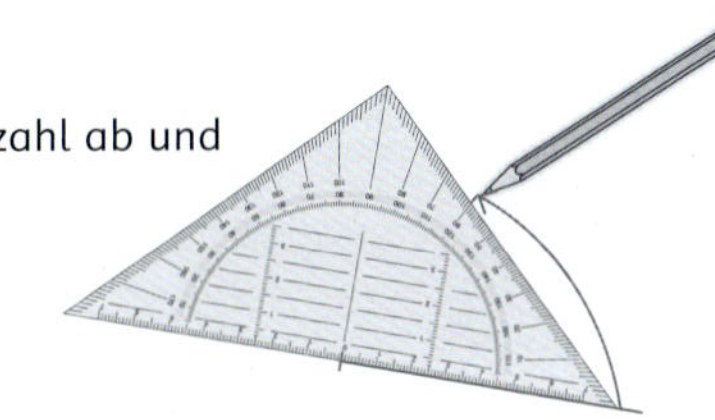

4 Zeichne den zweiten Schenkel.

5 Ergänze den Winkelbogen. Benenne den Winkel.

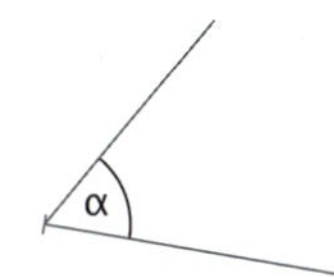

Winkel werden mit griechischen Buchstaben bezeichnet: α = alpha.

1 Zeichne die Winkel.

a) 100°

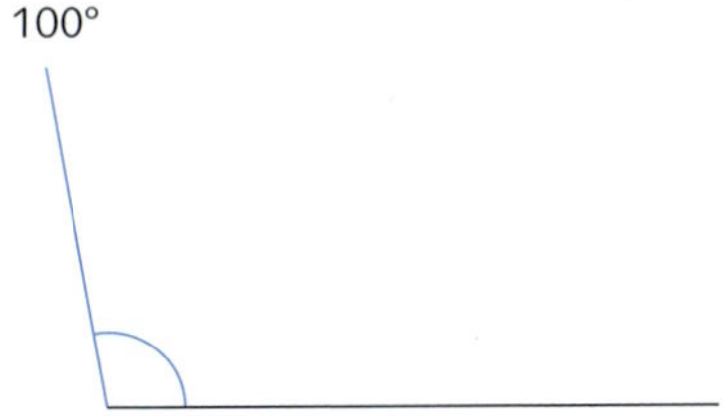

b) 60°

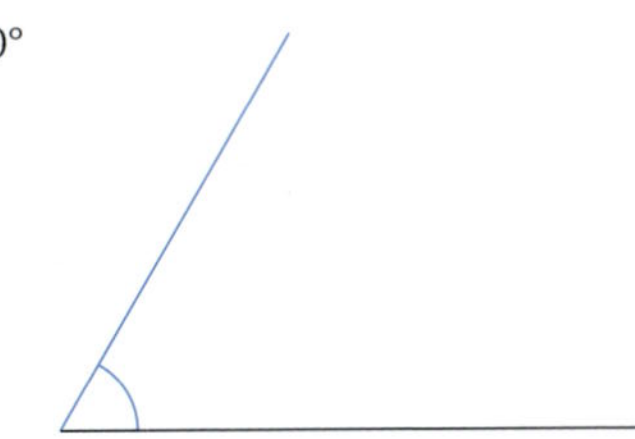

c) 78°

d) 112°

2 Zeichne die Winkel.

a) 90°

b) 45°

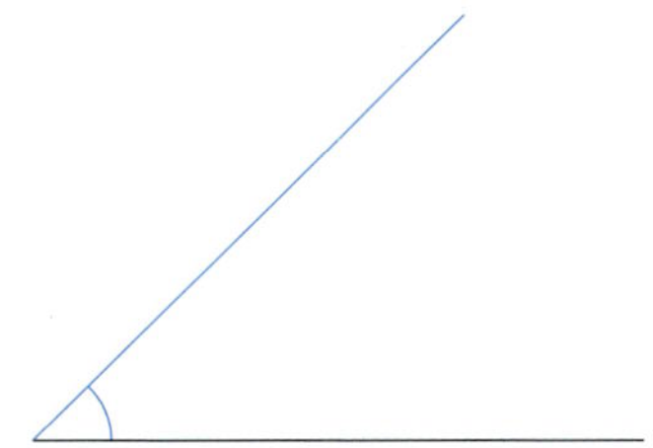

c) 110°

d) 70°

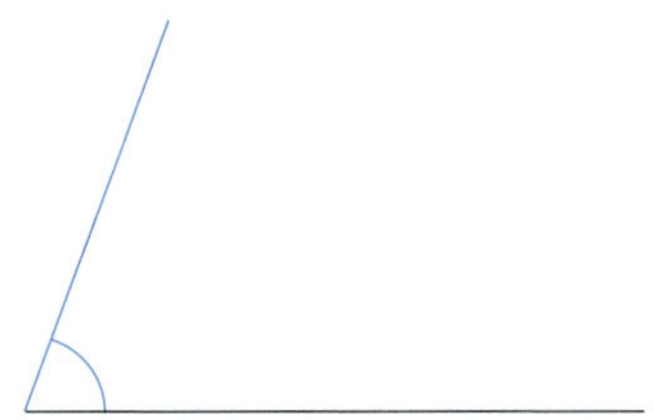

e) 50°

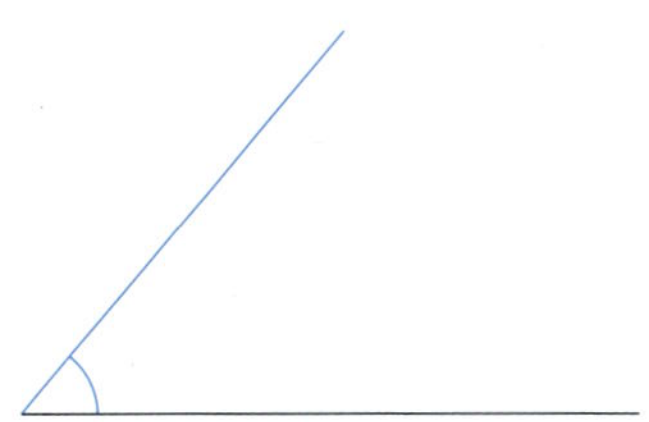

f) 135°

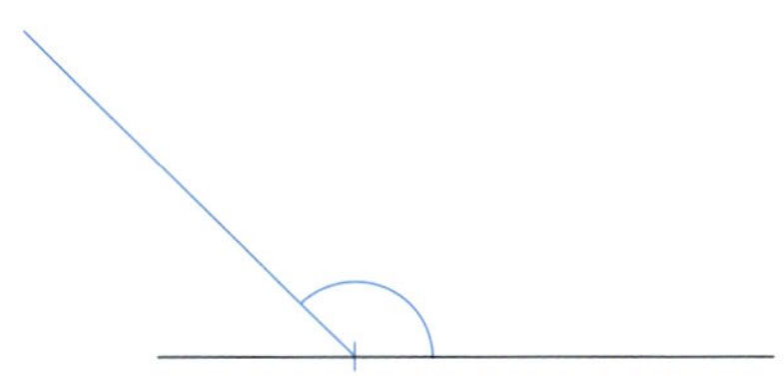

g) 15°

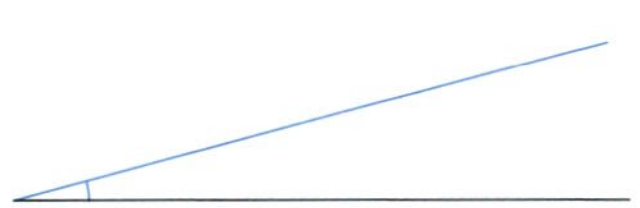

h) 155°

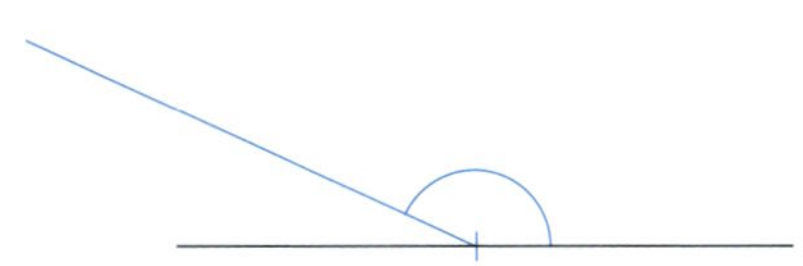

i) 63°

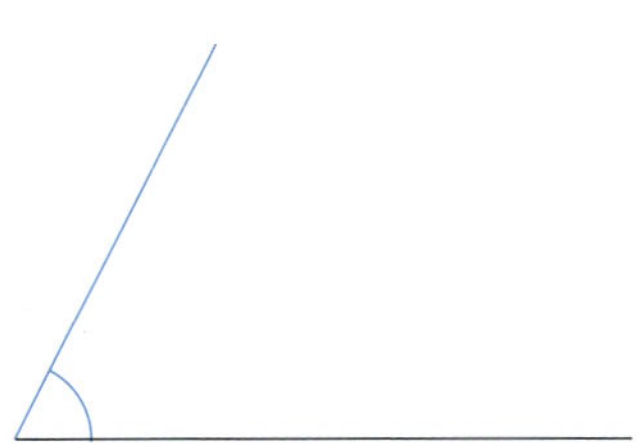

j) 123°

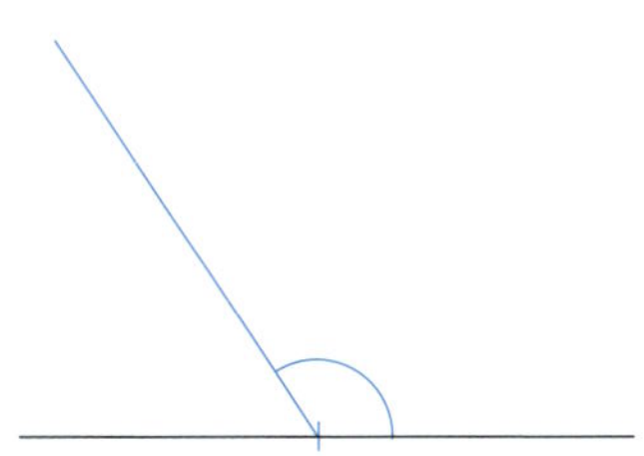

3 So zeichnest du einen überstumpfen Winkel von 285° mit dem Geodreieck:

1

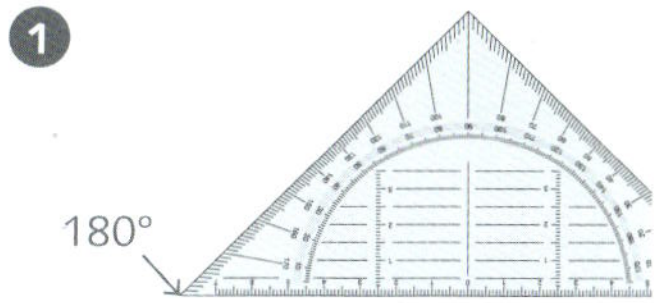

Da das Geodreieck nur Winkel bis 180° anzeigt, nutzt du zum Zeichnen eines überstumpfen Winkels einen Trick.

2

Zuerst zeichnest du einen Winkel von 180°.
Zeichne den ersten Schenkel und markiere den Scheitelpunkt des Winkels.
Dann verlängere den Schenkel nach links auf die andere Seite des Scheitelpunkts.
Nun zeichne den Winkelbogen ein.

3

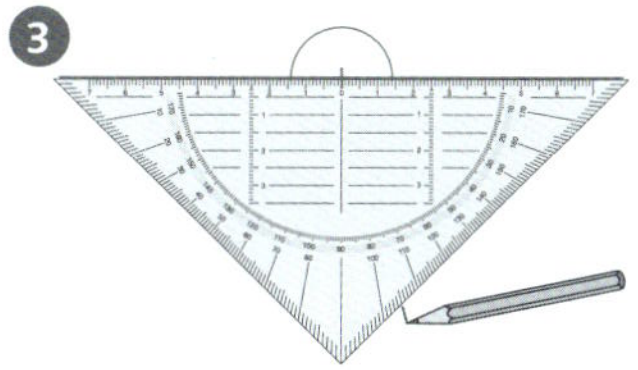

Drehe das Geodreieck um und lege es mit dem Nullpunkt an den Scheitelpunkt.
Errechne den Rest des Winkels.
180° + Rest = 285°
180° + 105° = 285°
Lies die Gradzahl 105° ab und markiere sie.

4

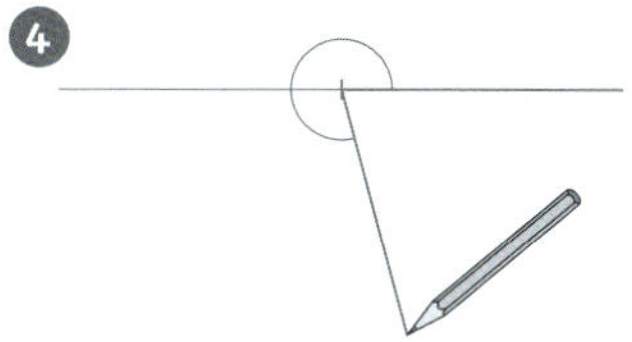

Nimm das Geodreieck weg und verbinde den Scheitelpunkt mit der Markierung.
Ergänze den Winkelbogen.
Nun hast du einen Winkel von 285° gezeichnet.

Zeichne den überstumpfen Winkel $\alpha = 270°$.

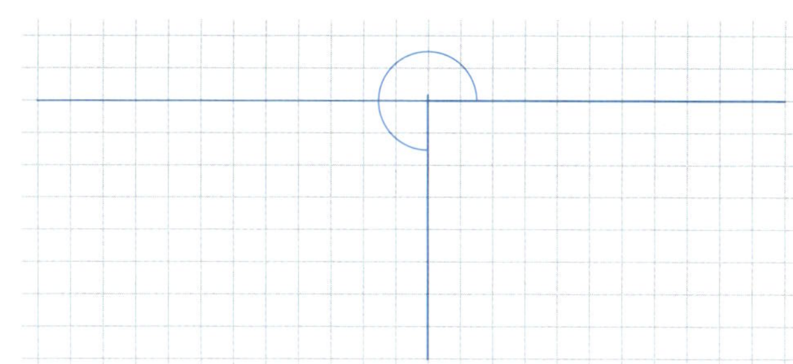

Kreise

1 a) **Der Radius eines Kreises**

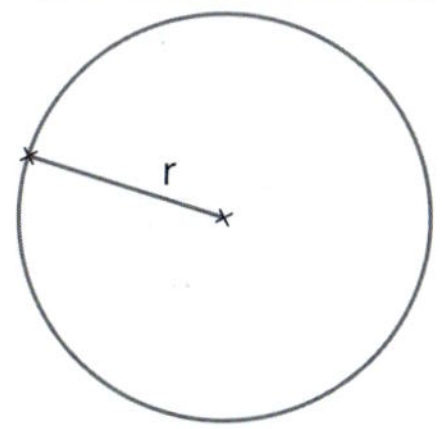

Der Abstand vom Mittelpunkt zu jedem Punkt auf der Kreislinie heißt **Radius (r)**.

Miss den Radius: r = 2,0 cm

b) **Der Durchmesser eines Kreises**

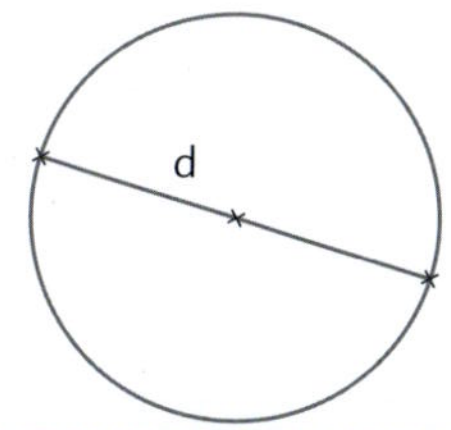

Eine Strecke von Kreislinie zu Kreislinie, die durch den Mittelpunkt verläuft, heißt **Durchmesser (d)**.

Miss den Durchmesser: d = 4,0 cm

2 Der Kreis. Ordne die Begriffe zu.

Mittelpunkt | Kreislinie | Radius | Durchmesser

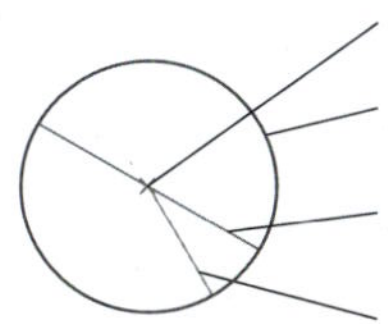

3 Zeichne Durchmesser d und Radius r in die Kreise ein und miss ihre Längen.

a)

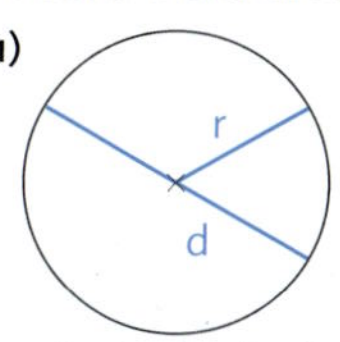

r = 1,5 cm

d = 3 cm

b)

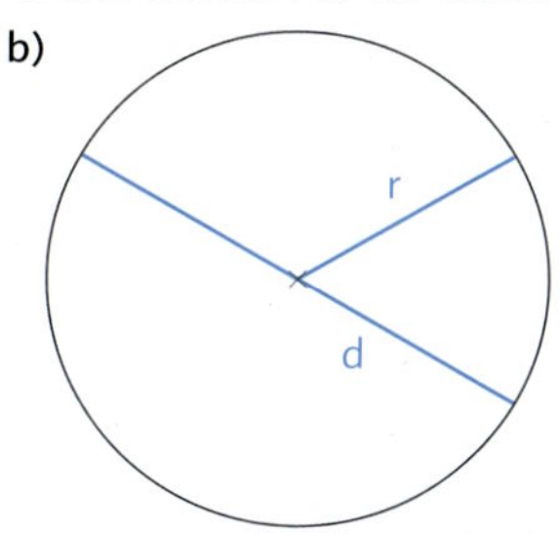

r = 2,5 cm

d = 5 cm

c)

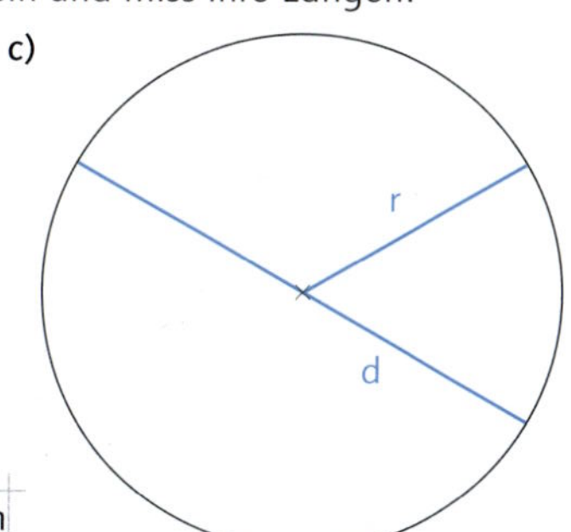

r = 3 cm

d = 6 cm

d)

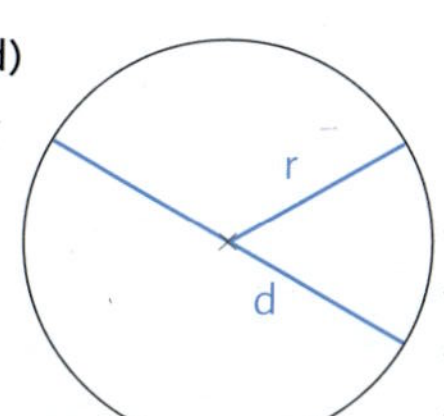

r = 2 cm

d = 4 cm

e)

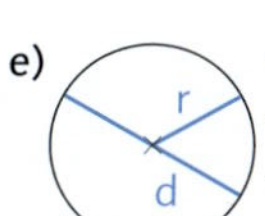

r = 1 cm

d = 2 cm

4 Zeichne die Kreise. Kennzeichne jeweils den Radius.

a) r = 2 cm b) r = 5 cm c) r = 7 cm d) r = 3,5 cm

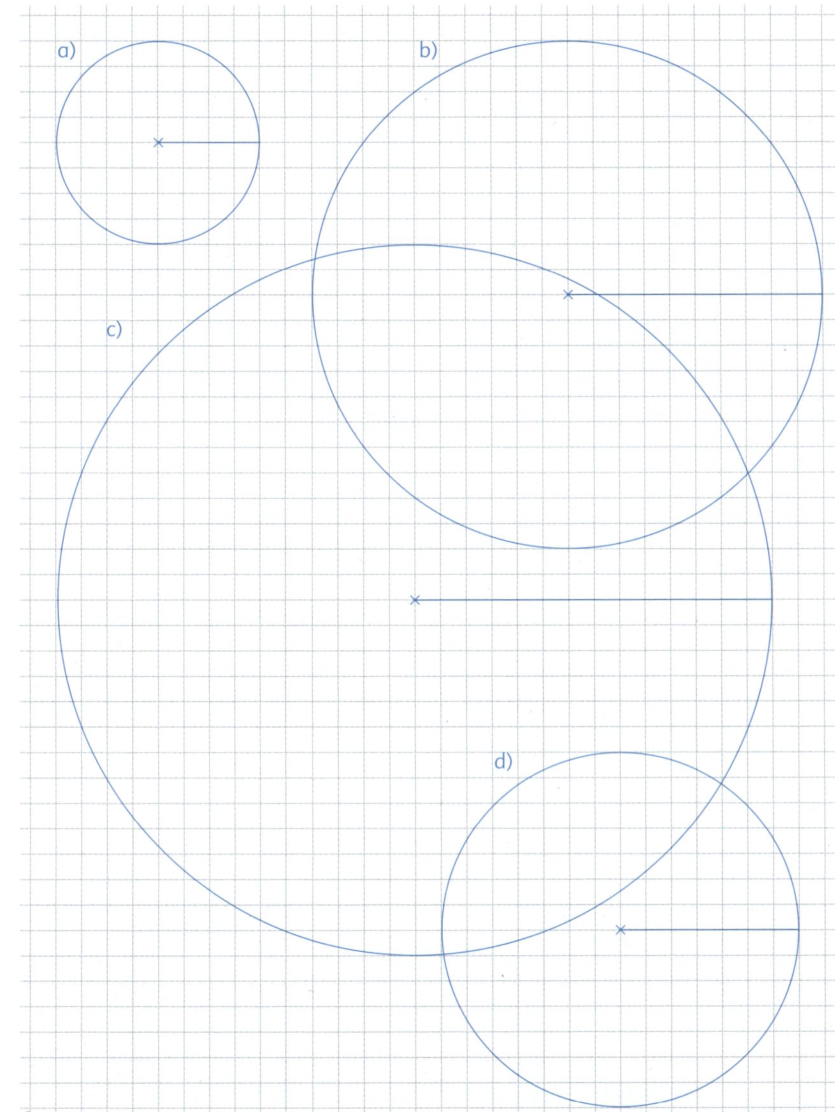

5 Berechne den Radius. Zeichne die Kreise. Kennzeichne jeweils den Durchmesser.

a) d = 8 cm b) d = 10 cm c) d = 5 cm d) d = 3 cm

r = 4 cm r = 5 cm r = 2,5 cm r = 1,5 cm

Quader und Würfel

1 Welche dieser Körper sind Quader, Würfel, Kugeln, Zylinder?

Quader	Würfel	Kugel	Zylinder
Schwamm	Drehwürfel	Fußball	Konservendose
Butter	Spielwürfel	Orange	Getränkedose
Paket	*Würfelzucker*	*Murmel*	*Salzstange*
Ziegelstein	*Hefewürfel*	*Tennisball*	*Baumscheibe*

2 Finde weitere Beispiele. Trage sie in die Tabelle ein. *(Individuelle Lösungen)*

3 Wie heißen die Körper?

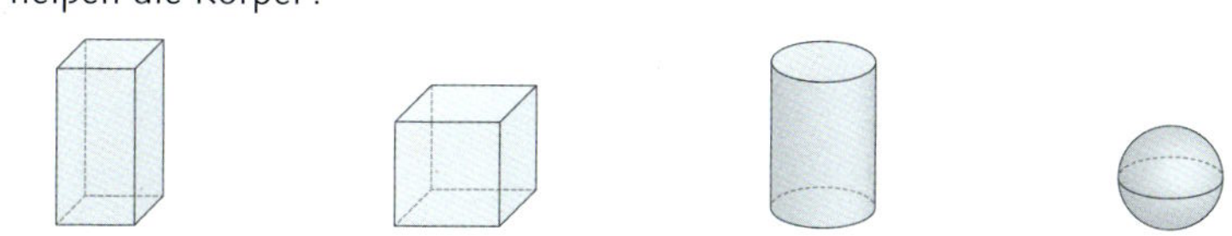

Quader Würfel Zylinder Kugel

4 Körper haben Flächen, Kanten und Ecken.

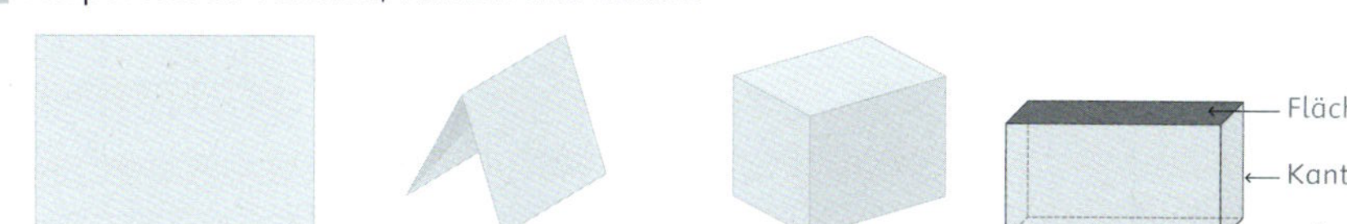

Fläche Kante Ecke

Zähle beim Würfel: 6 Flächen, 8 Kanten, 6 Ecken.

Flächen an Körpern

So werden die Flächen eines Körpers bezeichnet:

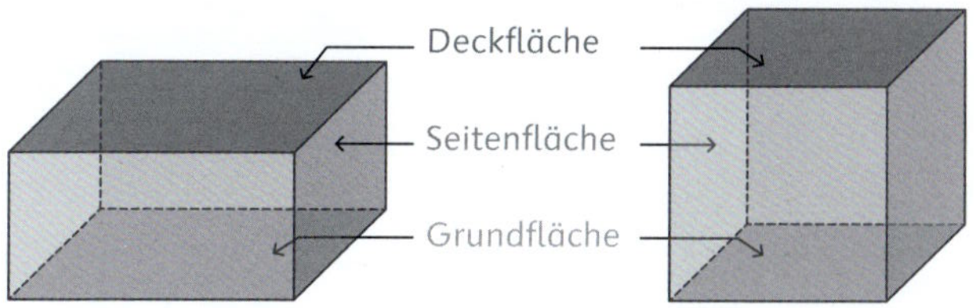

5 Male die Grundfläche gelb an.

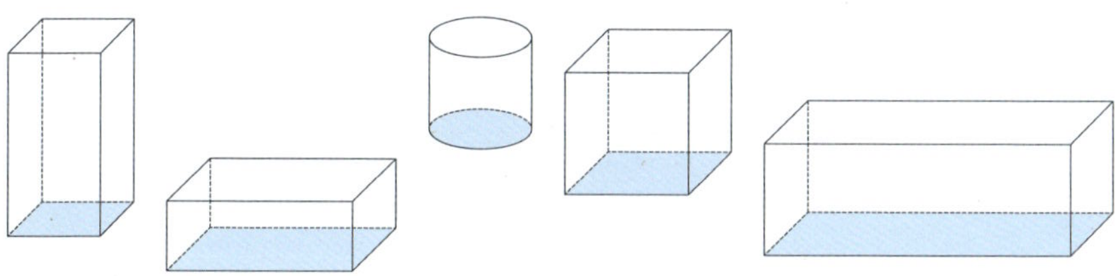

6 Male die Deckfläche orange an.

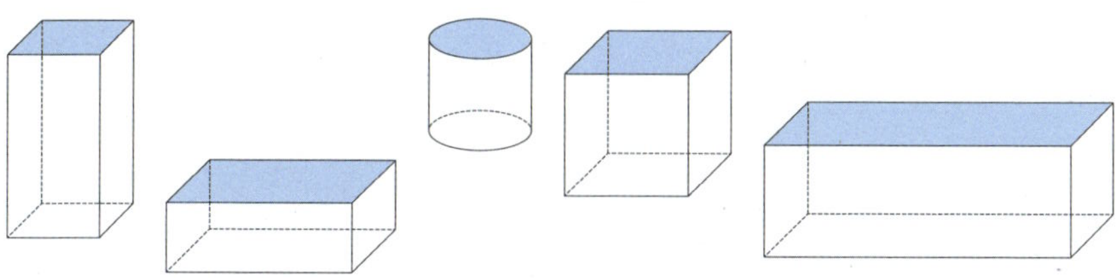

7 Male die (von vorn oder rechts) sichtbaren Seitenflächen grün an.

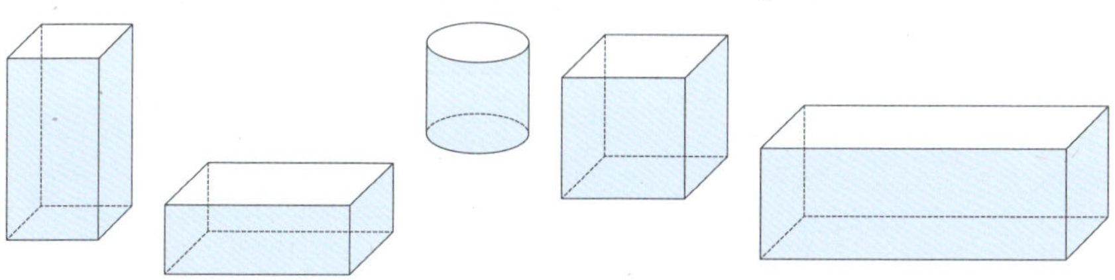

8 Wo kommen Quadrate vor? Streiche falsche Antworten durch.

- Grundfläche eines Würfels
- Grundfläche eines Quaders
- ~~Deckfläche eines Zylinders~~
- ~~Grundfläche eines Zylinders~~
- Deckfläche eines Würfels
- Seitenfläche eines Würfels

9 Zeichne die Kanten mit einem blauen Stift nach.
Markiere die Ecken mit einem braunen Punkt.

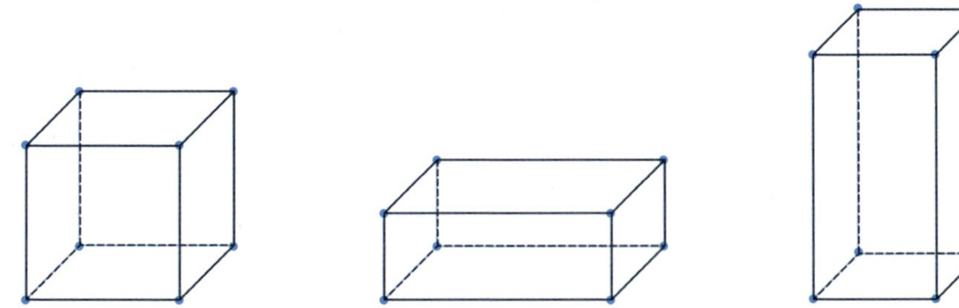

10 Ergänze die Tabelle.

	Name	Ecken	Kanten	Flächen	Form der Grundfläche
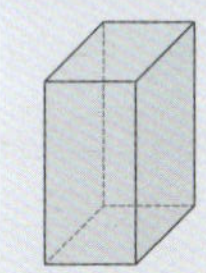	Quader	8	12	6	rechteckig
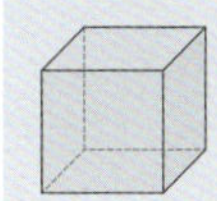	*Würfel*	8	12	6	quadratisch

11 Zeichne die jeweiligen Flächen.

	Grundfläche	Deckfläche	Seitenfläche
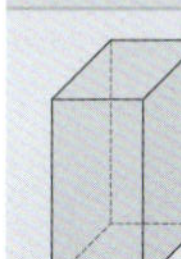			
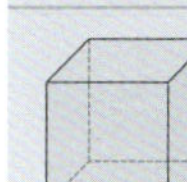			

Netze und Oberflächeninhalte von Würfeln

Körpernetze

Das Körpernetz eines Würfels

Schneidet man einen Körper entlang seiner Kanten auf, so entsteht ein Körpernetz. Das Körpernetz darf dabei nicht in mehrere Teile zerfallen.

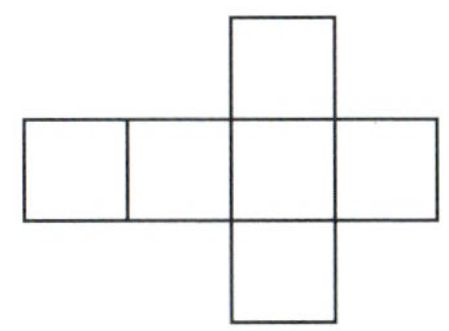

1 Würfelnetz – ja oder nein?

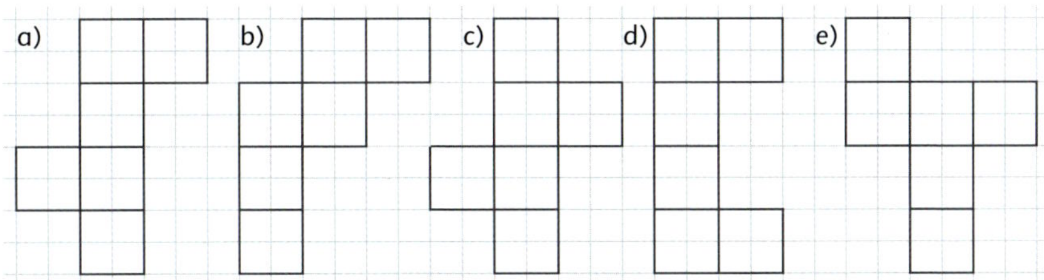

a) (X) ja ( ) nein   b) ( ) ja (X) nein   c) (X) ja ( ) nein   d) ( ) ja (X) nein   e) (X) ja ( ) nein

2 In jedem Würfelnetz ist die Grundfläche mit G gekennzeichnet. Finde die Deckfläche. Trage D ein.

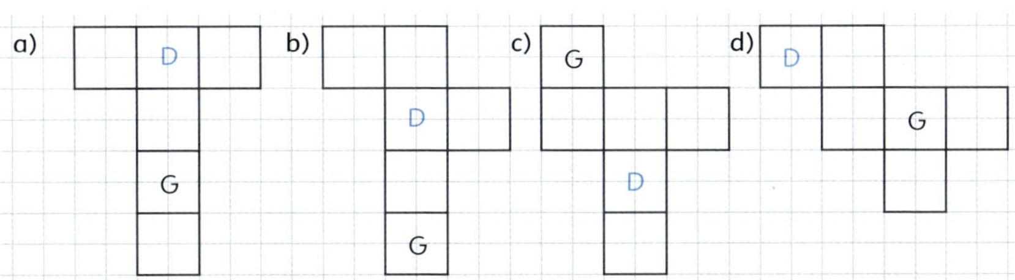

3 a) Ergänze das Bild zu einem Würfelnetz (mehrere Lösungen sind möglich).

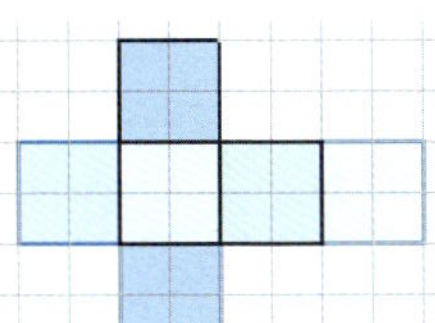

b) Male gegenüberliegende Seiten des Würfels in der gleichen Farbe an.

4 Markiere im Schrägbild und im Würfelnetz jeweils eine Kante farbig und miss ihre Länge. Berechne die Oberfläche des Würfels.

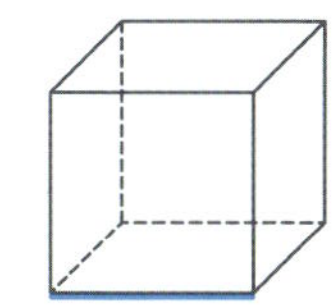

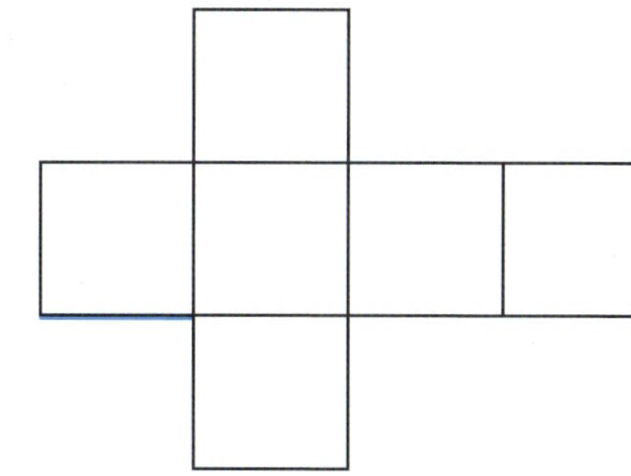

Kantenlänge des Würfels: 2 cm

$A = a \cdot a$
$A = 2\,cm \cdot 2\,cm$
$A = 4\,cm^2$

Erst berechne ich den Flächeninhalt einer einzelnen Fläche.

$O = 6 \cdot A$
$O = 6 \cdot 4\,cm^2$
$O = 24\,cm^2$

Dann addiere ich die Flächeninhalte aller Flächen. Es sind sechs gleiche Flächen.

5 Der Würfel hat eine Kantenlänge von 5 cm.

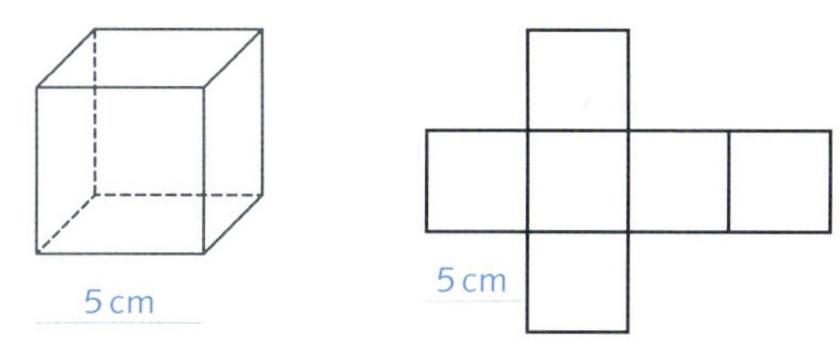

a) Ergänze die Kantenlänge im Schrägbild und im Würfelnetz.

b) Berechne den Inhalt A einer Fläche des Würfels.

$A = a \cdot a$
$A = 5\,cm \cdot 5\,cm$
$A = 25\,cm^2$

c) Berechne die Oberfläche O des Würfels.

$O = 6 \cdot A$
$O = 6 \cdot 25\,cm^2$
$O = 150\,cm^2$

6 Berechne die Oberfläche der folgenden Würfel. Achte auf die Maßeinheit.

a) a = 4 cm O = 96 cm²	b) a = 80 cm O = 38 400 cm²	c) a = 9 m O = 486 m²
d) a = 12 cm O = 864 cm²	e) a = 13 cm O = 1 014 cm²	f) a = 40 mm O = 9 600 mm²

a) a = 4 cm
A = a · a
A = 4 cm · 4 cm
A = 16 cm²
O = 6 · A
O = 6 · 16 cm²
O = 96 cm²

b) a = 80 cm
A = a · a
A = 80 cm · 80 cm
A = 6400 cm²
O = 6 · A
O = 6 · 6400 cm²
O = 38400 cm²

c) a = 9 m
A = a · a
A = 9 m · 9 m
A = 81 m²
O = 6 · A
O = 6 · 81 m²
O = 486 m²

d) a = 12 cm
A = a · a
A = 12 cm · 12 cm
A = 144 cm²
O = 6 · A
O = 6 · 144 cm²
O = 864 cm²

e) a = 13 cm
A = a · a
A = 13 cm · 13 cm
A = 169 cm²
O = 6 · A
O = 6 · 169 cm²
O = 1014 cm²

f) a = 40 mm
A = a · a
A = 40 mm · 40 mm
A = 1600 mm²
O = 6 · A
O = 6 · 1600 cm²
O = 9600 cm²

Netze und Oberflächeninhalte von Quadern

Das Körpernetz eines Quaders

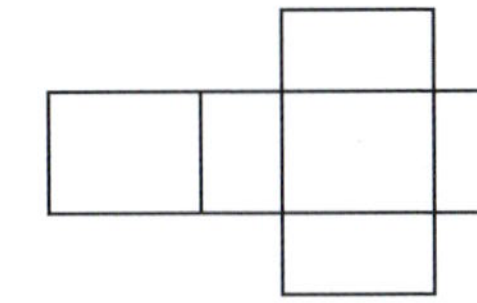

1 Welche Flächen des Quaders liegen sich gegenüber?
Male sie in der gleichen Farbe an.

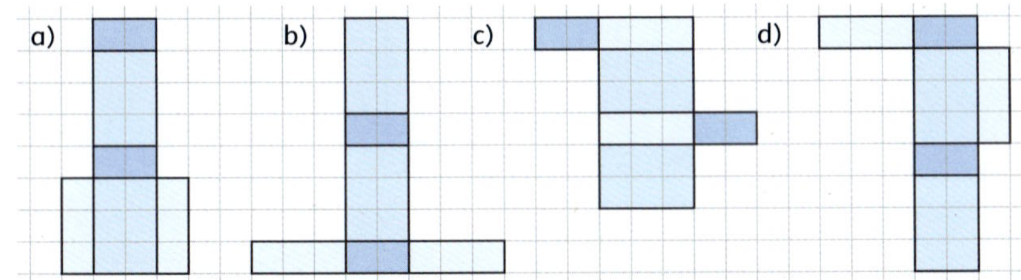

2 Quadernetz – ja oder nein?

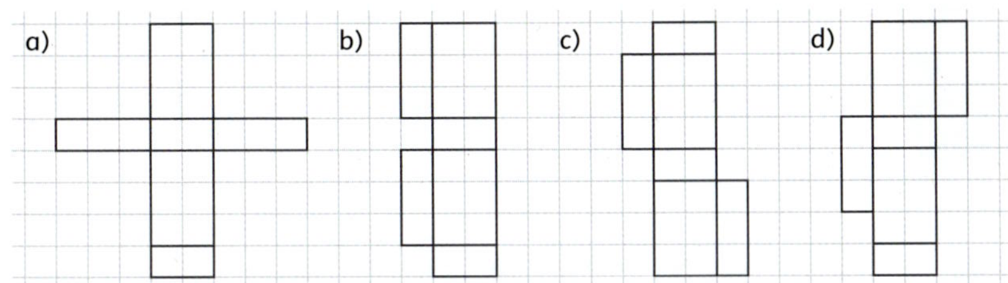

a) ☒ ja ◯ nein b) ◯ ja ☒ nein c) ☒ ja ◯ nein d) ◯ ja ☒ nein

3 Vervollständige das Quadernetz (mehrere Lösungen sind möglich).

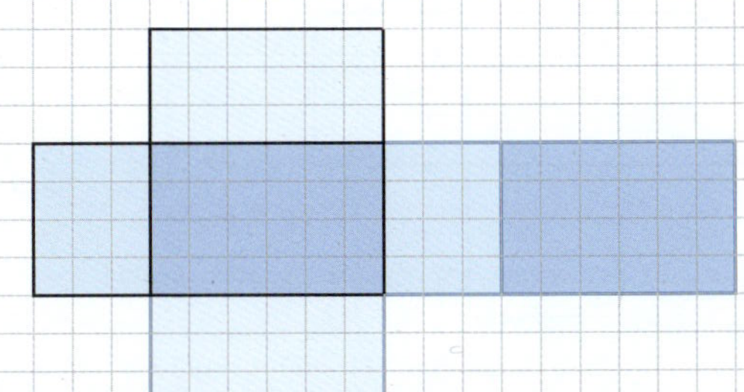

4 Berechne die Oberfläche des Quaders.
Der Quader hat die Maße $a = 3\,cm$, $b = 6\,cm$ und $c = 5\,cm$.
Berechne zuerst die Flächeninhalte von A_1, A_2 und A_3.
Rechne dann erst weiter.
Ergänze die Lücken.

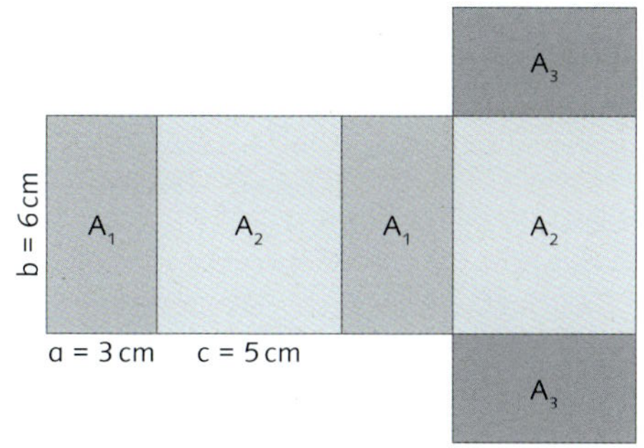

$A_1 = a \cdot b$ $A_2 = b \cdot c$ $A_3 = a \cdot c$
$A_1 = 3\,cm \cdot 6\,cm$ $A_2 = 6\,cm \cdot 5\,cm$ $A_3 = 3\,cm \cdot 5\,cm$
$A_1 = 18\,cm^2$ $A_2 = 30\,cm^2$ $A_3 = 15\,cm^2$

$O_Q = 2 \cdot A_1 + 2 \cdot A_2 + 2 \cdot A_3$

$O_Q = 2 \cdot 18\,cm^2 + 2 \cdot 30\,cm^2 + 2 \cdot 15\,cm^2$

$O_Q = 36\,cm^2 + 60\,cm^2 + 30\,cm^2$

$O_Q = 126\,cm^2$

5 Berechne die Oberfläche des Quaders mit den Maßen $a = 2\,cm$, $b = 5\,cm$ und $c = 6\,cm$.

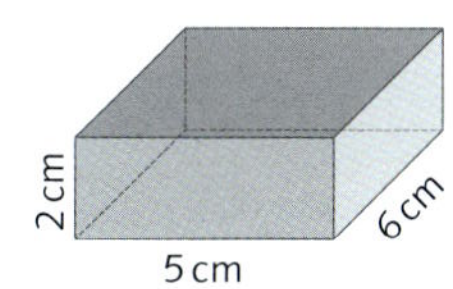

$A_1 = a \cdot b$ $A_2 = b \cdot c$ $A_3 = a \cdot c$
$A_1 = 2\,cm \cdot 5\,cm$ $A_2 = 5\,cm \cdot 6\,cm$ $A_3 = 2\,cm \cdot 6\,cm$
$A_1 = 10\,cm^2$ $A_2 = 30\,cm^2$ $A_3 = 12\,cm^2$

$O_Q = 2 \cdot A_1 + 2 \cdot A_2 + 2 \cdot A_3$

$O_Q = 2 \cdot 10\,cm^2 + 2 \cdot 30\,cm^2 + 2 \cdot 12\,cm^2$

$O_Q = 20\,cm^2 + 60\,cm^2 + 24\,cm^2$

$O_Q = 104\,cm^2$

6 Ein Quader hat die Maße $a = 1\,cm$, $b = 2\,cm$ und $c = 4\,cm$.

a) Kennzeichne gegenüberliegende Flächen in gleicher Farbe.
b) Ergänze im Quadernetz die Längenangaben der Kanten.

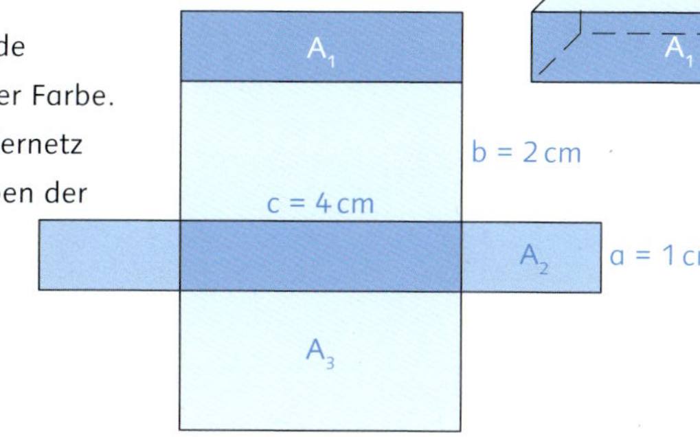

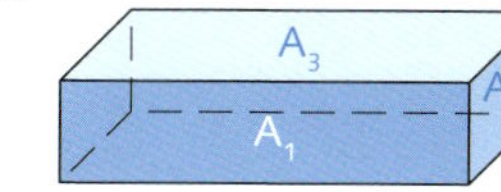

c) Benenne die unterschiedlich großen Flächen mit A_1, A_2 und A_3 und berechne ihren Flächeninhalt.

$A_1 = a \cdot c$ $A_1 = 1\,cm \cdot 4\,cm$ $A_1 = 4\,cm^2$
$A_2 = a \cdot b$ $A_2 = 1\,cm \cdot 2\,cm$ $A_2 = 2\,cm^2$
$A_3 = b \cdot c$ $A_3 = 2\,cm \cdot 4\,cm$ $A_3 = 8\,cm^2$

d) Berechne die Oberfläche des Quaders.
$O_Q = 2 \cdot A_1 + 2 \cdot A_2 + 2 \cdot A_3$ $O_Q = 2 \cdot 4\,cm^2 + 2 \cdot 2\,cm^2 + 2 \cdot 8\,cm^2$
$O_Q = 8\,cm^2 + 4\,cm^2 + 16\,cm^2$ $O_Q = 28\,cm^2$

7 Ein Würfel hat eine Kantenlänge von 2 cm.

a) Ergänze im Würfelnetz die Längenangaben der Kanten.

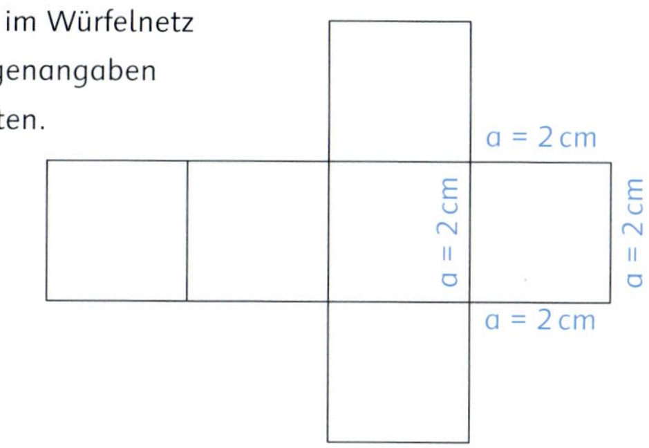

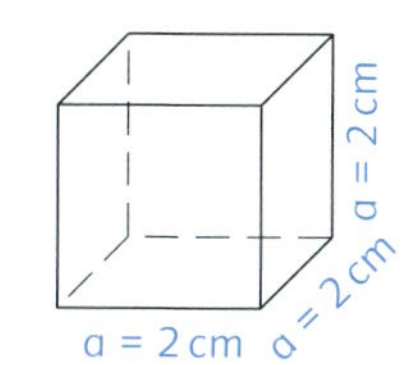

b) Berechne den Flächeninhalt einer Fläche des Würfels.
$A = a \cdot a$ $A = 2\,cm \cdot 2\,cm$ $A = 4\,cm^2$

c) Berechne die Oberfläche des Würfels.
$O_W = 6 \cdot A$ $O_W = 6 \cdot 4\,cm^2$ $O_W = 24\,cm^2$

Würfelbauten

1 Zeichne die Pläne zu den einzelnen Bauwerken.

a)

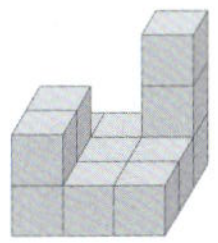

1	1	3
2	1	1
2	1	1

b)

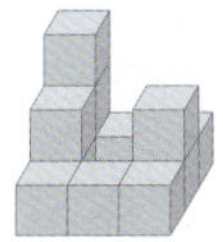

3	1	1
2	0	2
1	1	1

c)

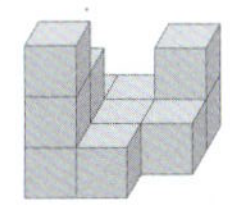

1	1	2
2	1	1
3	1	0

d)

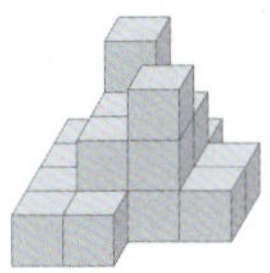

1	3	1	0
1	2	2	1
1	2	3	1
1	1	0	0

e)

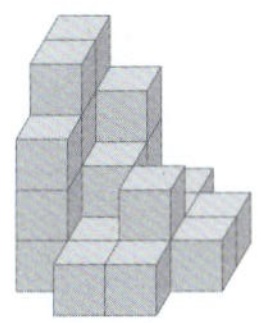

4	3	1	0
4	2	1	1
3	1	2	1
0	1	1	0

f)

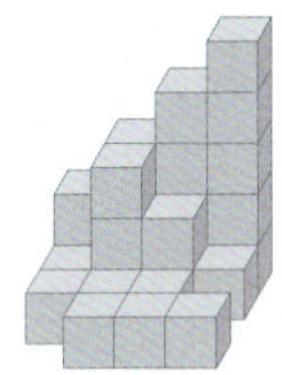

2	3	4	5
1	3	2	1
1	1	1	0
0	1	1	1

2 Von welcher Seite schaust du auf das Würfelbauwerk? Es sind teilweise mehrere Lösungen möglich.

a)

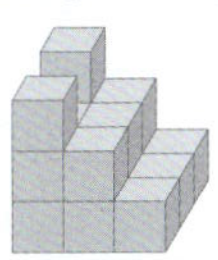

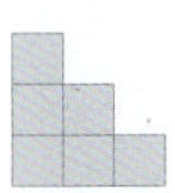 vorn

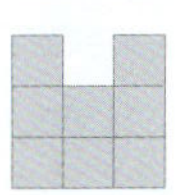 rechts

 oben

b)

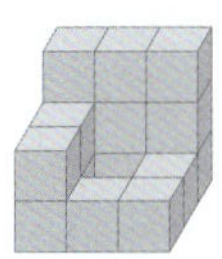

 hinten

 oben

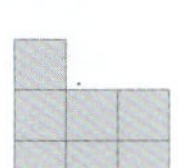 links

c)

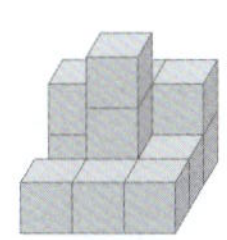

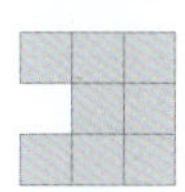 oben

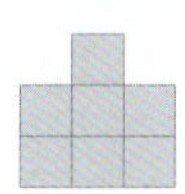 vorn

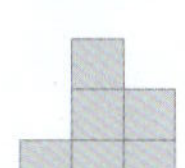 rechts

d)

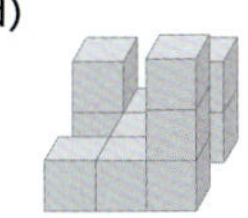

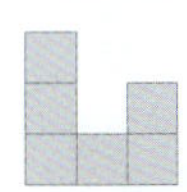 rechts

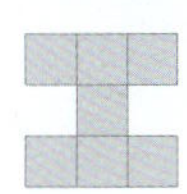 oben

 vorn

3 Schau dir die Würfelbauten an. Wie viele Würfel sind es?

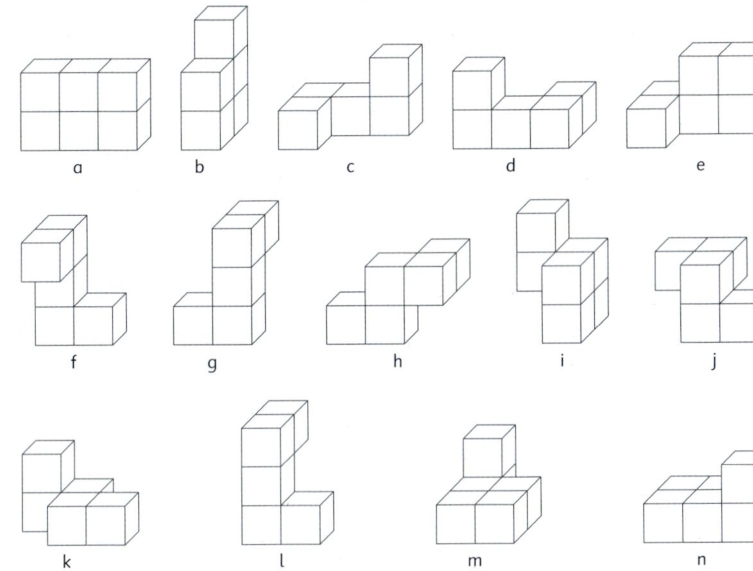

a) 6	b) 5	c) 5	d) 5	e) 6
f) 5	g) 5	h) 5	i) 6	j) 5
k) 5	l) 5	m) 6	n) 6	

4 Schreibe die Pläne der Bauwerke. Wie viele Würfel sind es?

a)

3	1	2
2	0	0
1	0	0

Es sind 9 Würfel.

b)

4	3	1
3	1	1
1	1	1

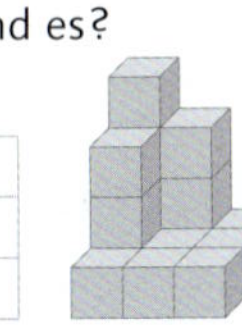

Es sind 16 Würfel.

c)

4	4	4
2	1	2
2	1	2
2	1	2

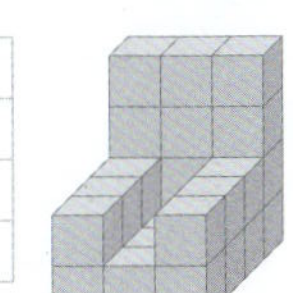

Es sind 27 Würfel.

d)

2	2	1	1
2	3	2	1
1	2	1	1
1	1	1	0

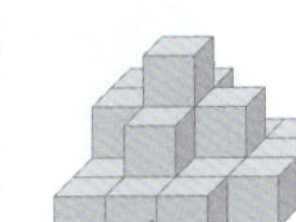

Es sind 22 Würfel.

5 Baue nach den Plänen. Wie viele Würfel brauchst du?

a)

1	2	1
2	4	2
3	2	3

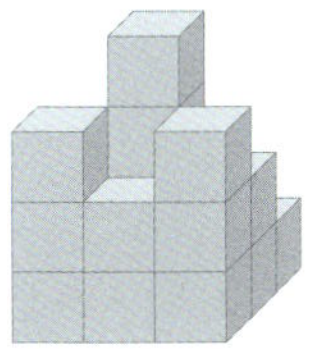

20 Würfel wurden verbaut.

b)

2	3	2
1	2	1
3	1	3

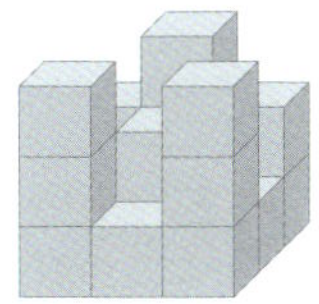

18 Würfel wurden verbaut.

c)

4	3	1
3	1	2
1	2	0

17 Würfel wurden verbaut.

d)

1	2	4	3
1	2	4	3
1	2	4	3
1	2	4	3

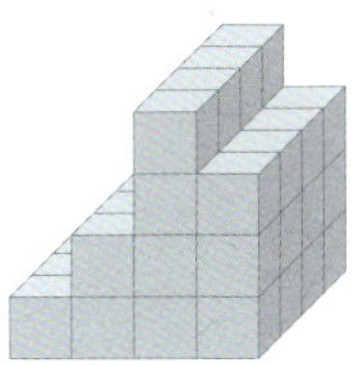

40 Würfel wurden verbaut.

e)

1	2	3	4
2	3	4	3
3	4	3	2
4	3	2	1

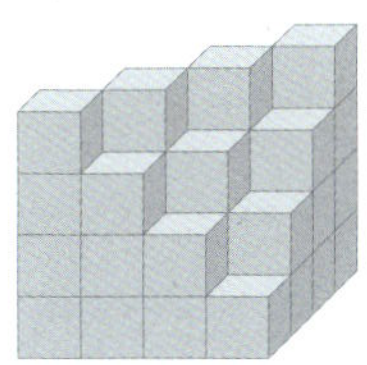

44 Würfel wurden verbaut.

f)

3	4	5	6
2	3	4	5
1	2	3	4
0	1	2	3

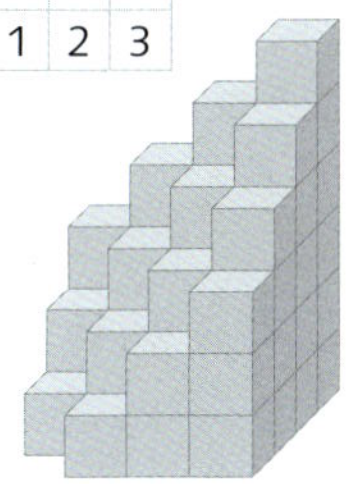

48 Würfel wurden verbaut.

6 Baue und schreibe Pläne. Es sind verschiedene Lösungen möglich. Hier siehst du drei Beispiele.

a)

3	3	3
1	2	2
3	0	0

b)

4	3	3
2	2	0
1	0	1

c)

2	2	2	2
1	3	1	0
2	1	1	1
0	0	1	0

Volumeneinheiten

Ein Stecknadelkopf ist nur etwa 1 mm³ groß.
Wie viele Stecknadelköpfe haben zusammen ungefähr ein Volumen von 1 cm³?

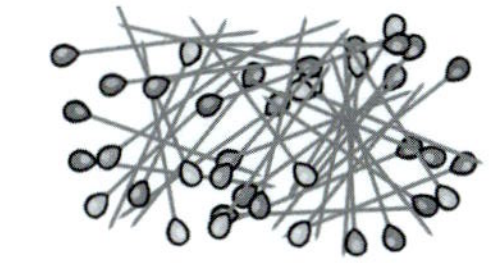

$1\ m^3 = 1\,000\ dm^3$

$1\ dm^3 = 1\,000\ cm^3$

$1\ cm^3 = 1\,000\ mm^3$

Die Umwandlungszahl für Raummaße ist immer 1 000.

1 Schreibe in die Stellenwerttafel und rechne in die nächstgrößere Einheit um.

Wenn du in die nächstgrößere Einheit umwandelst, dann musst du durch 1000 teilen.

	m³			dm³			cm³			mm³			
5 152 mm³									5	1	5	2	5,152 cm³
9 475 cm³						9	4	7	5				9,475 dm³
6 789 dm³			6	7	8	9							6,789 m³
23 489 mm³								2	3	4	8	9	23,489 cm³
75 324 cm³					7	5	3	2	4				75,324 dm³
54 961 m³		5	4	9	6	1							54,961 m³
647 523 cm³				6	4	7	5	2	3				647,523 dm³
123 567 mm³							1	2	3	5	6	7	123,567 cm³

2 Schreibe in die Stellenwerttafel und rechne in die nächstkleinere Einheit um.

Wenn du in die nächstkleinere Einheit umwandelst, dann musst du mit 1000 multiplizieren.

	m³			dm³			cm³			mm³			
3,785 cm³									3	7	8	5	3 785 mm³
9,353 dm³						9	3	5	3				9 353 cm³
3,567 m³			3	5	6	7							3 567 dm³
25,430 cm³								2	5	4	3	0	25 430 mm³
67,208 m³		6	7	2	0	8							67 208 dm³
11,883 dm³					1	1	8	8	3				11 883 cm³
0,429 m³			0	4	2	9							429 dm³
0,053 cm³									0	0	5	3	53 mm³

Volumen von Würfeln

1 Diese Körper sind verschieden, aber haben doch etwas gemeinsam. Beschreibe.

Die drei Quader sind jeweils aus 12 Würfeln gebaut.

Sie haben das gleiche Volumen.

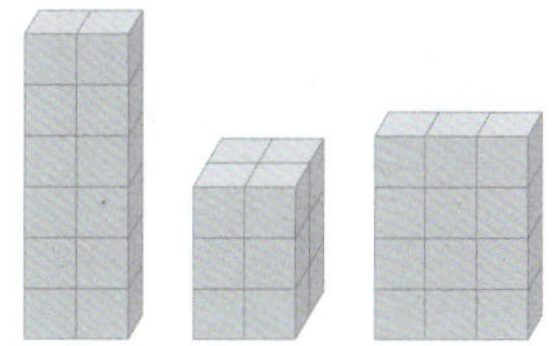

Volumen mit Zentimeterwürfeln bestimmen

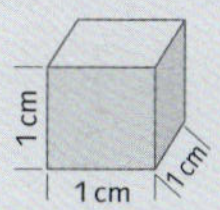

Ein Würfel mit der Kantenlänge 1 cm heißt Zentimeterwürfel.
Ein Zentimeterwürfel hat ein Volumen von 1 cm^3.

ein Kubikzentimeter

So bestimmst du das Volumen eines Körpers:

Die obere Lage des Körpers besteht aus $4 \cdot 3 = 12$ Zentimeterwürfeln.
Die untere Lage des Körpers besteht auch aus 12 Zentimeterwürfeln.
Der Körper besteht also aus 24 Zentimeterwürfeln.
Er hat das Volumen 24 cm^3.

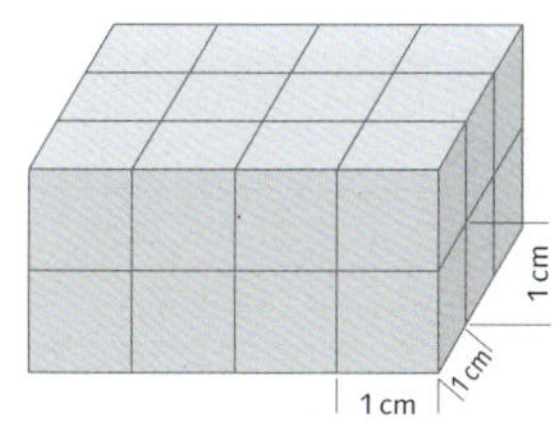

2 Diese Körper sind aus Zentimeterwürfeln gebaut. Aus wie vielen Würfeln bestehen sie? Wie groß ist ihr Volumen?

a) 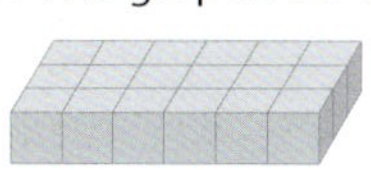

18 Würfel
18 cm^3

b) 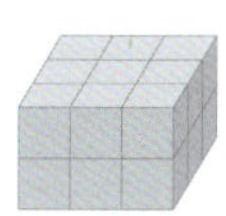

18 Würfel
18 cm^3

c) 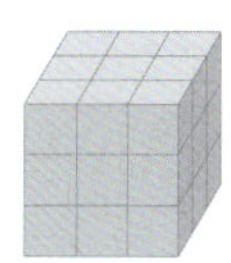

27 Würfel
27 cm^3

d) 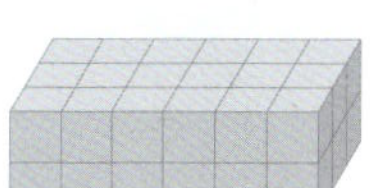

36 Würfel
36 cm^3

e) 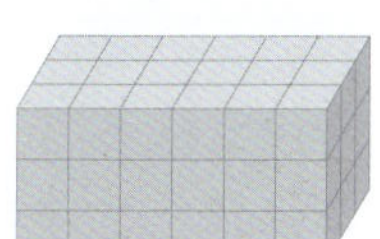

54 Würfel
54 cm^3

3 Diese Würfel sind aus Zentimeterwürfeln gebaut. Aus wie vielen Zentimeterwürfeln bestehen sie? Wie groß ist ihr Volumen?

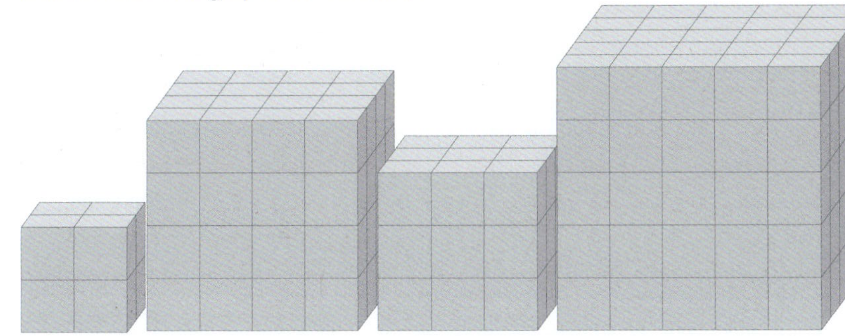

8 Würfel
8 cm^2

64 Würfel
64 cm^2

27 Würfel
27 cm^2

125 Würfel
125 cm^2

V = Länge · Breite · Höhe
V = Grundfläche · Höhe

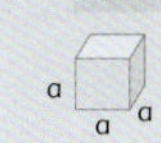

$V_W = a \cdot a \cdot a$

Ich kann das Volumen eines Würfels auch berechnen.

4 Ein Würfel hat eine Kantenlänge von 2 cm.

a) Ergänze die Maße an der Zeichnung.

b) Berechne dann das Volumen.

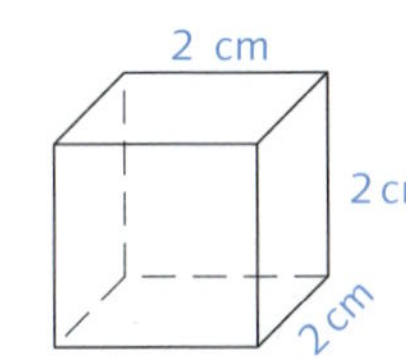

$V_W = a \cdot a \cdot a$

$V_W = 2\ cm \cdot 2\ cm \cdot 2\ cm$

$V_W = 8\ cm^3$

5 Ein Würfel hat eine Kantenlänge von 5 cm.
a) Ergänze die Maße an der Zeichnung.
b) Berechne dann das Volumen.

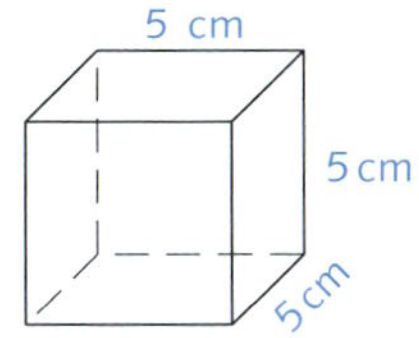

$V_W = a \cdot a \cdot a$

$V_W = 5\,cm \cdot 5\,cm \cdot 5\,cm$

$V_W = 125\,cm^3$

6 Berechne das Volumen der Würfel. Fülle die Tabelle aus. Kontrolliere mit dem Taschenrechner.

a)

Kantenlänge a	3 cm	4 cm	18 m	39 m
Volumen V	27 cm³	64 cm³	5832 m³	59 319 m³

b)

Kantenlänge a	14 dm	17 dm	9 cm	87 cm
Volumen V	2744 dm³	4913 dm³	729 cm³	658 503 cm³

a) $V = 3\,cm \cdot 3\,cm \cdot 3\,cm = 27\,cm^3$
$V = 4\,cm \cdot 4\,cm \cdot 4\,cm = 64\,cm^3$
$V = 18\,m \cdot 18\,m \cdot 18\,m = 5832\,m^3$
$V = 39\,m \cdot 39\,m \cdot 39\,m = 59319\,m^3$

b) $V = 14\,dm \cdot 14\,dm \cdot 14\,dm = 2744\,dm^3$
$V = 17\,dm \cdot 17\,dm \cdot 17\,dm = 4913\,dm^3$
$V = 9\,cm \cdot 9\,cm \cdot 9\,cm = 729\,cm^3$
$V = 87\,cm \cdot 87\,cm \cdot 87\,cm = 658503\,cm^3$

Volumen von Quadern

V = Länge · Breite · Höhe
V = Grundfläche · Höhe

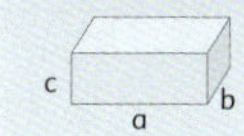

$V_Q = a \cdot b \cdot c$

1 Ein Quader hat die Kantenlängen a = 1 cm; b = 2 cm und c = 4 cm.
a) Ergänze die Maße an der Zeichnung.
b) Berechne dann das Volumen.

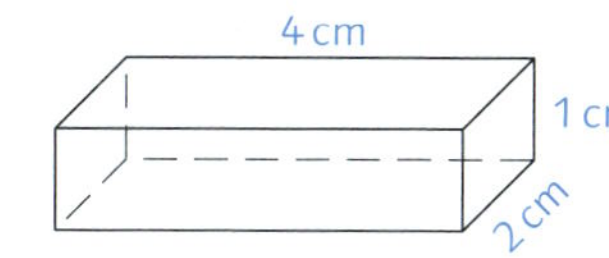

$V_Q = a \cdot b \cdot c$

$V_Q = 1\,cm \cdot 2\,cm \cdot 4\,cm$

$V_Q = 8\,cm^3$

2 Gib die Kantenlängen der Quader in cm an und berechne das Volumen in cm³.

	Länge a in cm	Breite b in cm	Höhe c in cm	Volumen V in cm³
a) a = 1,5 dm; b = 0,8 dm; c = 0,5 dm	15	8	5	600
b) a = 4,2 m; b = 0,6 m; c = 1,2 m	420	60	120	3 024 000
c) a = 24 dm; b = 120 mm; c = 0,7 m	240	12	70	201 600

a) a = 1,5 dm = 15 cm
b = 0,8 dm = 8 cm
c = 0,5 dm = 5 cm
$V = 15\,cm \cdot 8\,cm \cdot 5\,cm = 600\,cm^3$

b) a = 4,2 m = 420 cm
b = 0,6 m = 60 cm
c = 1,2 m = 120 cm
$V = 420\,cm \cdot 60\,cm \cdot 120\,cm = 3024000\,cm^3$

c) a = 24 dm = 240 cm
b = 120 mm = 12 cm
c = 0,7 m = 70 cm
$V = 240\,cm \cdot 12\,cm \cdot 70\,cm = 201600\,cm^3$

Dezimalzahlen darstellen

Zahlen mit einem Komma werden **Dezimalzahlen** genannt.

1 Wo findest du im Alltag Dezimalzahlen? Markiere farbig.

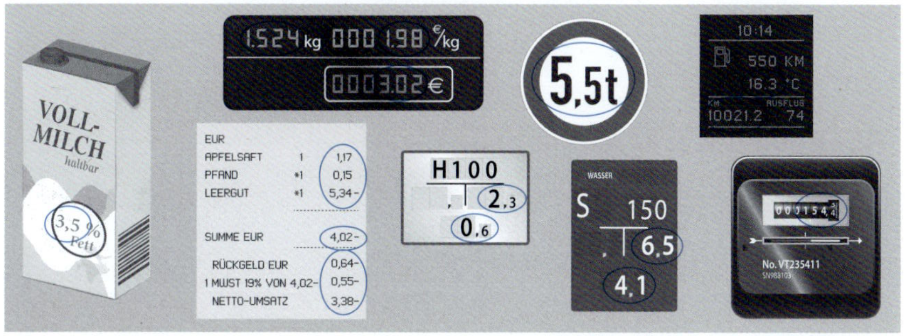

Dezimalzahlen sind Bruchzahlen in einer anderen Schreibweise.
Man nennt sie deshalb auch **Dezimalbrüche**.
$\frac{568}{1000}$ = 0,568, denn 568 geteilt durch 1 000 ist 0,568.

null Komma fünf sechs acht

Dezimalzahlen in der Stellenwerttafel

2 Um Dezimalzahlen in eine Stellenwerttafel einzutragen, erweiterst du für die Ziffern nach dem Komma die Stellenwerttafel nach rechts. Ergänze die fehlenden Einheiten.

a) $\frac{5}{10}$ cm   5 mm = $\frac{5}{10}$ cm = 0,5 cm

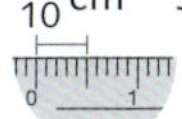

Einer E cm	Zehntel z mm
0	5

b)  6 ct = $\frac{6}{100}$ € = 0,06 €

Einer E Euro	Zehntel z 10 ct	Hundertstel h 1 ct
0	0	6

c) 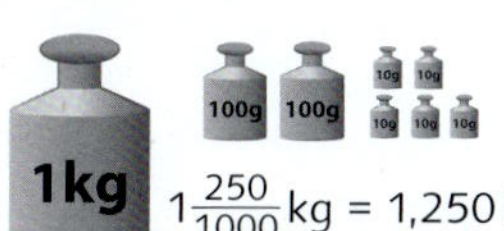 $1\frac{250}{1000}$ kg = 1,250 kg

Einer E 1 kg	Zehntel z 100 g	Hundertstel h 10 g	Tausendstel t 1 g
1	2	5	0

Dezimalzahlen in der Stellenwerttafel

3 a) Ergänze die Merksätze.

Das Komma steht zwischen Einer und Zehntel.

Die Stellen nach dem Komma heißen Nachkommastellen.

b) Wie heißen die Stellen in der Stellenwerttafel?

z: Zehntel   h: Hundertstel   t: Tausendstel

~~Nachkommastellen~~ ~~Einer~~ ~~Zehntel~~ ~~Zehntel~~ ~~Hundertstel~~ ~~Tausendstel~~

4 Trage in die Stellenwerttafel ein.

a)

	H	Z	E	z	h	t
3,51			3	5	1	
17,6		1	7	6		
193,258	1	9	3	2	5	8
2,943			2	9	4	3

b)

	H	Z	E	z	h	t
26,01		2	6	0	1	
843,5	8	4	3	5		
7,6			7	6		
2			2			

5 Schreibe die Kommazahl.

a)

H	Z	E	z	h	t	
	3	9	5	2		39,52
		1	3			1,3
7	0	3	4	4	1	703,441
	2	8	1			28,1

b)

H	Z	E	z	h	t	
4	5	0	2			450,2
		3	1	2	3	3,123
	9	6	7			96,7
	4	3	5	8		43,58

6 Schreibe in die Stellenwerttafel. Wie heißt die Kommazahl?

a)

	H	Z	E	z	h	t	
3E 6z 4h			3	6	4		3,64
5H 8Z 2E 3z	5	8	2	3			582,3
9Z 2E 8z 6h		9	2	8	6		92,86
4E 3z 8h 8t			4	3	8	8	4,388

b)

	H	Z	E	z	h	t	
2h 1E 3z			1	3	2		1,32
9t 4Z 3E 8h 7z		4	3	7	8	9	43,789
6E 5h 8Z 4H 1z	4	8	6	1	5		486,15
7z 5E 3h 1t			5	7	3	1	5,731

7 Schreibe in die Stellenwerttafel.

a)

	H	Z	E	z	h	t
25,37		2	5	3	7	
9,8			9	8		
1,214			1	2	1	4
672,5	6	7	2	5		
83,102		8	3	1	0	2
19		1	9			

b)

	H	Z	E	z	h	t
2,5			2	5		
71,12		7	1	1	2	
600,54	6	0	0	5	4	
3			3			
55,01		5	5	0	1	
397,4	3	9	7	4		

8 Schreibe die Kommazahl.

a)

H	Z	E	z	h	t	
3	8	5	6			385,6
	1	9	0	4	7	19,047
		2	4	2	1	2,421
	4	3	9	5		43,95
7	5	0	3	7	8	750,378
		6	6	6		6,66

b)

H	Z	E	z	h	t	
	2	9	3	1	4	29,314
8	0	4	0	0	7	804,007
		6	7	5		6,75
	9	3	4	6		93,46
		1	4	2	8	1,428
	7	5				75

9 Schreibe in die Stellenwerttafel und als Kommazahl.

a)

	H	Z	E	z	h	t	
5Z 4E 1z		5	4	1			54,1
2H 8Z 3E 9z	2	8	3	9			283,9
7E 5z 3h 2t			7	5	3	2	7,532
9Z 0E 4z 6h		9	0	4	6		90,46
6H 0Z 2E 8z	6	0	2	8			602,8

b)

	H	Z	E	z	h	t	
4t 3z 8h 7E			7	3	8	4	7,384
5E 9h 3z 4t 1Z		1	5	3	9	4	15,394
2h 4Z 3H 9z 0E	3	4	0	9	2		340,92
7z 3t 0E 8h			0	7	8	3	0,783
9Z 1h 1t 6E 1z 1H	1	9	6	1	1	1	196,111

10 Was gehört zusammen? Verbinde.

5E 2z 4h | 2E 5z 4h | 5Z 2E 4z | 4E 2z 5h

4,25 | 52,4 | 5,24 | 2,54

Dezimalzahlen und Brüche

Man kann Brüche in Dezimalzahlen umwandeln und umgekehrt.

Vom Bruch zur Dezimalzahl

Brüche mit den Nennern 10, 100 und 1000 kann man leicht als Dezimalzahl schreiben:
$\frac{1}{10} = 0{,}1$ $\frac{1}{100} = 0{,}01$ $\frac{1}{1000} = 0{,}001$

1 Ergänze.
$\frac{2}{10} =$ 0,2
$\frac{6}{100} =$ 0,06

Von der Dezimalzahl zum Bruch

0,5 = $\frac{5}{10}$
1 Stelle nach dem Komma — **1** Null

0,06 = $\frac{6}{100}$
2 Stellen nach dem Komma — **2** Nullen

0,017 = $\frac{17}{1000}$
3 Stellen nach dem Komma — **3** Nullen

2 Ergänze.
$0{,}7 = \frac{7}{10}$
$0{,}04 = \frac{4}{100}$
$0{,}028 = \frac{28}{1000}$

Vom Bruch zur Dezimalzahl

3 Schreibe als Dezimalzahl.

a)		b)		c)	
$\frac{2}{10}$ =	0,2	$\frac{31}{100}$ =	0,31	$\frac{756}{1000}$ =	0,756
$\frac{4}{10}$ =	0,4	$\frac{23}{100}$ =	0,23	$\frac{531}{1000}$ =	0,531
$\frac{9}{10}$ =	0,9	$\frac{68}{100}$ =	0,68	$\frac{427}{1000}$ =	0,427
$\frac{7}{10}$ =	0,7	$\frac{99}{100}$ =	0,99	$\frac{53}{1000}$ =	0,053
$\frac{3}{10}$ =	0,3	$\frac{57}{100}$ =	0,57	$\frac{48}{1000}$ =	0,048
$\frac{1}{2}$ =	0,5	$\frac{5}{100}$ =	0,05	$\frac{7}{1000}$ =	0,007
$\frac{14}{10}$ =	1,4	$\frac{10}{100}$ =	0,1	$\frac{100}{1000}$ =	0,1

4 Wie heißen die Stellen in der Stellenwerttafel?

H	Z	E	z	h	t

z: Zehntel

h: Hundertstel

t: Tausendstel

5 Was gehört zusammen? Markiere in derselben Farbe.

5 h, $\frac{2}{1000}$, $\frac{8}{1000}$, 5 t, $\frac{2}{100}$, $\frac{2}{10}$, $\frac{8}{10}$, 8 z, 5 z, $\frac{5}{100}$, 2 h, 2 t, $\frac{5}{1000}$, 2 z, $\frac{8}{100}$, $\frac{5}{10}$, 8 h, 8 t

Von der Dezimalzahl zum Bruch

6 Schreibe als Bruch.

a)		b)		c)	
0,7 =	$\frac{7}{10}$	0,83 =	$\frac{83}{100}$	0,249 =	$\frac{249}{1000}$
0,5 =	$\frac{5}{10}$	0,15 =	$\frac{15}{100}$	0,341 =	$\frac{341}{1000}$
0,3 =	$\frac{3}{10}$	0,59 =	$\frac{59}{100}$	0,852 =	$\frac{852}{1000}$
0,8 =	$\frac{8}{10}$	0,67 =	$\frac{67}{100}$	0,734 =	$\frac{734}{1000}$
0,4 =	$\frac{4}{10}$	0,35 =	$\frac{35}{100}$	0,193 =	$\frac{193}{1000}$
0,9 =	$\frac{9}{10}$	0,99 =	$\frac{99}{100}$	0,978 =	$\frac{978}{1000}$

7 Was gehört zusammen? Markiere in derselben Farbe.

a)

0,2	0,02	0,002
2 h	2 z	2 t
$\frac{2}{100}$	$\frac{2}{1000}$	$\frac{2}{10}$

z steht für Zehntel, h für Hundertstel und t für …

b)

0,07	0,077	0,7	0,007
77 t	7 h	7 z	7 t
$\frac{7}{1000}$	$\frac{7}{10}$	$\frac{7}{100}$	$\frac{77}{1000}$

8 Schreibe als Bruch. Kürze so weit es geht.

a) 0,25 m = $\frac{1}{4}$ m   b) 0,2 kg = $\frac{1}{5}$ kg   c) 0,4 l = $\frac{2}{5}$ l

0,1 t = $\frac{1}{10}$ t   0,5 g = $\frac{1}{2}$ g   0,75 km = $\frac{3}{4}$ km

Dezimalzahlen am Zahlenstrahl

Dezimalzahlen auf dem Zahlenstrahl darstellen

1 Bei dieser Aufgabe sind verschiedene Antworten möglich.

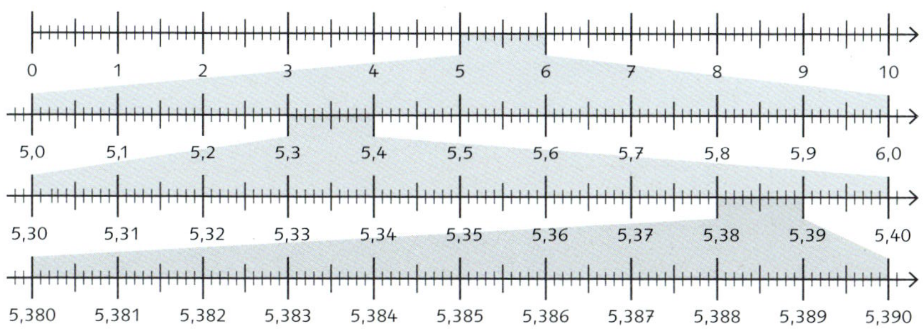

a) Schreibe fünf Zahlen, die größer sind als 5,3. 5,4 5,5 5,6 5,7 5,8

b) Schreibe fünf Zahlen, die kleiner sind als 5,39. 5,38 5,37 5,36 5,35 5,34

2 Beschrifte den Zahlenstrahl.

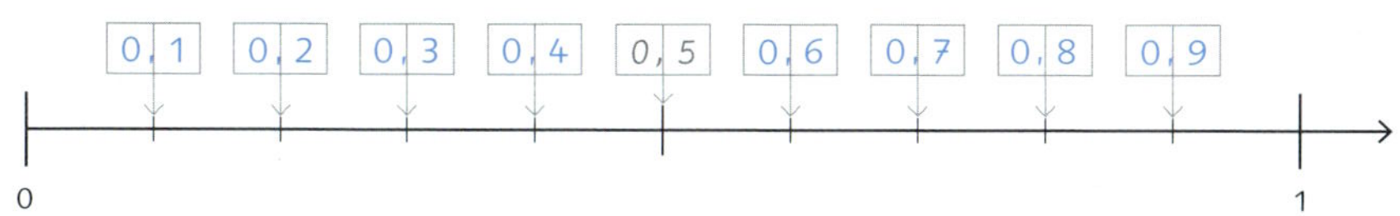

3 a) Zähle von 0,1 bis 0,2 in Hundertstelschritten. Sprich die Zahlen. Schreibe auf.

null Komma eins null
null Komma eins eins …

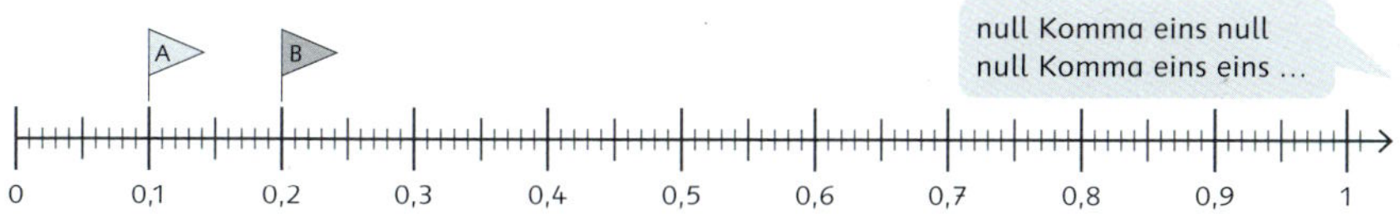

0,10 0,11 0,12 0,13 0,14 0,15 0,16 0,17 0,18 0,19 0,20

b) Zähle von 0,5 bis 0,6 in Hundertstelschritten. Sprich die Zahlen. Schreibe auf.

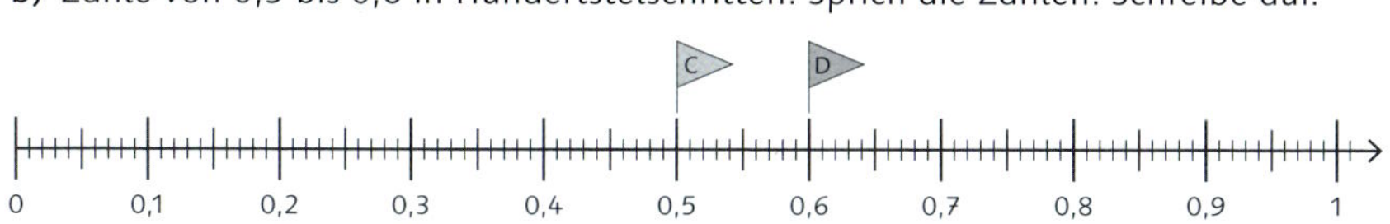

0,50 0,51 0,52 0,53 0,54 0,55 0,56 0,57 0,58 0,59 0,60

4 Markiere auf dem Zahlenstrahl folgende Zahlen.

a) 0,16	b) 0,12	c) 0,19	d) 0,08
e) 0,03	f) 0,07	g) 0,15	h) 0,23

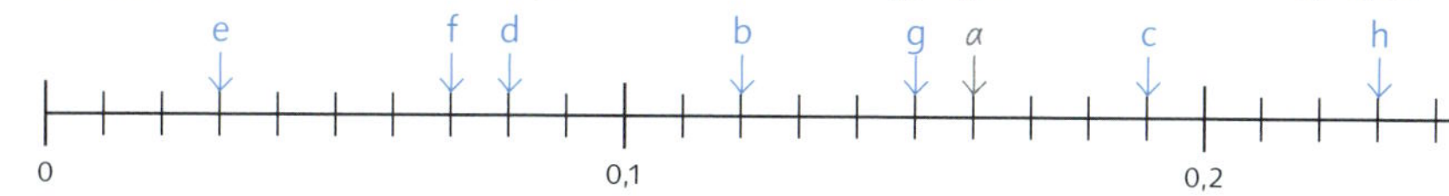

5 Lies die markierten Zahlen ab. Achte dabei auf die Einteilung des Zahlenstrahls.

a)

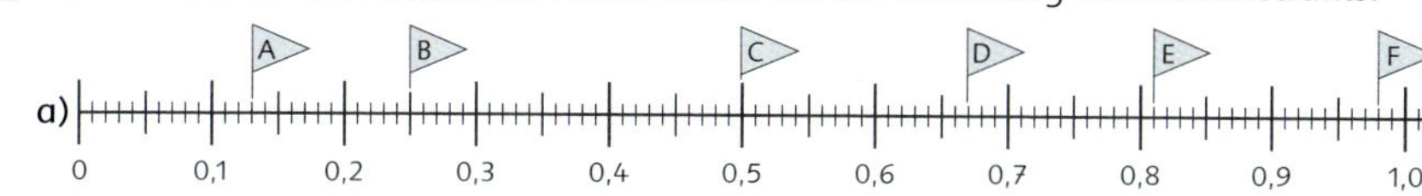

A = 0,13	B = 0,25	C = 0,5
D = 0,67	E = 0,81	F = 0,98

b)

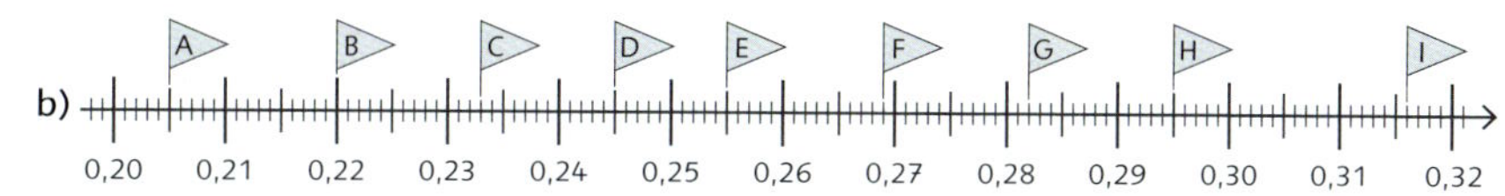

A = 0,205	B = 0,22	C = 0,233
D = 0,245	E = 0,255	F = 0,269
G = 0,282	H = 0,295	I = 0,316

6 Markiere auf dem Zahlenstrahl folgende Zahlen.

a) 3,02	b) 3,06	c) 3,08	d) 3,12
e) 3,15	f) 3,18	g) 3,22	h) 3,23

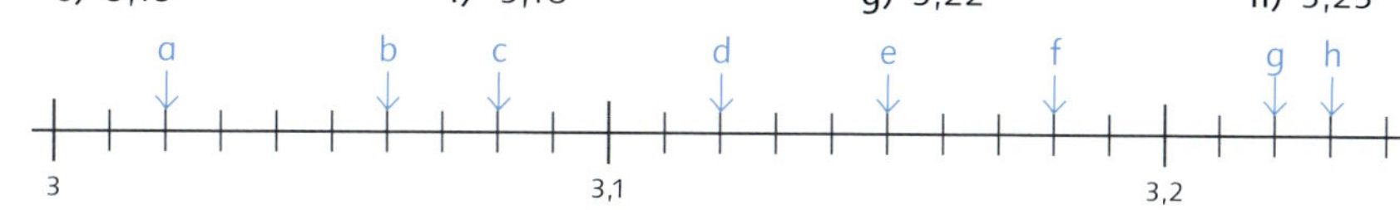

7 Zeichne einen passenden Zahlenstrahlausschnitt und markiere folgende Dezimalzahlen:

2,3 2,4 2,35 2,38 2,37 2,40 2,32

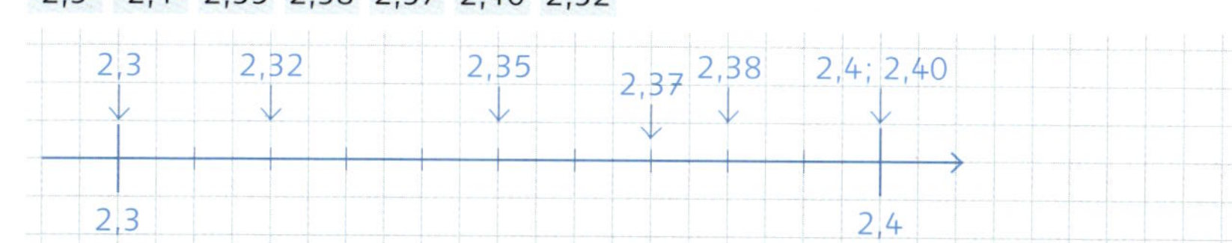

Runden von Dezimalzahlen

Dezimalzahlen werden nach der gleichen Rundungsregel wie natürliche Zahlen gerundet:
Bei 0, 1, 2, 3 oder 4 runde ich ab. Bei 5, 6, 7, 8 oder 9 runde ich auf.

8 Runde auf Ganze.

a)		b)		c)	
7,6 ≈	8	5,23 ≈	5	14,801 ≈	15
18,1 ≈	18	7,94 ≈	8	2,463 ≈	2
5,4 ≈	5	16,18 ≈	16	87,119 ≈	87
23,8 ≈	24	95,07 ≈	95	6,584 ≈	7

9 Runde auf ganze Kilogramm.

≈ 3 kg ≈ 12 kg ≈ 2 kg ≈ 26 kg ≈ 5 kg

10 Wie lang sind die Strecken? Schreibe als Kommazahl (runde auf ganze Zentimeter).

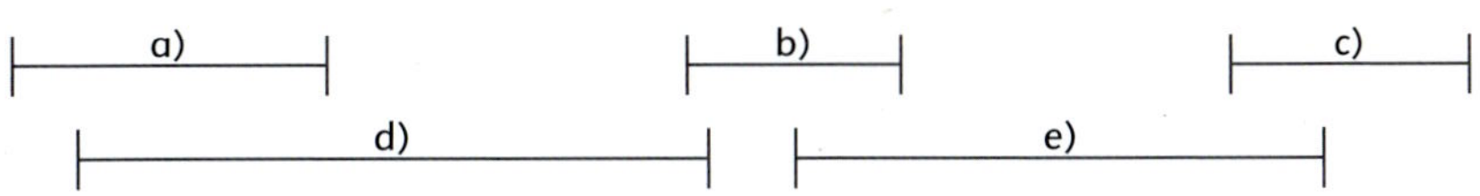

a)	b)	c)	d)	e)
3,4 cm	2,3 cm	2,6 cm	6,8 cm	5,7 cm
≈ 3 cm	≈ 2 cm	≈ 3 cm	≈ 7 cm	≈ 6 cm

11 Runde auf die angegebene Stelle.

	Zehner	Einer	Zehntel	Hundertstel
264,234	260	264	264,2	264,23
4271,581	4270	4272	4271,6	4271,58
300,643	300	301	300,6	300,64
9673,008	9670	9673	9673,0	9673,01
4,789	0	5	4,8	4,79

Kennzeichne dir zuerst die Stelle, auf die gerundet werden soll.

Dezimalzahlen vergleichen und ordnen

Dezimalzahlen werden der Größe nach verglichen, indem man ihre Ziffern stellenweise von links nach rechts miteinander vergleicht.

8,237
8,254
8,237 < 8,254

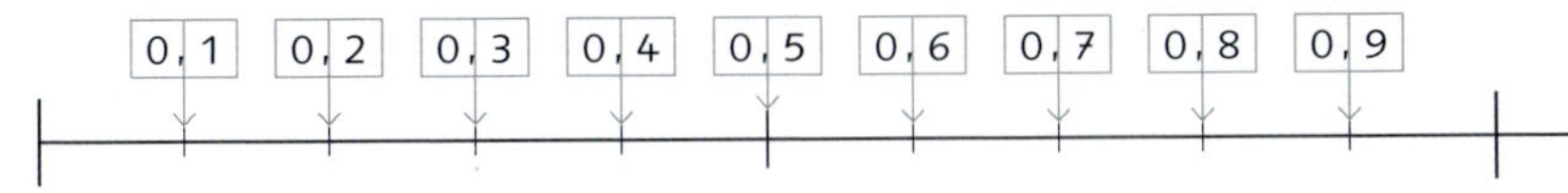

1 Welche Zahl ist größer? Suche am Zahlenstrahl. Setze >, < oder = ein.

a)	b)	c)	d)
0,5 < 0,7	0,2 > 0,1	0,6 > 0,1	0 < 1
0,9 > 0,3	0,8 > 0,4	0,1 < 1	0,8 = 0,8
0,7 > 0,6	0,9 < 1	0,4 < 0,5	0,6 < 0,9

2 a) Ordne der Größe nach. Beginne mit der kleinsten Zahl.

0,5 0,7 0,1 0,8 1 0,3 0

0 < 0,1 < 0,3 < 0,5 < 0,7 < 0,8 < 1

b) Ordne der Größe nach. Beginne mit der größten Zahl.

0,4 0 0,6 1 0,9 0,1 0,2

1 > 0,9 > 0,6 > 0,4 > 0,2 > 0,1 > 0

3 Welche Zahl ist größer? Suche am Zahlenstrahl. Setze >, < oder = ein.

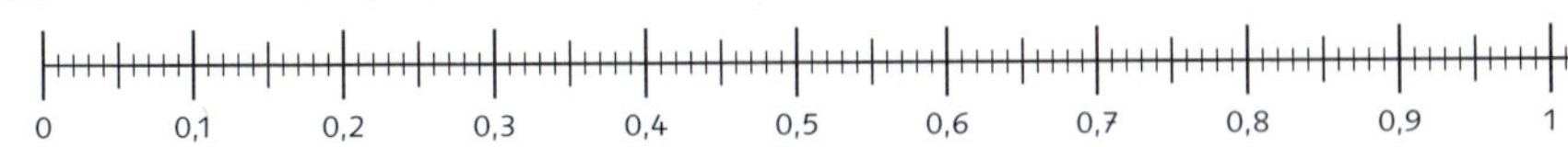

a)	b)	c)	d)
0,3 < 0,8	0,4 = 0,4	0,9 > 0,5	0,1 < 0,7
1 > 0,2	0,6 > 0,3	0,1 < 1	0,5 < 0,9
0,7 = 0,7	0,8 > 0	0,3 < 0,9	0,5 > 0,2

4 Vergleiche. Setze die richtigen Zeichen ein: >, < oder =.

a)	b)	c)
0,1 > 0,01	0,8 = 0,80	0,123 < 0,231
0,340 = 0,3400	0,54 > 0,45	1,204 > 1,203
1,17 > 1,107	9,6209 < 9,621	1,32 < 1,321

5 Vergleiche. >, < oder =? Nutze die abgebildeten Zahlenstrahlen.

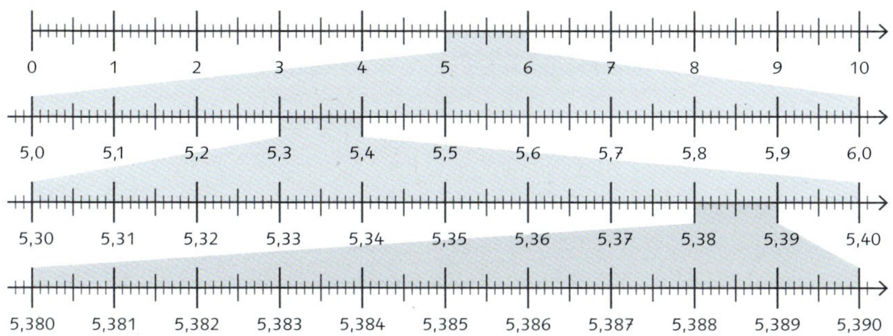

a) 5,37 < 5,39 b) 5,3 = 5,30 c) 5,386 > 5,382 d) 5,4 > 5,34
5,38 < 5,381 5,31 < 5,312 5,32 < 5,34 5,380 = 5,38

6 Ordne. Beginne mit der größten Zahl. Verwende das Zeichen >.

1,023 1,203 0,321 1,032 2,013 1,230

2,013 > 1,230 > 1,203 > 1,032 > 1,023 > 0,321

7 Ordne. Beginne mit der kleinsten Zahl. Verwende das Zeichen <.

3,456 3,857 3,098 5,001 2,990 0,045

0,0445 < 2,990 < 3,098 < 3,456 < 3,857 < 5,001

8 Ordne. Verwende das Zeichen >.

a) 5,34 5,38 5,3 5,382
5,382 > 5,38 > 5,34 > 5,3

b) 5,4 5,389 5,37 5,381
5,4 > 5,389 > 5,381 > 5,37

9 Ordne. Verwende das Zeichen <.

a) 9,329 9,54 9,32 9,45
9,32 < 9,329 < 9,45 < 9,54

b) 7,06 7,165 7,48 7,60 7,123
7,06 < 7,123 < 7,165 < 7,48 < 7,60

10 Vergleiche. Setze die richtigen Zeichen ein: >, < oder =.

a) 1 > 0,1; 3 = 3,00; 4,5 > 4,05; 2,2 < 2,25

b) 0,9 > 0,2; 8,008 < 8,800; 12,06 < 12,09; 0,72 > 0,27

c) 8,50 = 8,5; 0,4 < 0,6; 15,7 < 15,77; 4,004 < 4,04

11 Vergleiche die Dezimalzahlen. Markiere jeweils die Stelle, an der du erkennst, welche Zahl größer ist.

a) 0,08 > 0,01; 1,1 < 5,1; 0,022 < 0,031; 77,777 = 77,777

b) 0,49 < 0,79; 3,515 < 3,525; 5,31 < 5,51; 3,504 < 13,504

c) 1,134 < 1,431; 1,966 > 0,966; 12,37 < 12,73; 2,006 < 2,06

12 Ordne der Größe nach. Beginne mit der größten Zahl.

6,053 5,703 4,321 5,042 6,093 5,630

6,093 > 6,053 > 5,703 > 5,630 > 5,042 > 4,321

13 a) Umkreise alle Zahlen, die größer als 0,3 sind.

0,314 0,35 1,1 0,28 0,183 0,1 2 0,41 0,8

b) Umkreise alle Zahlen, die größer als 1,7 sind.

1,689 1,5 4,2 0,89 1 1,8 0,7 3 2,07 1,75

14 Schreibe zuerst in m. Ordne anschließend. Beginne mit der kürzesten Strecke.

280 cm	5,80 m	2 m 81 cm	586 cm	7,12 m	127 cm
2,80 m	5,80 m	2,81 m	5,86 m	7,12 m	1,27 m
1,27 m	2,80 m	2,81 m	5,80 m	5,86 m	7,12 m

Daten und Diagramme

1 Ordne die Begriffe richtig zu.

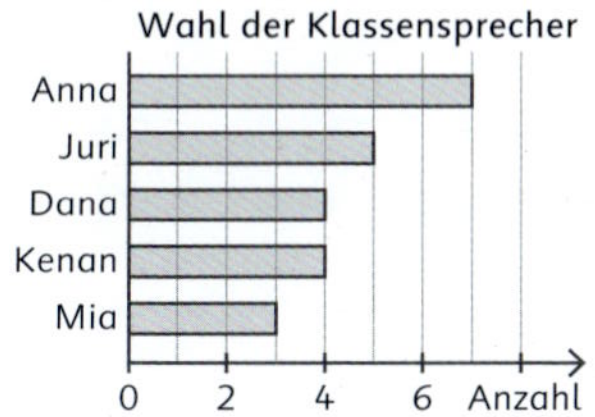

Balkendiagramm

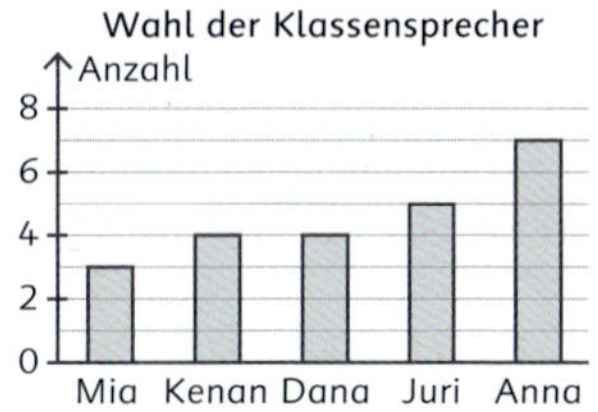

Säulendiagramm

Säulendiagramm

Balkendiagramm

2 Klassensprecherwahl in der Klasse 6a

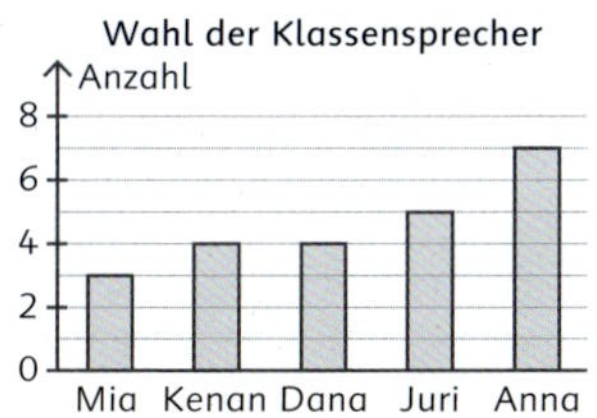

a) Wer hat die meisten Stimmen bekommen?
Anna

b) Wer hat die wenigsten Stimmen bekommen?
Mia

c) Welche beiden Kinder haben gleich viele Stimmen?
Kenan und Dana

3 Umfrage in der Klasse 6b: Ordne die Haustiere den Balken zu.

Hamster
Meerschweinchen
Katzen
Hunde
Kaninchen

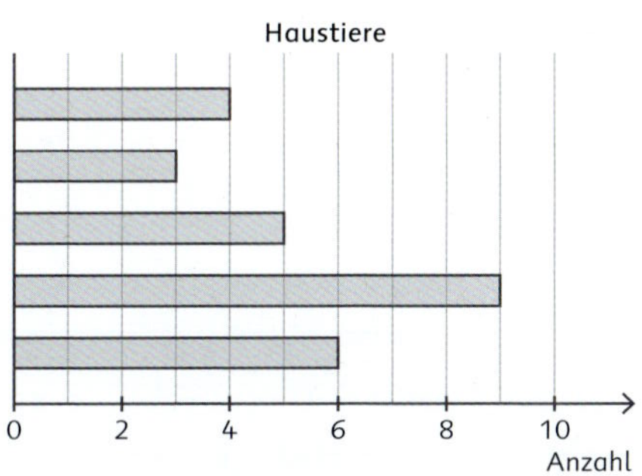

9 Hunde | 6 Kaninchen | 5 Katzen | 4 Hamster | 3 Meerschweinchen

4 Die Kinder haben Informationen über ihre Klasse gesammelt.

a) Wie viele Kinder sind blond, wie viele haben braune Haare, wie viele sind schwarzhaarig und wie viele rothaarig? Trage in die Tabelle ein.

Haarfarbe			
blond	braun	schwarz	rot
|||	卌||	||	|
3	7	2	1

Ein Säulendiagramm zeichnen

b) Vervollständige die Beschriftung und zeichne ein Säulendiagramm zu den Daten von a).

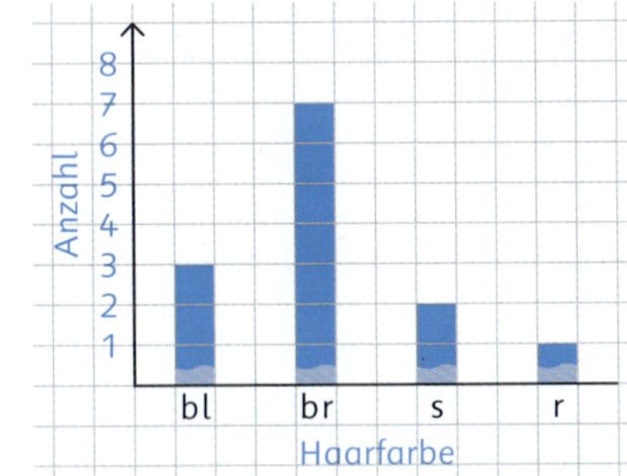

c) Wie viele Kinder sind insgesamt in der Klasse 6b?
13

5 a) Erstelle eine Strichliste für deine Klasse (hier gibt es für jede und jeden eigene Lösungen!).

Augenfarbe			
braun	grün	blau	grau

b) Vervollständige die Beschriftung. Zeichne ein Säulendiagramm zu den Daten aus Aufgabe a).

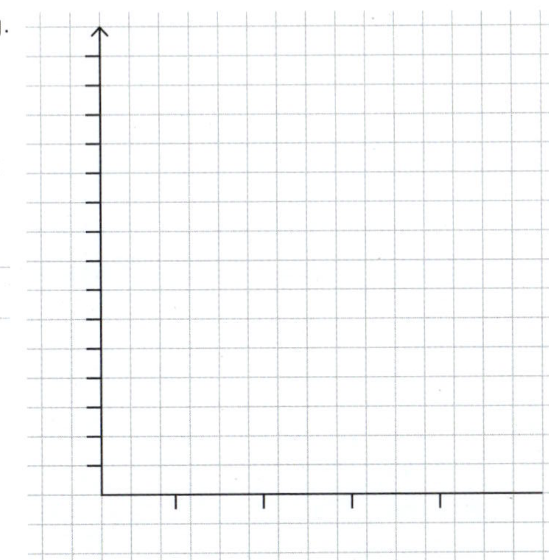

c) Wie viele Kinder sind insgesamt in deiner Klasse?

6 Abstimmung der Klasse 6a über den kommenden Wandertag.

a) Kenan hat eine Strichliste erstellt. Ergänze die Tabelle.

Ausflug	Strichliste	Anzahl
Schwimmbad	𝍸 |||	8
Kletterpark	𝍸		6
Tierpark	||	2
Kanu fahren	|||	3

b) Vervollständige die Beschriftung und zeichne das Säulendiagramm zu den Daten von a).

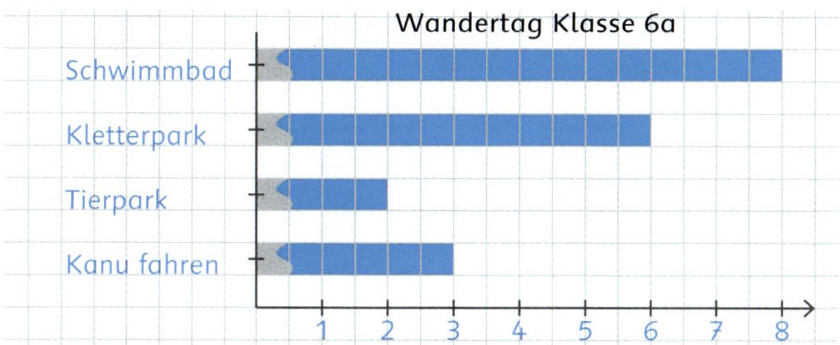

7 Beantworte die Fragen.

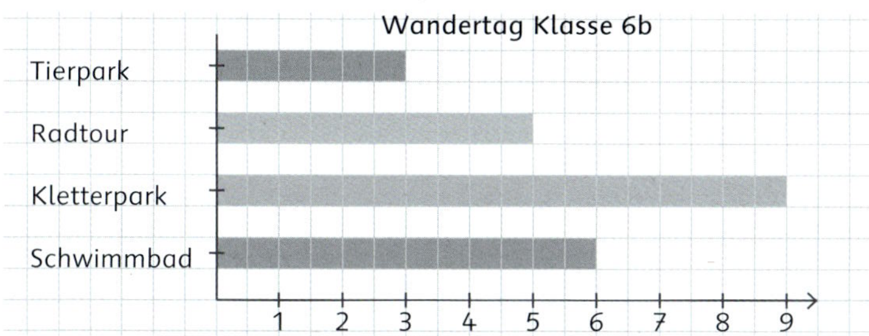

a) Welchen Ausflug wollen die meisten Kinder machen?
in den Kletterpark

b) Welchen Ausflug wollen die wenigsten Kinder machen?
in den Tierpark

Daten vergleichen

1 Ergänze die Merksätze.

Der kleinste Wert heißt Minimum.

Der größte Wert heißt Maximum.

Maximum – Minimum = Spannweite

Spannweite | kleinste | größte

2 Welcher Begriff gehört wohin?

a)

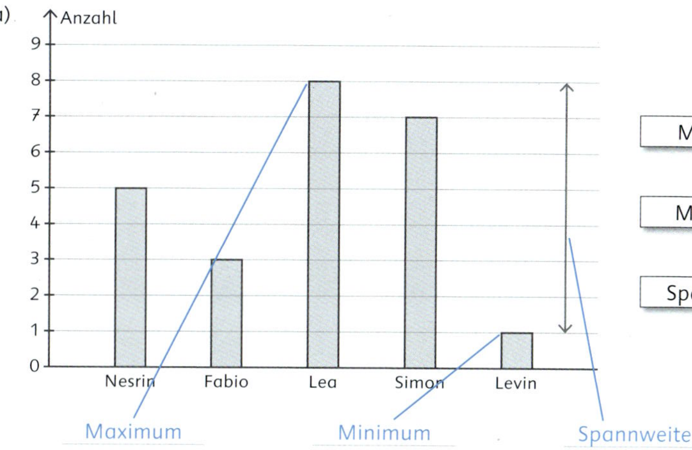

Minimum | Maximum | Spannweite

b)

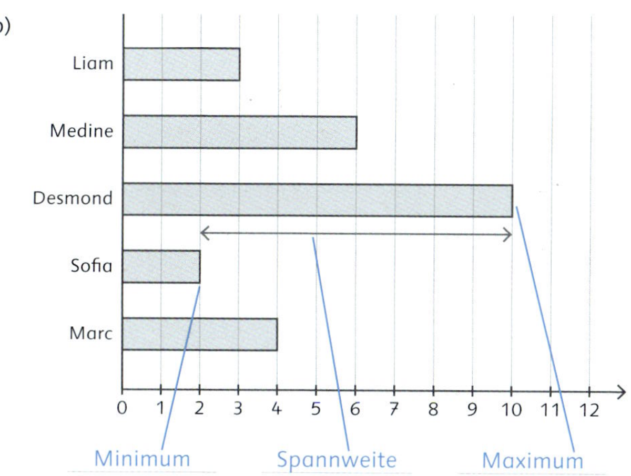

Minimum | Maximum | Spannweite

3 Lies jeweils das Minimum und das Maximum ab.

a)

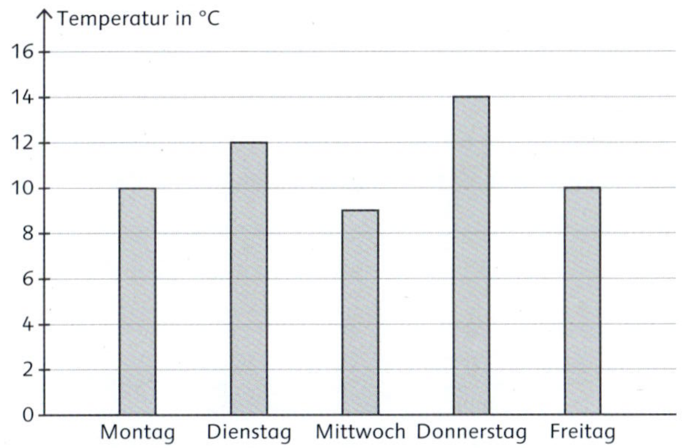

Minimum = 9 °C

Maximum = 14 °C

b)

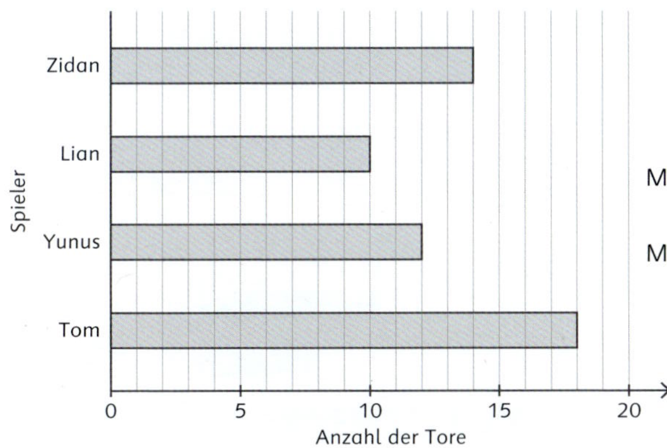

Minimum = 10 Tiere

Maximum = 18 Tiere

c)

Tag	Mo	Die	Mi	Do	Fr
Temperatur	5 °C	3 °C	0 °C	4 °C	4 °C

Minimum = 0 °C

Maximum = 5 °C

d)

Name	Leonie	Max	Oksana	Deniz
Strichliste	𝍸 ||	||||	||	𝍸 ||||

Minimum = 2 Stimmen

Maximum = 9 Stimmen

4 Bestimme das Minimum und das Maximum. Berechne die Spannweite.

a)

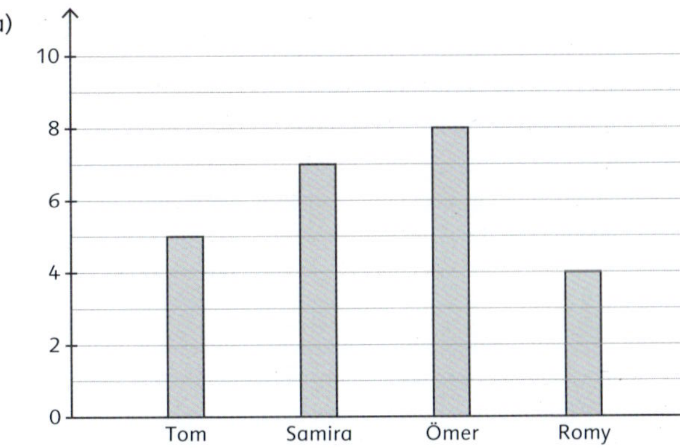

Minimum = 4

Maximum = 8

Spannweite = 4

b)

Tag	Mo	Die	Mi	Do	Fr
Temperatur	11 °C	8 °C	10 °C	9 °C	14 °C

Minimum = 8 °C

Maximum = 14 °C

Spannweite = 6 °C

c)

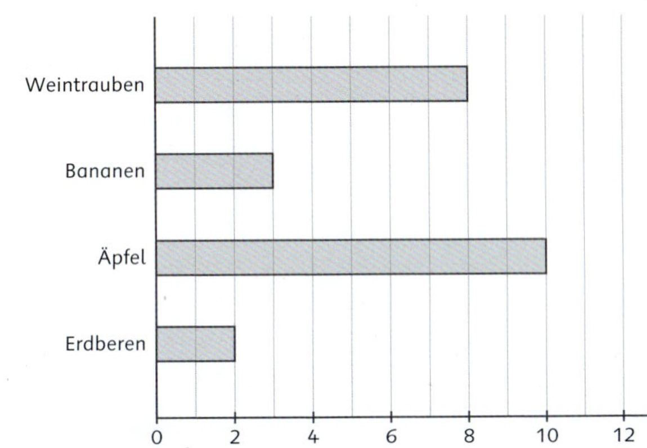

Minimum = 2

Maximum = 10

Spannweite = 8

5 Bestimme den fehlenden Kennwert.

a) Minimum = 5 Maximum = 12 Spannweite = 7

b) Minimum = 3 Maximum = 13 Spannweite = 10

c) Minimum = 5 Maximum = 9 Spannweite = 4

d) Minimum = 8 Maximum = 20 Spannweite = 12

Median und Durchschnitt

Der Median

1 Die Gegenstände sind der Größe nach geordnet. Kreise jeweils den mittleren Wert ein.

a)

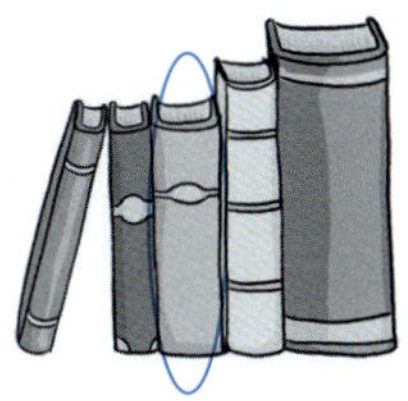

b)

c)

d)

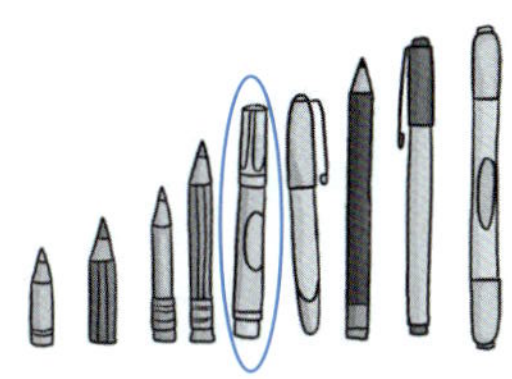

2 Der **Median** (Zentralwert) ist der Wert, der genau in der Mitte liegt.

Ordne die Zahlen der Größe nach. Kreise dann den Median ein.

a) 7; 5; 9; 10; 2 — 2; 5; (7); 9; 10

b) 1; 8; 11; 10; 4; 6; 9 — 1; 4; 6; (8); 9; 10; 11

c) 13; 7; 12; 3; 5; 1; 4; 8; 6 — 1; 3; 4; 5; (6); 7; 8; 12; 13

3 Gibt es eine gerade Anzahl von Werten, dann ist der Median von den beiden mittleren Werten gleich weit entfernt. Beispiel: 3; (4; 8;) 11 Median = 6

Ordne die Zahlen der Größe nach. Kreise die beiden mittleren Werte ein. Bestimme dann den Median.

a) 4; 7; 6; 2 — 2; (4; 6;) 7 — Median: 5

b) 8; 1; 10; 4; 9; 6 — 1; 4; (6; 8;) 9; 10 — Median: 7

c) 3; 8; 2; 1; 9; 12; 4; 10 — 1; 2; 3; (4; 8;) 9; 10; 12 — Median: 6

Der Durchschnitt

4 Beim Weitwurf hat jeder 3 Versuche.
Bei Anna wurden folgende Weiten gemessen: 13 m | 8 m | 12 m

13 m + 8 m + 12 m = 33 m

33 m : 3 = 11 m

a) Lena hat bei ihren Würfen diese Ergebnisse erzielt: Lena | 20 m | 15 m | 16 m

Berechne den Durchschnitt.

20 m + 15 m + 16 m = 51 m

51 m : 3 = 17 m

b) Lisa hat nur zweimal geworfen: Lisa | 29 m | 31 m

Berechne den Durchschnitt.

29 m + 31 m = 60 m

60 m : 2 = 30 m

So berechnest du den **Durchschnitt**:
1. Addiere alle Einzelergebnisse.
2. Dividiere die Summe durch die Anzahl der Einzelergebnisse.

5 Ina hat ihre Weiten in einem Balkendiagramm dargestellt.

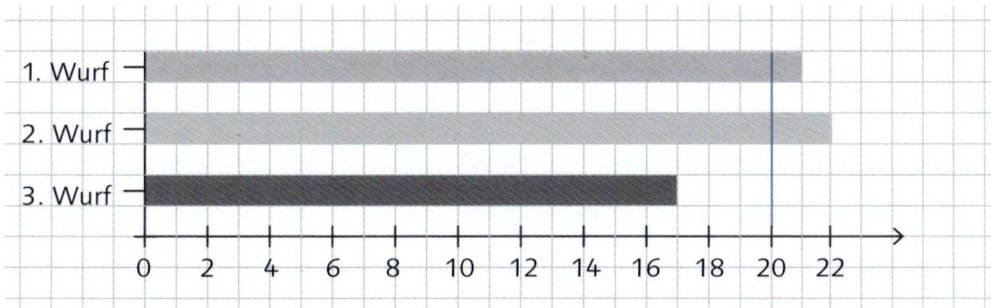

a) Lies die Weiten aus dem Diagramm ab und trage in die Tabelle ein.

1. Wurf	2. Wurf	3. Wurf
21 m	22 m	17 m

b) Berechne den Durchschnitt.

21 m + 22 m + 17 m = 60 m

60 m : 3 = 20 m

Durchschnitt: 20 m

c) Zeichne den Durchschnitt in das Balkendiagramm ein.

Dazu zeichne ich eine senkrechte Linie bei dem errechneten Wert.

6 Berechne den Durchschnitt von …

a) 12 und 4,

12 + 4 = 16

16 : 2 = 8

Durchschnitt: 8

b) 5; 8 und 11.

5 + 8 + 11 = 24

24 : 3 = 8

Durchschnitt: 8

Kreisdiagramme lesen

1 Lies die gesuchten Informationen aus dem Diagramm ab.

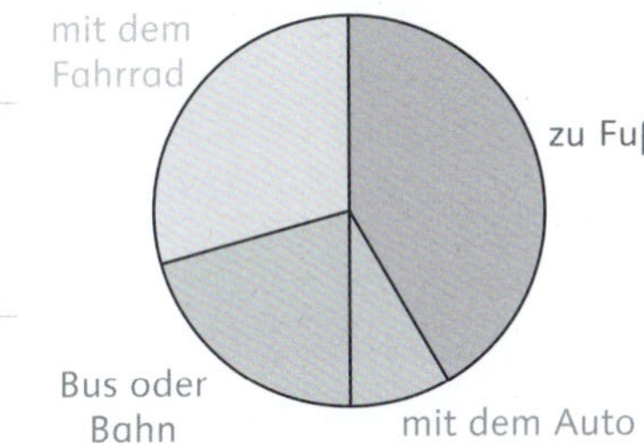

a) Wonach wurden die Kinder der Klasse 6a gefragt?

Sie wurden nach dem Schulweg gefragt.

b) Was haben die meisten Schüler geantwortet?

Die meisten kommen zu Fuß.

c) Was haben die wenigsten Schüler geantwortet?

Die wenigsten kommen mit dem Auto.

2 Ordne die Begriffe richtig zu.

das Minimum | das Maximum

größter Kreisteil: das Maximum

kleinster Kreisteil: das Minimum

3 Lies jeweils das Minimum und das Maximum ab. Berechne die Spannweite.

a)

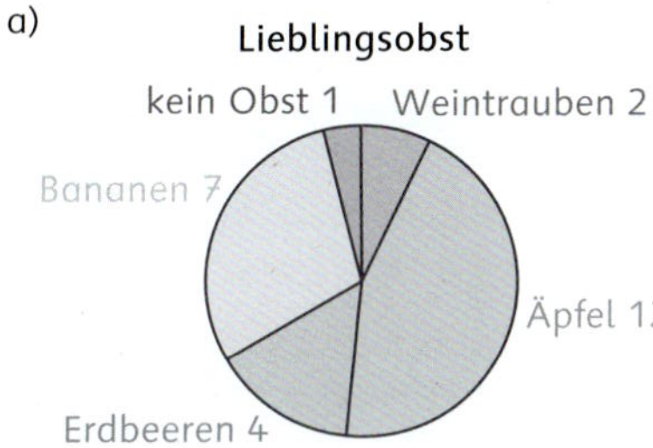

Minimum = 1

Maximum = 12

Spannweite = 11

b)

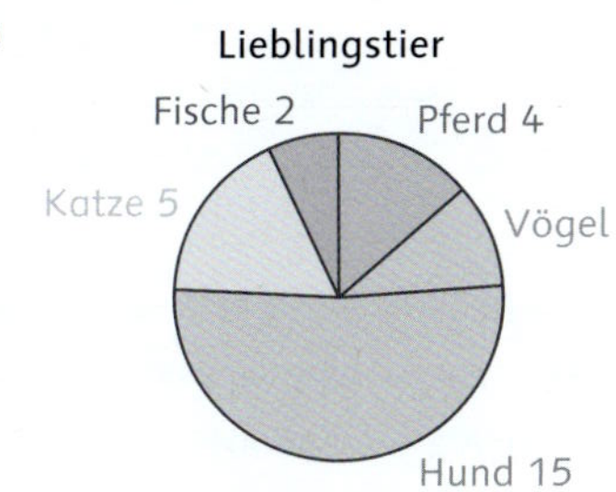

Minimum = 2

Maximum = 15

Spannweite = 13

4 Richtig oder falsch? Kreuze an.

a) **Klassensprecherwahl**

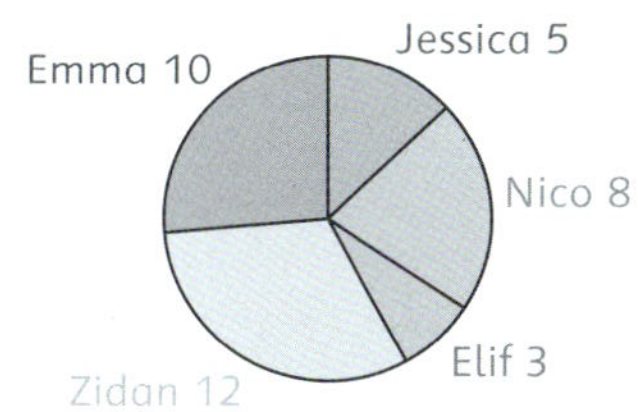

	richtig	falsch
Zidan hat die meisten Stimmen bekommen.	X	
Jessica hat die wenigsten Stimmen bekommen.		X
Nico hat 5 Stimmen bekommen.		X
Emma hat 10 Stimmen bekommen.	X	
Elif hat die Hälfte der Stimmen bekommen.		X

b) **Lieblingsfach**

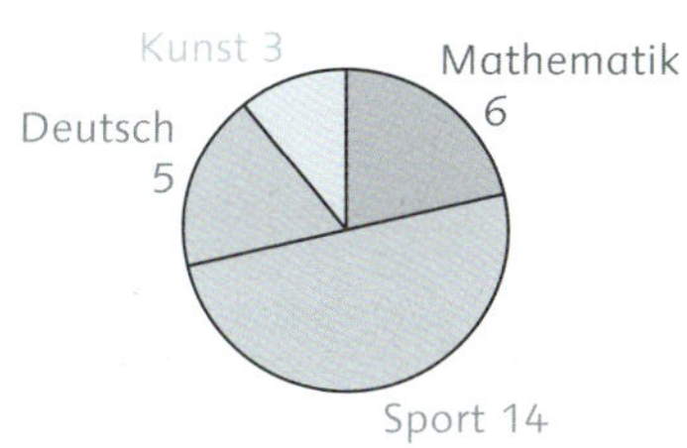

	richtig	falsch
Für Mathematik haben 6 Kinder gestimmt.	X	
Die wenigsten Stimmen hat das Fach Deutsch.		X
3 Kinder haben Kunst als Lieblingsfach.	X	
Die Hälfte der Kinder mag Sport am liebsten.	X	
In dem Diagramm sieht man die Lieblingslehrer.		X

c) **Lieblingsgemüse**

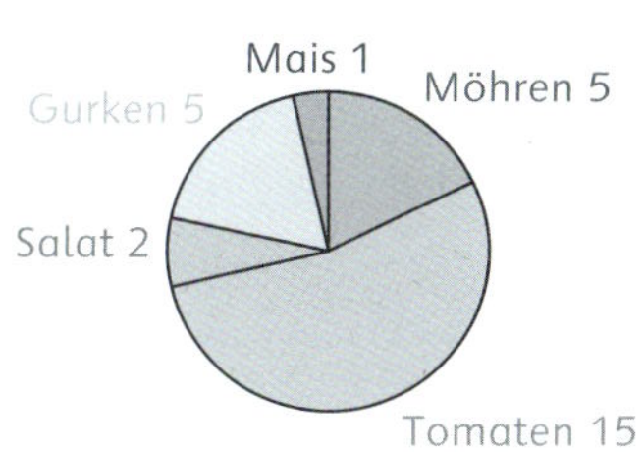

	richtig	falsch
Nur ein Kind hat Mais als Lieblingsgemüse.	X	
Zwei Kinder haben Salat genannt.	X	
Gurken haben mehr Stimmen bekommen als Möhren.		X
Mehr als die Hälfte der Kinder mag Tomaten am liebsten.	X	

5 Welche Farbe gehört zu welchem Tier? Markiere farbig.

a) **Haustiere**

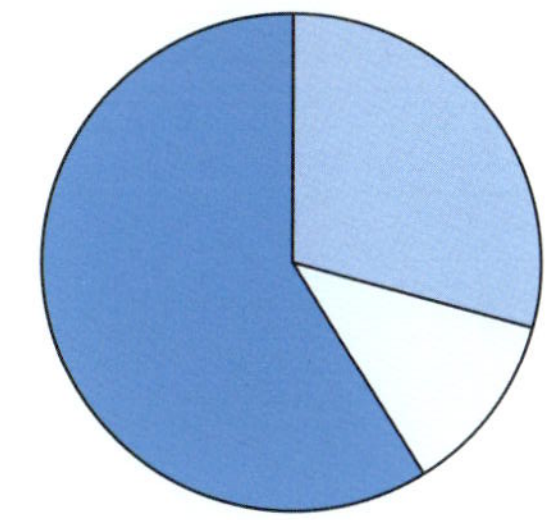

■	Hund	10 Stimmen
■	Katze	5 Stimmen
□	Kaninchen	2 Stimmen

b) **Lieblingswaldtiere**

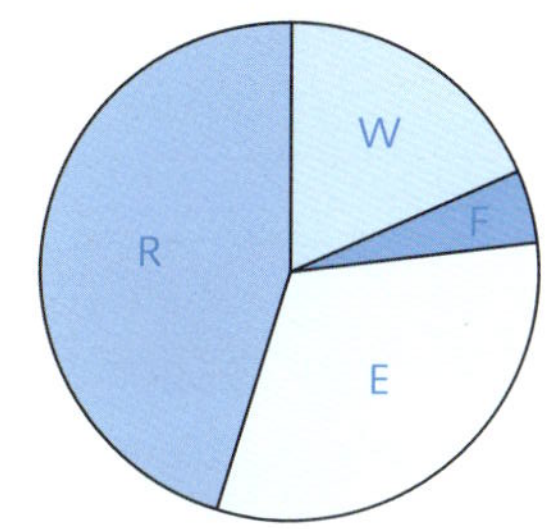

E	Eichhörnchen	7 Stimmen
W	Wolf	4 Stimmen
R	Reh	10 Stimmen
F	Fuchs	1 Stimme

c) **Lieblingswüstentiere**

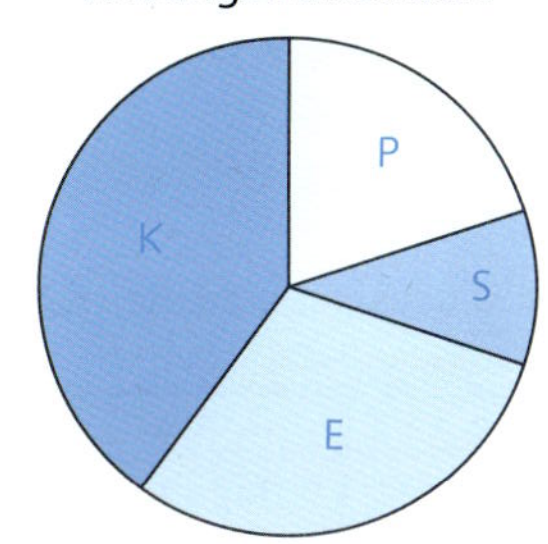

P	Python	6 Stimmen
E	Erdmännchen	9 Stimmen
S	Skorpion	3 Stimmen
K	Kamel	12 Stimmen

d) **Lieblingstropentiere**

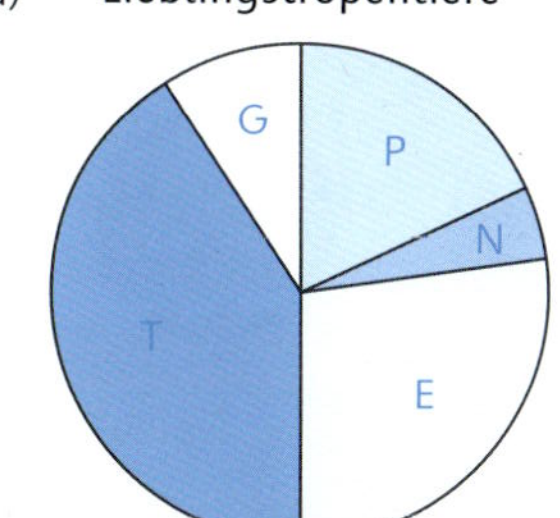

E	Elefant	6 Stimmen
P	Papagei	4 Stimmen
N	Nashorn	1 Stimme
T	Tiger	9 Stimmen
G	Gorilla	2 Stimmen

Zufallsexperimente

1 Zufall oder kein Zufall? Kreuze an.

	Zufall	kein Zufall
Greta fällt eine Kastanie auf den Kopf.	x	
Der Wecker klingelt um 6 Uhr.		x
Kenan gewinnt beim Skatspiel.		x
Wasser gefriert bei 0 °C zu Eis.		x
Ida hat in Mathematik eine 2.		x
Tim gewinnt bei der Tombola einen Preis.	x	

2 Ergänze.

a) Man spricht von Zufall, wenn etwas Unvorhersehbares (Vorhersehbares/ Unvorhersehbares) geschieht.

b) Ein Zufallsexperiment hat drei Merkmale:

1. Es ist beliebig oft unter gleichen Bedingungen wiederholbar.
2. Es hat mindestens zwei mögliche Ergebnisse.
3. Die Ergebnisse sind nicht sicher vorhersehbar.

c) Finde zwei eigene Beispiele für Zufallsexperimente. (individuelle Lösungen)

3 Wie nutzt man die Zufallsgeräte? Ergänze.

würfeln

werfen

ziehen

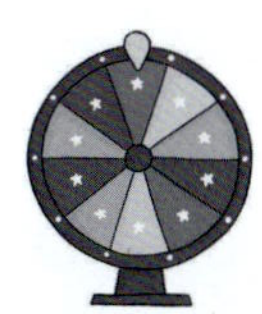
drehen

drehen	werfen	würfeln	ziehen

4 Welche Ergebnisse sind möglich?

a) Verbinde.

rot, gelb, blau oder grün

Aussetzen, Farbwechsel, rote Fünf

Kopf oder Zahl

1; 2; 3; 4; 5 oder 6

Kopf oder Zahl	1; 2; 3; 4; 5 oder 6	rot, gelb, blau oder grün	Aussetzen, Farbwechsel, rote Fünf

b) Ergänze die möglichen Ergebnisse.

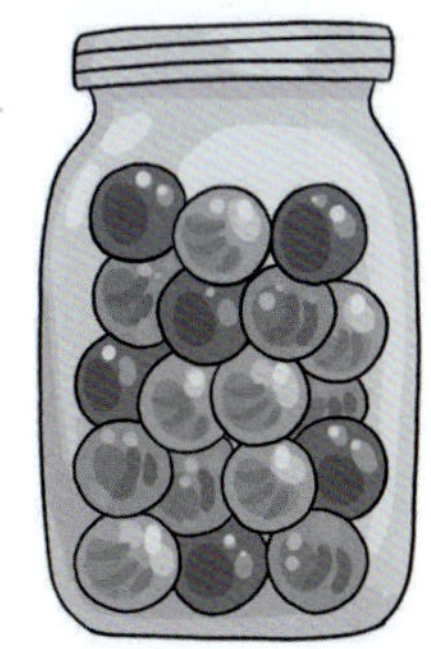
rot, blau, gelb

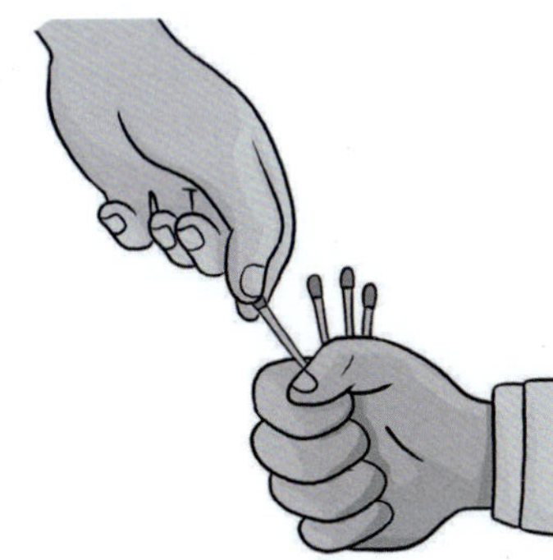
kurz, lang

5 Ergänze die Begriffe für den Ausgang von Zufallsexperimenten.

sicher	unwahrscheinlich	unmöglich	wahrscheinlich	möglich

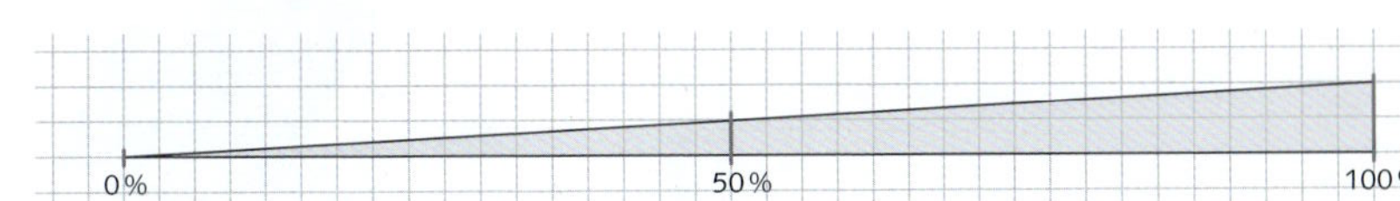

unmöglich — unwahrscheinlich — möglich — wahrscheinlich — sicher

6 Welche Aussagen sind sicher wahrscheinlich möglich unwahrscheinlich unmöglich ? Kreuze an.

	sicher	wahrscheinlich	möglich	unwahrscheinlich	unmöglich
Im August fällt Schnee.				X	
Du würfelst eine 1, 2, 3, 4, 5 oder 6.	X				
Es wird heute noch regnen.			X		
Kenan hat am 30. Februar Geburtstag.					X

7 Finde jeweils mindestens ein passendes Ereignis (verschiedene mögliche Antworten).

a) ein unmögliches Ereignis beim Würfeln mit einem normalen Würfel: 7

b) ein sicheres Ereignis beim Werfen einer Münze: Kopf oder Zahl

c) ein seltenes Ereignis beim Lottospielen: sechs Richtige

8 Ergänze folgende Sätze.

a) Die absolute Häufigkeit gibt an, …

wie oft ein bestimmtes Ereignis vorkommt.

b) Die relative Häufigkeit berechnet man, um …

Häufigkeiten besser miteinander vergleichen zu können.

c) Zur Berechnung der relativen Häufigkeit wird die absolute Häufigkeit durch die Gesamtzahl geteilt.

9 Dana hat 50-mal gewürfelt und die Ergebnisse in eine Strichliste eingetragen.

a) Ermittle die absoluten Häufigkeiten für jede Augenzahl. Ergänze die Tabelle.

b) Berechne die relative Häufigkeit für die Augenzahl 3 mit dem Taschenrechner.

$\frac{8}{50} = 0{,}16 = \frac{16}{100} = 16\%$

Zahl	Strichliste	absolute Häufigkeit
1	卌 |||	8
2	卌 ||||	9
3	卌 |||	8
4	卌 ||	7
5	卌 卌	10
6	卌 |||	8
	Gesamtzahl:	50

Schriftliche Addition und Subtraktion

Schriftliche Addition

Bei der schriftlichen Addition und Subtraktion muss ich immer stellengerecht untereinanderschreiben. Also die Einer unter Einer, Zehner unter Zehner, …

1 a)

	H	Z	E
	2	3	5
+	3	5	2
	5	8	7

	H	Z	E
	2	3	5
+	1	6	1
	3	9	6

	H	Z	E
	2	3	5
+	5	1	4
	7	4	9

	H	Z	E
	2	3	5
+	2	4	3
	4	7	8

	H	Z	E
	2	3	5
+	7	3	2
	9	6	7

b)

	H	Z	E
	3	1	4
+	4	5	1
	7	6	5

	H	Z	E
	3	1	4
+	6	2	2
	9	3	6

	H	Z	E
	3	1	4
+	2	8	3
	5	9	7

	H	Z	E
	3	1	4
+	5	4	4
	8	5	8

	H	Z	E
	3	1	4
+	3	7	5
	6	8	9

2 Schreibe stellengerecht untereinander und rechne aus.

417 + 274   417 + 556   417 + 138   417 + 329   417 + 445

	H	Z	E
	4	1	7
+	2	7	4
		1	
	6	9	1

	H	Z	E
	4	1	7
+	5	5	6
		1	
	9	7	3

	H	Z	E
	4	1	7
+	1	3	8
		1	
	5	5	5

	H	Z	E
	4	1	7
+	3	2	9
		1	
	7	4	6

	H	Z	E
	4	1	7
+	4	4	5
		1	
	8	6	2

🔑 ~~555~~ 681 ~~691~~ ~~746~~ ~~862~~ ~~973~~

3

	T	H	Z	E
	4	2	6	3
+		5	8	4
		1		
	4	8	4	7

	T	H	Z	E
	7	5	2	9
+		4	3	8
			1	
	7	9	6	7

	T	H	Z	E
	3	1	7	4
+		3	6	4
		1		
	3	5	3	8

	T	H	Z	E
	8	5	2	3
+		7	5	6
	1			
	9	2	7	9

🔑 ~~3538~~ ~~4847~~ ~~7967~~ 8279 ~~9279~~

4 Rechne aus und trage die richtigen Buchstaben in die Kästchen ein.

	H	Z	E
	8	4	6
–	2	2	1
B	6	2	5

	H	Z	E
	9	8	7
–	4	3	1
L	5	5	6

	H	Z	E
	7	5	8
–	3	3	4
U	4	2	4

	H	Z	E
	6	9	6
–	2	5	4
M	4	4	2

	H	Z	E
	7	8	9
–	2	5	2
E	5	3	7

Lösungswort: B L U M E

126 T 311 R 357 E 421 S 423 K 424 U 431 Ö 442 M 537 E 556 L 625 B

Schriftliche Subtraktion

Die Aufgabe heißt: **263 minus 129**

Zuerst subtrahiere ich die **Einer**: **3 minus 9 kann ich nicht rechnen.**

	H	Z	E
	2	6	3
–	1	2	9

Ich wechsle einen **Zehner** in **10 Einer**. Jetzt habe ich nur noch 5 **Zehner**.

	H	Z	E
		5	
	2	6	3
–	1	2	9

Ich habe nicht mehr **3 Einer**, sondern 13 **Einer**.

	H	Z	E
		5	13
	2	6	3
–	1	2	9

Nun kann ich die **Einer** subtrahieren: **13 minus 9 gleich** 4

	H	Z	E
		5	13
	2	6	3
–	1	2	9
			4

Jetzt subtrahiere ich die **Zehner**: **5 minus 2 gleich** 3

	H	Z	E
		5	13
	2	6	3
–	1	2	9
		3	4

Zum Schluss subtrahiere ich die **Hunderter**: **2 minus 1 gleich** 1

	H	Z	E
		5	13
	2	6	3
–	1	2	9
	1	3	4

Das Ergebnis ist 134.

5 Rechne aus. Achte auf die Rechenzeile.

	H	Z	E
		7	13
	4	8	3
–	1	6	5
	3	1	8

	H	Z	E
		3	16
	6	4	6
–	1	2	8
	5	1	8

	H	Z	E
		3	18
	5	4	8
–	4	2	9
	1	1	9

	H	Z	E
		4	12
	7	5	2
–	3	3	9
	4	1	3

	H	Z	E
		8	15
	8	9	5
–	2	5	9
	6	3	6

6 Schreibe stellengerecht untereinander und rechne.

a) 6 356 – 1 728

	T	H	Z	E
	5	13	4	16
	6	3	5	6
–	1	7	2	8
	4	6	2	8

9 581 – 2 476

	T	H	Z	E
			7	11
	9	5	8	1
–	2	4	7	6
	7	1	0	5

7 458 – 3 289

	T	H	Z	E
		3	14	18
	7	4	5	8
–	3	2	8	9
	4	1	6	9

8 695 – 1 957

	T	H	Z	E
	7	16	8	5
	8	6	9	5
–	1	9	5	7
	6	7	3	8

b) 715 – 368

	T	H	Z	E
		6	10	15
		7	1	5
–		3	6	8
		3	4	7

9 618 – 4 249

	T	H	Z	E
		5	10	18
	9	6	1	8
–	4	2	4	9
	5	3	6	9

7 163 – 4 248

	T	H	Z	E
	6	11	5	13
	7	1	6	3
–	4	2	4	8
	2	9	1	5

8 163 – 639

	T	H	Z	E
	7	15	5	13
	8	1	6	3
–		6	3	9
	7	5	2	4

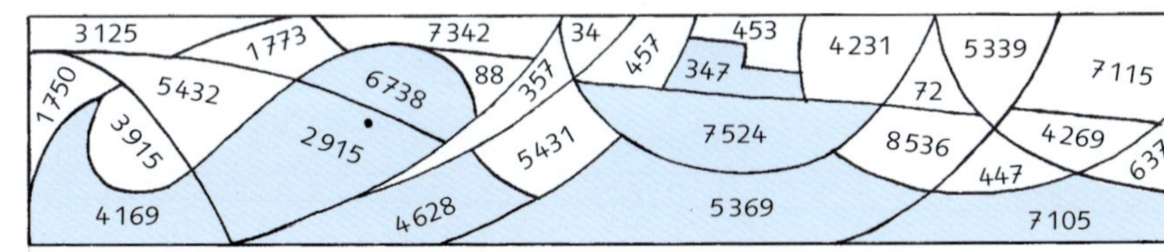

7 Schreibe stellengerecht untereinander und rechne.

2 358 + 5 126

	T	H	Z	E
	2	3	5	8
+	5	1	2	6
			1	
	7	4	8	4

4 279 + 431

	T	H	Z	E
	4	2	7	9
+		4	3	1
		1	1	
	4	7	1	0

6 833 + 2 548

	T	H	Z	E
	6	8	3	3
+	2	5	4	8
	1		1	
	9	3	8	1

8 652 + 779

	T	H	Z	E
	8	6	5	2
+		7	7	9
	1	1	1	
	9	4	3	1

8 Schreibe stellengerecht untereinander und rechne.

4 724 – 1 305

	T	H	Z	E
			1	14
	4	7	2	4
–	1	3	0	5
	3	4	1	9

8 549 – 983

	T	H	Z	E
	7	14	14	
	8	5	4	9
–		9	8	3
	7	5	6	6

6 273 – 2 481

	T	H	Z	E
	5	11	17	
	6	2	7	3
–	2	4	8	1
	3	7	9	2

5 744 – 387

	T	H	Z	E
		6	13	14
	5	7	4	4
–		3	8	7
	5	3	5	7

Dezimalzahlen addieren und subtrahieren

Beim Addieren und Subtrahieren müssen auch Dezimalzahlen stellengerecht untereinandergeschrieben werden.

Ich schreibe Komma unter Komma.

	Z	E	z	h
	1	5	2	3
+	1	2	9	4
		1		
	2	8	1	7

Kurzform:

	1	5, 2 3
+	1	2, 9 4
		1
	2	8, 1 7

1 Schreibe stellengerecht untereinander und rechne schriftlich.

a) 78,3 + 19,5 — 78,3 + 19,5 (Übertrag 1) = 97,8

b) 7,83 + 0,68 — 7,83 + 0,68 (Übertrag 1 1) = 8,51

c) 12,83 + 19,38 — 12,83 + 19,38 (Übertrag 1 1 1) = 32,21

d) 4,825 + 9,62 — 4,825 + 9,62 (Übertrag 1 1) = 14,445

2 Schreibe in die Stellenwerttafel und rechne.

a) 2,17 € + 5,81 €

	€	ct	
	2,	1	7
+	5,	8	1
	7,	9	8

b) 4,35 € + 1,44 €

	€	ct	
	4,	3	5
+	1,	4	4
	5,	7	9

c) 3,18 € + 1,50 €

	€	ct	
	3,	1	8
+	1,	5	0
	4,	6	8

3 Tim kauft für die Schule einen Zirkel für 6,49 € und einen neuen Füller für 5,49 €. Wie viel muss er dafür insgesamt bezahlen?

Rechnung:

	€	ct	
	6,	4	9
+	5,	4	9
	1	1	
	1 1,	9	8

Antwort: Er muss ingesamt 11,98 € bezahlen.

4 Schreibe stellengerecht untereinander und rechne schriftlich.

a) 4,72 − 1,88 — (3 16 12) 4,72 − 1,88 = 2,84

b) 0,532 − 0,071 — (4 13) 0,532 − 0,071 = 0,461

c) 5,2 − 1,842 — (4 11 9 10) 5,2 − 1,842 = 3,358

d) 1,903 − 0,07 — (8 10) 1,903 − 0,07 = 1,833

5 Schreibe in die Stellenwerttafel und rechne.

a) 6,48 € − 3,25 €

	€	ct	
	6,	4	8
−	3,	2	5
	3,	2	3

b) 3,95 € − 1,70 €

	€	ct	
	3,	9	5
−	1,	7	0
	2,	2	5

c) 7,68 € − 4,45 €

	€	ct	
	7,	6	8
−	4,	4	5
	3,	2	3

d) 5,62 € − 3,17 €

	€	ct	
		5	12
	5,	6	2
−	3,	1	7
	2,	4	5

e) 9,15 € − 3,42 €

	€	ct	
	8	11	
	9,	1	5
−	3,	4	2
	5,	7	3

f) 2,74 € − 1,59 €

	€	ct	
		6	14
	2,	7	4
−	1,	5	9
	1,	1	5

6 Fatima hat 19,84 € in ihrer Geldbörse. Sie kauft sich eine neue Federtasche für 7,49 €. Wie viel Geld hat sie danach noch in der Geldbörse?

Rechnung:

	€	ct	
		7	14
	1 9,	8	4
−	7,	4	9
	1 2,	3	5

Antwort: Fatima hat noch 12,35 € in ihrer Geldbörse.

7 Subtrahiere im Kopf.

9,8 − 2,7 = 7,1	19,4 − 7,2 = 12,2
8,5 − 7,2 = 1,3	27,8 − 5,6 = 22,2
7,9 − 6,6 = 1,3	35,4 − 3,2 = 32,2
8,8 − 5,4 = 3,4	42,1 − 5,1 = 37,0

8 Rechne im Kopf.

a) 1,2 + 2,5 = 3,7 b) 3,8 – 2,4 = 1,4 c) 1,8 + 0,2 = 2,0 d) 1,9 – 0,9 = 1,0
0,4 + 0,2 = 0,6 0,9 – 0,6 = 0,3 0,5 + 0,7 = 1,2 2,4 – 0,6 = 1,8
2,7 + 3,1 = 5,8 7,5 – 0,3 = 7,2 6,4 + 1,7 = 8,1 4,3 – 2,6 = 1,7

9 Vervollständige die Aufgaben.

a) 1,2 m + 2,3 m = 3,5 m b) 2,6 g + 6,2 g = 8,8 g c) 3,4 cm + 5,6 cm = 9,0 cm
4,7 m – 2,5 m = 2,2 m 4,61 g – 2,21 g = 2,4 g 16,6 cm – 6,4 cm = 10,2 cm
15,6 m – 6,0 m = 9,6 m 2,8 g + 1,2 g = 4,0 g 12,6 cm + 7,7 cm = 20,3 cm

10 Dennis möchte sich neue Turnschuhe kaufen. Seine Lieblingsschuhe kosten 49,95 €. Bisher hat er 32,80 € gespart. Wie viel Geld fehlt noch?

Rechnung:
49,95
– 32,80
17,15

Antwort:
Dennis braucht noch 17,15 €.

11 Schreibe stellengerecht untereinander und rechne schriftlich.

a) 3,691 + 6,74 b) 286,41 – 89,3 c) 66,66 + 6,666

a)
3,691
+ 6,740
1 1 1
10,431

b)
1 17 16
286,41
– 89,30
197,11

c)
66,660
+ 6,666
1 1 1
73,326

12 Beim Bob-Weltcup-Rennen „4er-Herren" in Lake Placid fuhren die ersten vier Bobs folgende Zeiten:

Name	Land	1. Durchgang	2. Durchgang	Platzierung
Steven Holcomb	USA 1	55,16 s	55,49 s	4.
Andre Lange	GER 1	54,86 s	55,55 s	2.
Alexandr Zoubkov	RUS 1	54,70 s	55,24 s	1.
Martin Annen	SUI 1	54,99 s	55,44 s	3.

Die Platzierung ergibt sich aus der Summe der beiden Durchläufe. Ergänze.

55,16 + 55,49 (Übertrag 1 1 1) = 110,65
54,86 + 55,55 (Übertrag 1 1 1 1 0) = 110,41
54,70 + 55,24 (Übertrag 1) = 109,94
54,99 + 55,44 (Übertrag 1 1 1 1) = 110,43

Schriftliche Multiplikation und Division

Schriftliche Multiplikation

1 Rechne schriftlich.

a) 414 · 2 = 828   212 · 4 = 848   423 · 2 = 846

2 a) 132 · 4 = 528 (Übertrag 1 H)   251 · 2 = 502 (Übertrag 1 H)   142 · 3 = 426 (Übertrag 1 H)

3 a) 2316 · 3 = 6948 b) 1744 · 2 = 3488 c) 3101 · 7 = 21707
d) 4817 · 6 = 28902 e) 8412 · 9 = 75708 f) 2739 · 5 = 13695

Lösungen: 3488 6948 13695 21707 28902 54286 75708

Multiplikation mit einer zweistelligen Zahl

ZT	T	H	Z	E		Z	E
	3	2	1	4	·	2	6
ZT	T	H	Z	E			
6	4	2	8	0			
1	9	2	8	4			
1		1					
8	3	5	6	4			

Ich rechne schriftlich, zuerst die Zehner-Aufgabe, dann die Einer-Aufgabe darunter. Dann rechne ich beides zusammen.

4 Berechne das Produkt schriftlich. Denke an die Übertragszahlen.

a)
4723 · 13
47230
14169
1
61399

b)
6408 · 56
320400
38448
358848

Schriftliche Division

So geht es: Schriftliche Division

```
H Z E       H Z E
6 3 5 : 5 = 1
```

Ich beginne bei den **Hundertern**. Wie oft passt 5 in 6? 1-mal. Ich schreibe 1.

```
H Z E       H Z E
6 3 5 : 5 = 1
5
```

1 mal 5 gleich 5. Ich schreibe 5 und unterstreiche.

```
H Z E       H Z E
6 3 5 : 5 = 1
5
1
```

Ich rechne 6 **minus** 5 **gleich** 1. Ich schreibe 1.

```
H Z E       H Z E
6 3 5 : 5 = 1
5 ↓
1 3
```

Ich hole die 3 herunter und schreibe sie neben die 1.

```
H Z E       H Z E
6 3 5 : 5 = 1 2
5
1 3
```

Wie oft passt 5 in 13? 2-mal. Ich schreibe 2.

```
H Z E       H Z E
6 3 5 : 5 = 1 2
5
1 3
1 0
```

2 mal 5 gleich 10. Ich schreibe 10 und unterstreiche.

```
H Z E       H Z E
6 3 5 : 5 = 1 2
5
1 3
1 0
  3
```

Ich rechne 13 **minus** 10 **gleich** 3. Ich schreibe 3.

```
H Z E       H Z E
6 3 5 : 5 = 1 2
5
1 3
1 0 ↓
  3 5
```

Ich hole die 5 herunter und schreibe sie neben die 3.

```
H Z E       H Z E
6 3 5 : 5 = 1 2 7
5
1 3
1 0
  3 5
```

Wie oft passt 5 in 35? 7-mal. Ich schreibe 7.

```
H Z E       H Z E
6 3 5 : 5 = 1 2 7
5
1 3
1 0
  3 5
  3 5
```

7 mal 5 gleich 35. Ich schreibe 35 und unterstreiche.

```
H Z E       H Z E
6 3 5 : 5 = 1 2 7
5
1 3
1 0
  3 5
  3 5
    0
```

Ich rechne 35 **minus 35 gleich** 0. Ich schreibe 0.

635 geteilt durch 5 ist 127.

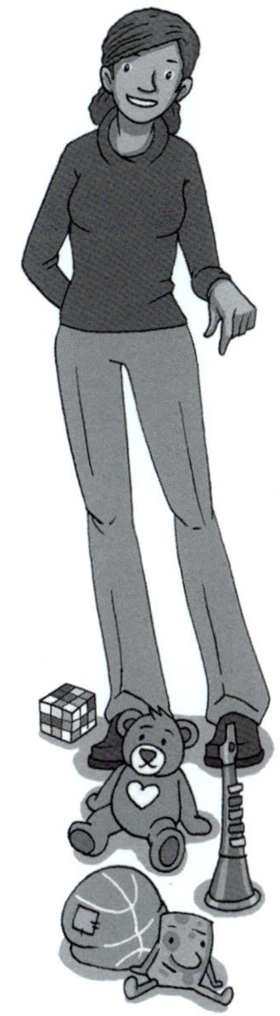

5 Dividiere schriftlich.
Achte auf die Sprechweise und rechne Schritt für Schritt.

a)
```
H Z E       H Z E
7 5 8 : 2 = 3 7 9
6
1 5
1 4
  1 8
  1 8
    0
```

b)
```
H Z E       H Z E
5 3 1 : 3 = 1 7 7
3
2 3
2 1
  2 1
  2 1
    0
```

c)
```
H Z E       H Z E
6 1 2 : 4 = 1 5 3
4
2 1
2 0
  1 2
  1 2
    0
```

d)
```
H Z E       H Z E
4 3 5 : 5 =   8 7
4 0
  3 5
  3 5
    0
```

e)
```
H Z E       H Z E
8 2 2 : 6 = 1 3 7
6
2 2
1 8
  4 2
  4 2
    0
```

f)
```
H Z E       H Z E
9 7 6 : 8 = 1 2 2
8
1 7
1 6
  1 6
  1 6
    0
```

g)
```
H Z E       H Z E
8 3 3 : 7 = 1 1 9
7
1 3
  7
  6 3
  6 3
    0
```

h)
```
H Z E       H Z E
7 4 7 : 3 = 2 4 9
6
1 4
1 2
  2 7
  2 7
    0
```

🔑 78 ~~87~~ ~~119~~ ~~122~~ ~~137~~ ~~153~~ ~~177~~ ~~249~~ ~~379~~

Dezimalzahlen und Stufenzahlen – Multiplikation und Division

Multiplikation und Division mit Stufenzahlen

1

a)
1 · 8 = 8
10 · 8 = 80
100 · 8 = 800
1000 · 8 = 8000

1 · 76 = 76
10 · 76 = 760
100 · 76 = 7600
1000 · 76 = 76000

b)
1 · 3 = 3
10 · 3 = 30
100 · 3 = 300
1000 · 3 = 3000

1 · 41 = 41
10 · 41 = 410
100 · 41 = 4100
1000 · 41 = 41000

2

a)
5 · 10 = 50
3 · 100 = 300
29 · 10 = 290
87 · 100 = 8700
8 · 10 = 80

659 · 100 = 65900
274 · 10 = 2740
63 · 10 = 630
85 · 100 = 8500
426 · 100 = 42600

b)
54 · 100 = 5400
9 · 10 = 90
7 · 100 = 700
28 · 100 = 2800
16 · 10 = 160

400 · 100 = 40000
59 · 100 = 5900
37 · 10 = 370
500 · 10 = 5000
60 · 100 = 6000

3

a)
4 · 20 = 80
23 · 300 = 6900
2 · 40 = 80
11 · 500 = 5500
10 · 60 = 600

13 · 300 = 3900
112 · 40 = 4480
41 · 20 = 820
222 · 400 = 88800
333 · 30 = 9990

b)
8 · 50 = 400
6 · 700 = 4200
2 · 400 = 800
5 · 30 = 150
3 · 800 = 2400

40 · 800 = 32000
7 · 600 = 4200
50 · 30 = 1500
80 · 90 = 7200
8 · 400 = 3200

Dezimalzahlen mit Stufenzahlen multiplizieren

Beim Multiplizieren mit 10 (100, 1000 ...) verschiebt sich das Komma um eine (zwei, drei ...) Stelle(n) nach rechts.

H	Z	E	z	h	t
		0	5	3	4
		5	3	4	
	5	3	4		

·10 ·100

4 Rechne im Kopf und fülle die Multiplikationstabelle aus.

·	10	100	1000	10000
3,3	33	330	3300	33000
0,06	0,6	6	60	600
8,04	80,4	804	8040	80400
0,00045	0,0045	0,045	0,45	4,5
0,5	5	50	500	5000
36,0	360	3600	36000	360000
0,12	1,2	12	120	1200
0,0098	0,098	0,98	9,8	98

5 Fülle die Rechenmauern aus.

a)
8
0,2 | 40
0,02 | 10 | 4
0,02 | 1 | 10 | 0,4

b)
4
0,02 | 200
0,02 | 1 | 200
2 | 0,01 | 100 | 2

6 Schreibe die passenden Aufgaben auf.

a) Mit welcher Zahl muss man 5,4872 multiplizieren, um 5487,2 zu erhalten?

1000

b) Eine Zahl wird mit 10000 multipliziert. Du erhältst 6,04.

0,000604

Dezimalzahlen durch Stufenzahlen dividieren

Beim Dividieren durch 10 (100, 1000 ...) verschiebt sich das Komma um eine (zwei, drei ...) Stelle(n) nach links.

H	Z	E	z	h	t
8	6	7			
	8	5	7		
		8	6	7	

:10 :100

7 Rechne im Kopf und fülle die Divisionstabelle aus.

:	10	100	1000
20,00	2,0	0,2	0,02
350,8	35,08	3,508	0,3508
80000,0	8000	800	80
70	7	0,7	0,07
40324	403,24	40,324	4,0324
0,87	0,087	0,0087	0,00087
50,01	5,001	0,5001	0,05001
5604,7	560,47	56,047	5,6047

8 Fülle die Rechenmauern aus (es wird auch die andere Zahlen als Stufenzahlen dividiert!).

a)

8000
10 | 800
0,5 | 20 | 40
0,1 | 5 | 4 | 10

b)

2400
60 | 40
6 | 10 | 4
6 | 1 | 10 | 0,4

9 Schreibe die passende Aufgabe auf. Rechne.

a) Durch welche Zahl muss man 8634 dividieren, um 0,08634 zu erhalten?

100000

b) Welche Zahl ergibt bei Division durch 1000 die Zahl 0,45?

450

Dezimalzahlen multiplizieren

Dezimalzahlen mit natürlichen Zahlen multiplizieren

Greta, Dana und Ina treffen sich im Café.
Jedes Mädchen bestellt sich eine Apfelschorle zu je 1,80 €.
Wie viel müssen sie bezahlen?

Aufgabe: 1,80 € · 3 = 5,40 €
1. Multipliziere zuerst ohne Komma.
2. Zähle die Stellen nach dem Komma in der Aufgabe.
   Das Ergebnis hat genauso viele Stellen nach dem Komma.
   Setze das Komma im Ergebnis. Überschlage, ob das Ergebnis stimmen kann.

1,80 · 3
5,40

1 Multipliziere schriftlich. Kontrolliere mit dem Taschenrechner.

a) 2,54 · 4 = 10,16
b) 1,87 · 3 = 5,61
c) 16,534 · 9 = 148,806
d) 27,48 · 5 = 137,40
e) 3,87 · 6 = 23,22
f) 6,52 · 7 = 45,64
g) 25,345 · 8 = 202,760
h) 59,31 · 5 = 296,55
i) 7,39 · 2 = 14,78
j) 2,48 · 8 = 19,84
k) 73,135 · 5 = 365,675
l) 52,91 · 4 = 211,64

2 Multipliziere schriftlich.

a) 3,51 · 18
3,51 · 18
3510
2808
63,18

b) 19,53 · 25
19,53 · 25
39060
9765
488,25

c) 289,9 · 55
289,9 · 55
14495 0
14495
15944,5

d) 531,06 · 32
531,06 · 32
1593180
106212
16993,92

Dezimalzahlen dividieren

Dezimalzahlen durch natürliche Zahlen dividieren

Ben, Paul und Ole sitzen im Bistro und haben drei Hamburger und drei Getränke bestellt. Sie müssen 10,17 € bezahlen. Wie viel muss jeder bezahlen?

Aufgabe: 10,17 € : 3 = 3,39 €

1. Dividiere schriftlich wie bei den natürlichen Zahlen.
2. Setze beim Überschreiten des Kommas auch im Ergebnis ein Komma.

```
10,17 : 3 = 3,39
 9
 11
  9
  27
  27
   0
```

1 Rechne schriftlich. Kontrolliere mit dem Taschenrechner.

a)
```
94,24 : 4 = 23,56
8
14
12
 22
 20
  24
  24
   0
```

b)
```
740,4 : 6 = 123,4
6
14
12
 20
 18
  24
  24
   0
```

c)
```
65,25 : 3 = 21,75
6
05
 3
 22
 21
  15
  15
   0
```

d)
```
793,8 : 7 = 113,4
7
09
 7
 23
 21
  28
  28
   0
```

e)
```
636,75 : 5 = 127,35
5
13
10
 36
 35
  17
  15
   25
   25
    0
```

f)
```
847,34 : 2 = 423,67
8
04
 4
 07
  6
  13
  12
   14
   14
    0
```


Negative Zahlen im Alltag

1 Welche Temperatur passt? Verbinde.

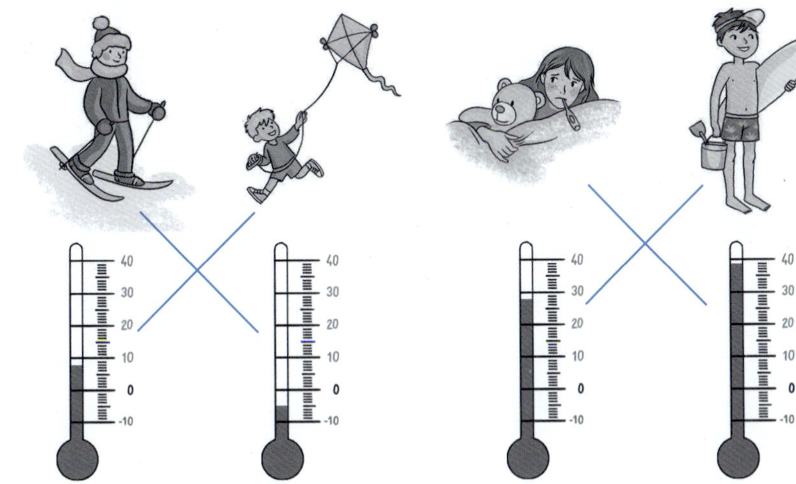

2 Kreise farbig ein: Temperaturen über 0 °C rot, Temperaturen unter 0 °C blau.

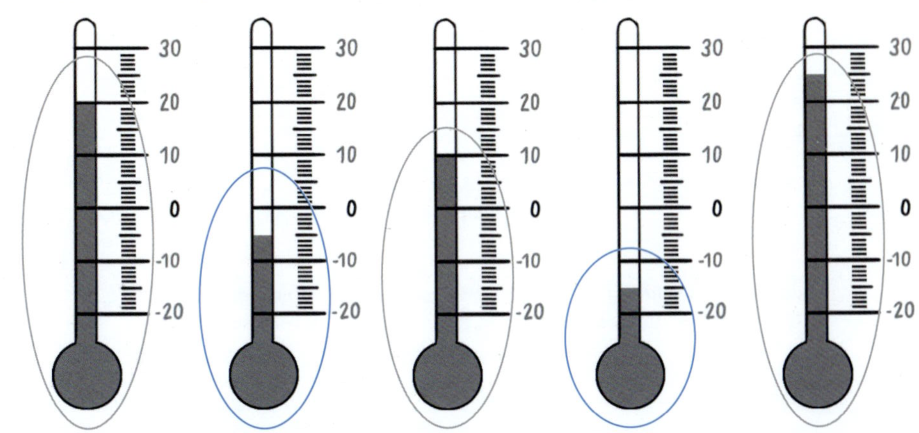

3 Ergänze die Sätze.

Eine Temperatur von –7 °C bedeutet 7 °C unter null.

Eine Temperatur von + 7 °C bedeutet 7 °C über null.

7 °C über null   7 °C unter null

4 Welche Temperatur passt? Verbinde.

Wasser gefriert — Temperatur des Weltalls — Körpertemperatur eines Menschen

+4 °C — 0 °C — −18 °C — 20 °C — −270 °C — 37 °C

Temperatur eines Kühlschranks — Temperatur eines Gefrierschranks — Zimmertemperatur

5 Temperaturen auf der Zugspitze: Welche Temperatur passt zu welchem Monat? Markiere in derselben Farbe.

Februar — Juli — November — Mai

−7°C — −3°C — −12°C — 2°C

6 Markiere farbig: alle Werte im positiven Bereich rot, alle Werte im negativen Bereich blau.

a) Thermometer b) Fahrstuhl c) Meeresspiegel

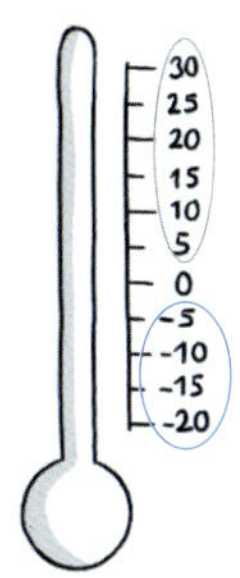

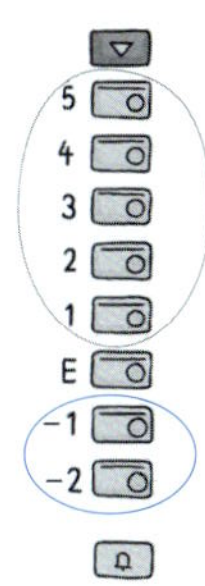

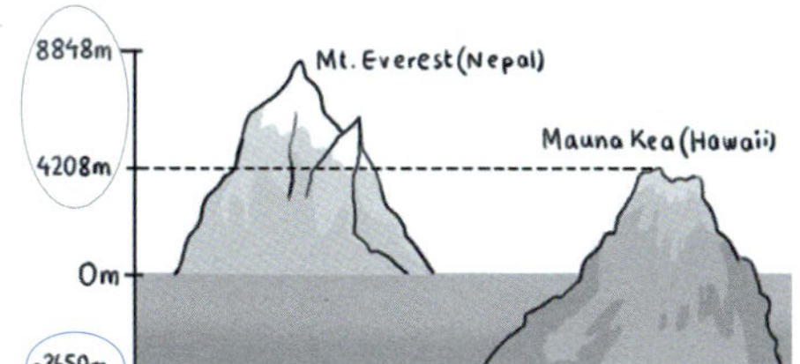

7 Positiv oder negativ? Kreise farbig ein.

+20 € — −10 — −5 °C — 1000 m unter null — 2. Untergeschoss — −500 € — +45 — 37 °C — 300 € Schulden — + 88 — 50 € Guthaben

8 Ergänze die Sätze.

Negative Zahlen sind kleiner als null und haben das Vorzeichen − .
Positive Zahlen sind größer als null und haben das Vorzeichen + .
Die Zahl 0 ist weder negativ noch positiv.

0 — + — − — kleiner — Positive

9 Positiv oder negativ? Ergänze das Vorzeichen.

a) 40 € Guthaben + 40 €
80 m tief − 80 m
20 °C über null + 20 °C

b) 10 °C unter null − 10 °C
7. Obergeschoss + 7
200 € Schulden − 200 €

10 Ordne die Schlüsselwörter richtig zu.

positiv	negativ
plus	minus
hoch	tief
über	unter
Guthaben	Schulden

plus — Schulden — unter — hoch — über — Guthaben — tief — minus

11 In welchen Städten werden Temperaturen unter 0°C vorhergesagt?

Berlin
Kiel
Hamburg
Dresden
Hannover
Rostock

Ganze Zahlen vergleichen und ordnen

1 Welche Temperatur zeigt das Thermometer an?

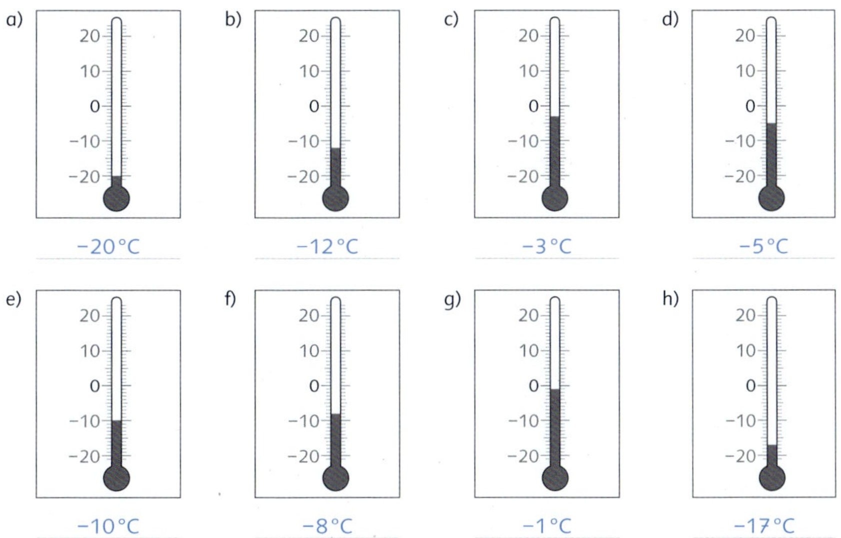

2 Zeichne die Thermometerflüssigkeit passend zur angegebenen Temperatur ein.

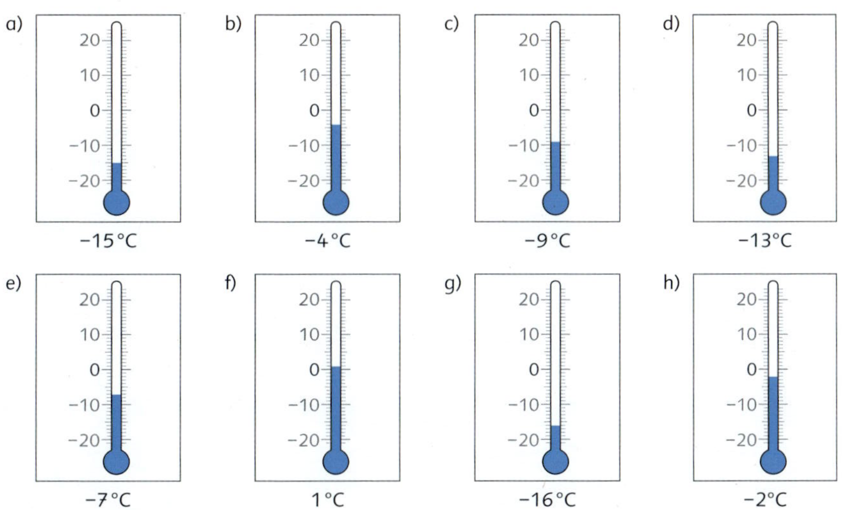

3 Wie heißen die markierten Zahlen? Trage ein.

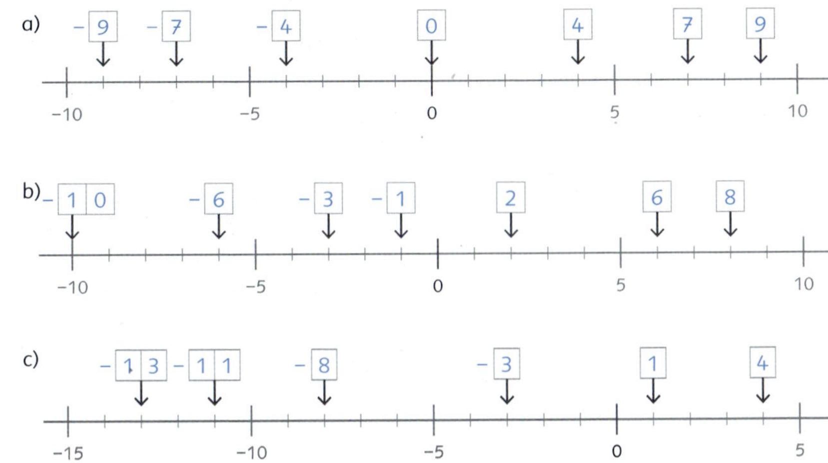

4 Markiere die Zahlen auf der Zahlengeraden.

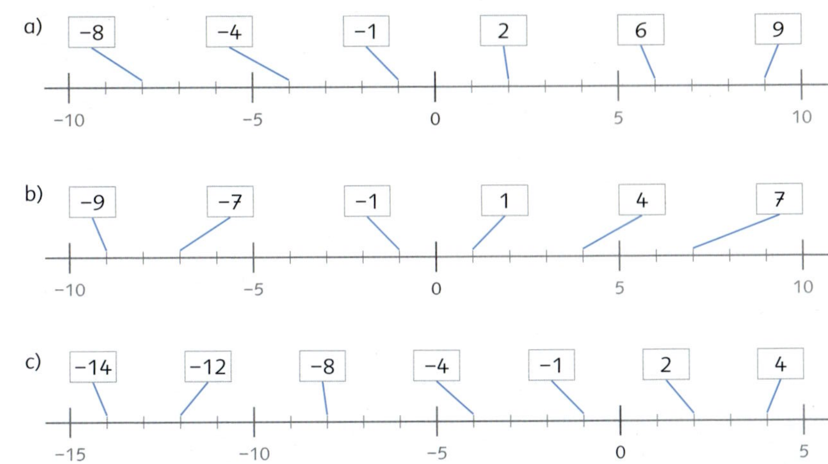

5 Zeichne eine Zahlengerade …

a) … von –5 bis +5.

b) … von –10 bis +5.

6 Was stimmt?

a) Kreuze an.

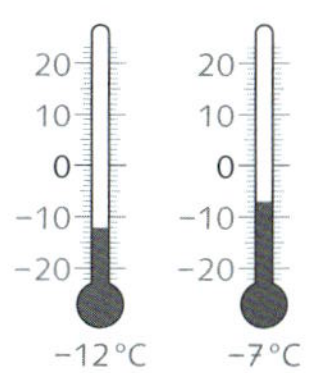

–12 °C liegt auf der Thermometerskala weiter unten als –7 °C, also …

☒ … sind –12 °C kälter als –7 °C.

☐ … sind –12 °C wärmer als –7 °C.

–15 liegt auf der Zahlengeraden weiter links als –5, also …

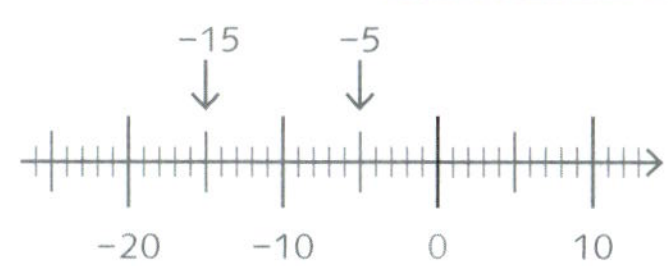

☒ … ist –15 kleiner als –5.

☐ … ist –15 größer als –5.

b) Kreuze an.

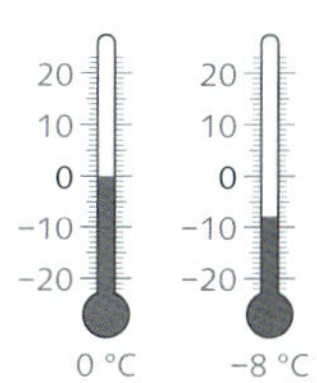

☐ 0 °C sind kälter als –8 °C.

☒ 0 °C sind wärmer als –8 °C.

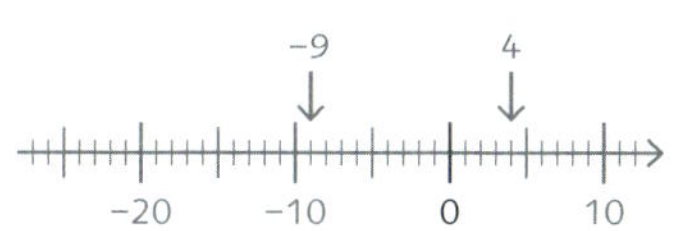

☒ –9 ist kleiner als +4.

☐ –9 ist größer als +4.

Zuordnungen

1 Welche Sehenswürdigkeit gehört zu welcher Stadt? Verbinde.

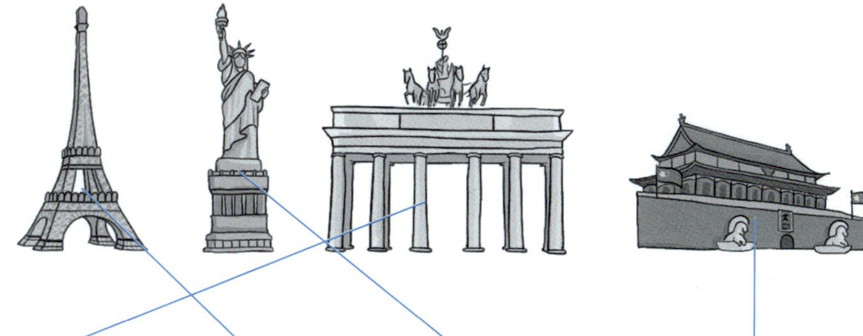

Berlin | Paris | New York | Peking

2 Welches Gerät gehört zu welcher Sportart? Verbinde.

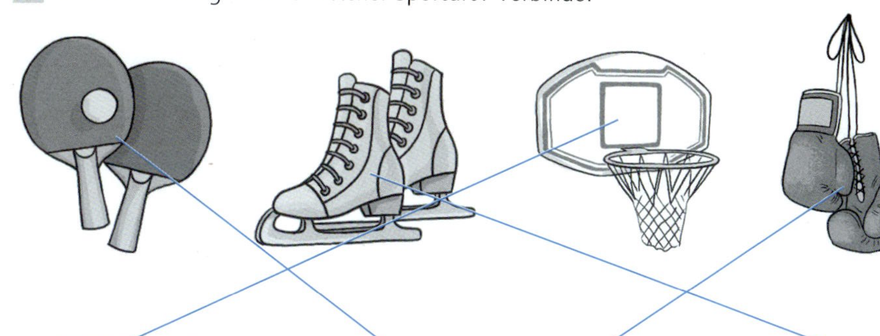

Basketball | Tischtennis | Boxen | Eiskunstlauf

3 Ordne jeder Figur den passenden Begriff zu.

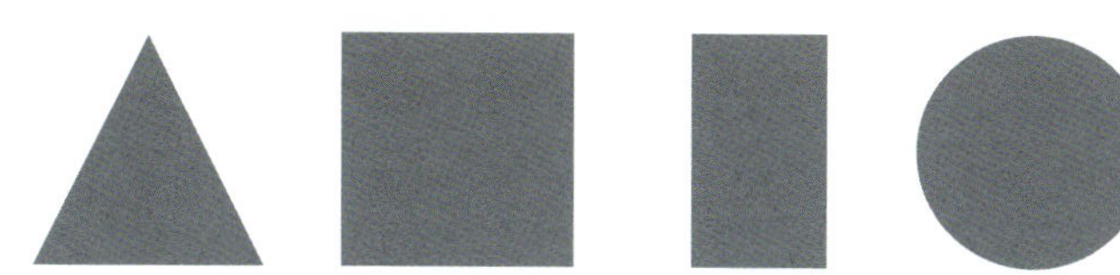

Dreieck | Quadrat | Rechteck | Kreis

Dreieck

Kreis

Quadrat

Rechteck

4 Welche Angabe gehört zu welchem Bild? Verbinde.

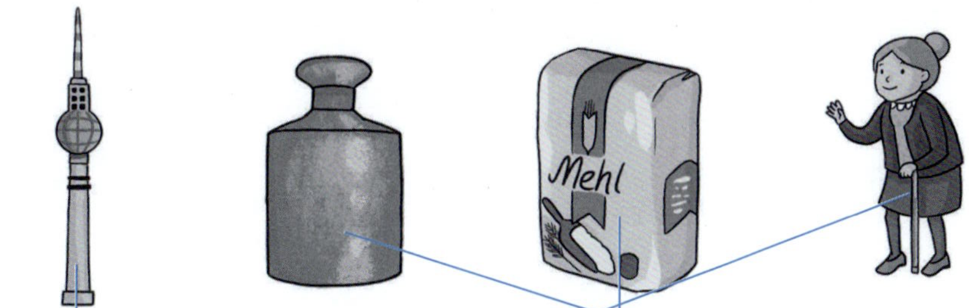

368 m 79 Jahre 1,99 € 5 kg

5 Welcher Preis gehört wozu? Verbinde.

495 € 79 € 3,99 € 1 €

6 Ergänze den Merksatz.

> **Merke** Eine Zuordnung ordnet einer Größe eine (oder mehrere) andere Größen zu:
> Ausgangswert → zugeordneter Wert.
> Beide Werte zusammen sind ein Wertepaar.

Größen | Wertepaar | Zuordnung | Wert

7 Was gehört zusammen? Ordne zu.

Biene →	*summen*	Hund →	bellen
Kuh →	muhen	Pferd →	wiehern

muhen | bellen | wiehern | summen

8 Ordne die fehlenden Preise zu.

9 € | 1,50 € | 80 ct | 28 € | 100 € | 80 €

a)

	Preis
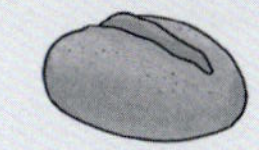	40 ct
	80 ct

b)

	Preis
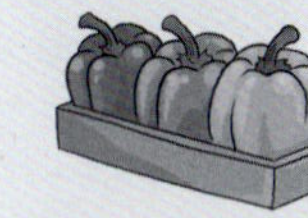	3 €
	9 €

c)

	Preis
	7 €
	28 €

d)

	Preis
	50 €
	100 €

e)

	Preis
	20 €
	80 €

f)

	Preis
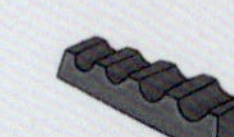	50 ct
	1,50 €

Zuordnungen und ihre Darstellung

1 Eine Zuordnung kann auf verschiedene Weisen dargestellt werden.
Ordne die Begriffe richtig zu.

Obst	Preis pro kg
Äpfel	2,99 €
Weintrauben	3,98 €
Erdbeeren	4,99 €
Melone	1,79 €
Banane	1,99 €

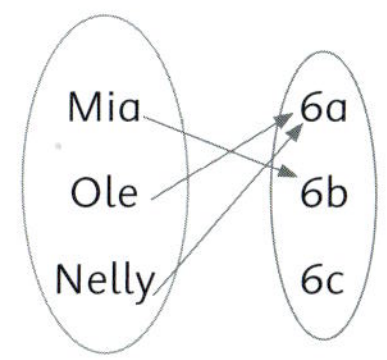

mit Worten

als Pfeildiagramm

in einer Tabelle

im Diagramm

in einer Tabelle — als Pfeildiagramm

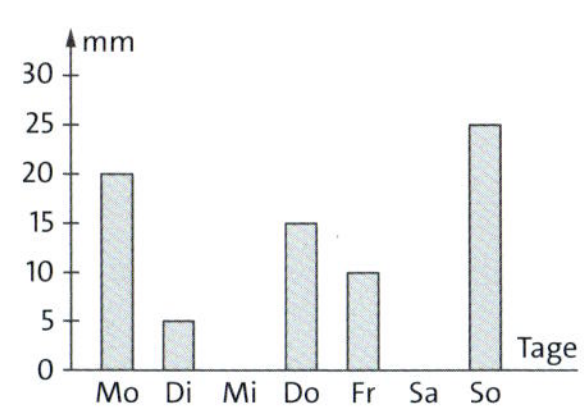

Lina hat zwei Geschwister.
Ben hat eine Schwester.
Zidan hat keine Geschwister.
Melissa hat drei Brüder.
Mert hat zwei Brüder.
Marie hat vier Geschwister.

im Diagramm — mit Worten

2 Wo leben die Tiere? Ergänze die Pfeile.

a)

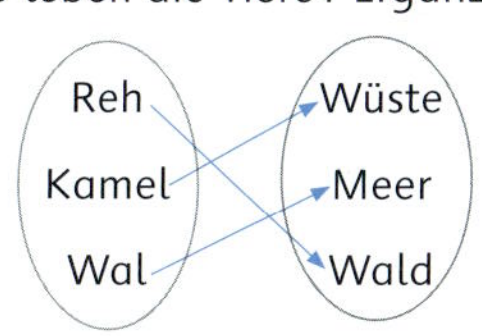

b)

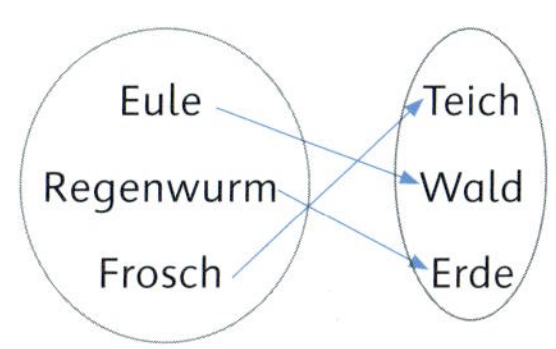

3 Schreibe die Zuordnung mit einem Pfeil.

a) Jedem Menschen wird ein Name zugeordnet. *Mensch → Name*
b) Jedem Schulkind wird eine Klasse zugeordnet. Schulkind → Klasse
c) Jedem Land wird eine Hauptstadt zugeordnet. Land → Hauptstadt
d) Jeder Ware wird ein Preis zugeordnet. Ware → Preis
e) Jedem Fluss wird eine Länge zugeordnet. Fluss → Länge

4 a) Welcher Klasse sind die Kinder zugeordnet? Lies ab und ergänze die Sätze.

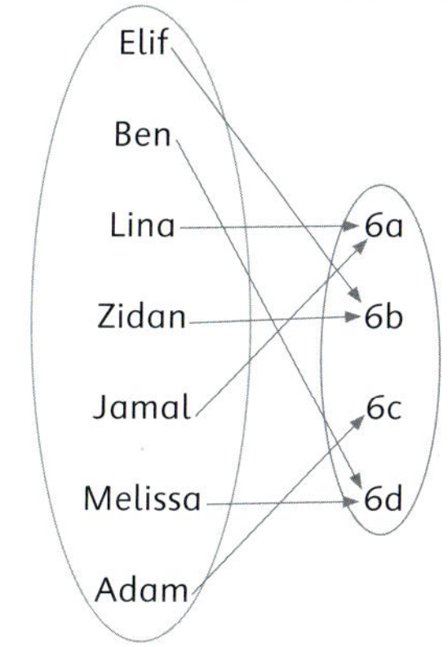

Elif geht in die Klasse *6b*.
Ben geht in die Klasse 6d.
Lina geht in die Klasse 6a.
Zidan geht in die Klasse 6b.
Jamal geht in die Klasse 6a.
Melissa geht in die Klasse 6d.
Adam geht in die Klasse 6c.

b) Welcher Klasse sind die Kinder zugeordnet? Lies ab und ergänze die Pfeile.

Linus geht in die Klasse 6c.
Emma geht in die Klasse 6a.
Mahan geht in die Klasse 6a.
Alina geht in die Klasse 6d.
Emre geht in die Klasse 6d.
Marie geht in die Klasse 6c.
Mert geht in die Klasse 6b.

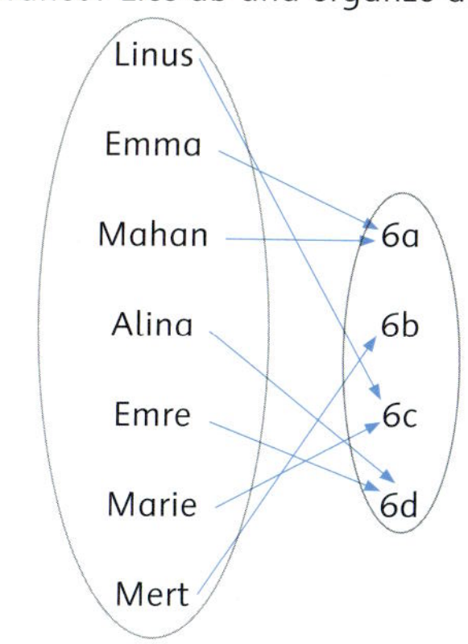

5 Lies aus dem Diagramm ab. Ergänze die Sätze.

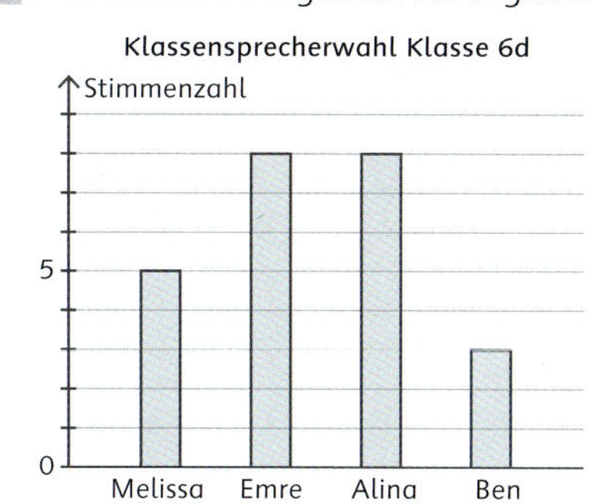

Das Diagramm zeigt das Ergebnis der Klassensprecherwahl der Klasse 6d.

Jedem Namen ist die Anzahl der Stimmen zugeordnet.

Emre hat 8 Stimmen erhalten.

Melissa hat 5 Stimmen erhalten.

Ben hat die wenigsten Stimmen erhalten.

6 Welche Tabelle gehört zu welchem Satz? Kreise in derselben Farbe ein.
Ergänze die Tabellen.

Klasse	6a	6b	6c
Klassenraum	215	119	108

Kind	Mia	Emre	Ling-Ling
Augenfarbe	grau	grün	braun

Gemüse	Tomate	Gurke	Mais
Farbe	rot	grün	gelb

Berg	Zugspitze	Mont Blanc	Mount Everest
Höhe	2962 m	4810 m	8848 m

Jedem Kind ist seine Augenfarbe zugeordnet.

Jeder Klasse ist ihr Klassenraum zugeordnet.

Jedem Berg ist seine Höhe zugeordnet.

Jedem Gemüse ist seine Farbe zugeordnet.

7 Ordne die Begriffe richtig zu.

Spinne →	8 Beine	(Spinne ǀ 8 Beine)
Ausgangswert	zugeordneter Wert	Wertepaar

Ausgangswert | Wertepaar | zugeordneter Wert

Volumeneinheiten

Ein Stecknadelkopf ist nur etwa 1 mm³ groß.
Wie viele Stecknadelköpfe haben zusammen ungefähr ein Volumen von 1 cm³?

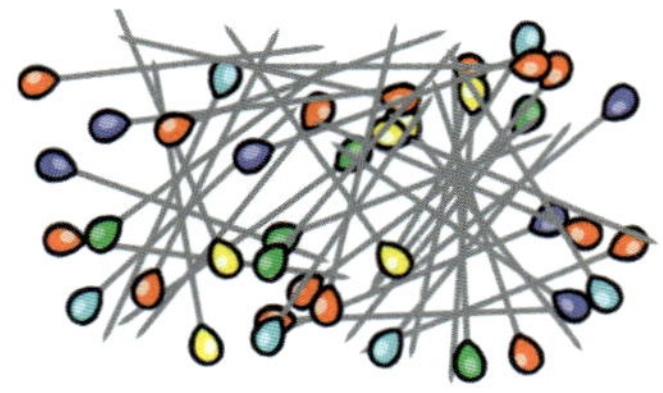

1 m³ = 1 000 dm³

1 dm³ = 1 000 cm³

1 cm³ = 1 000 mm³

Die Umwandlungszahl für Raummaße ist immer 1 000.

1 Schreibe in die Stellenwerttafel und rechne in die nächstgrößere Einheit um.

Wenn du in die nächstgrößere Einheit umwandelst, dann musst du durch 1000 teilen.

	m³			dm³			cm³			mm³			
5 152 mm³									5	1	5	2	*5,152 cm³*
9 475 cm³													
6 789 dm³													
23 489 mm³													
75 324 cm³													
54 961 m³													
647 523 cm³													
123 567 mm³													

2 Schreibe in die Stellenwerttafel und rechne in die nächstkleinere Einheit um.

Wenn du in die nächstkleinere Einheit umwandelst, dann musst du mit 1000 multiplizieren.

	m³			dm³			cm³			mm³			
3,785 cm³									3	7	8	5	*3 785 mm³*
9,353 dm³													
3,567 m³													
25,430 cm³													
67,208 m³													
11,883 dm³													
0,429 m³													
0,053 cm³													

Volumen von Würfeln

1 Diese Körper sind verschieden, aber haben doch etwas gemeinsam. Beschreibe.

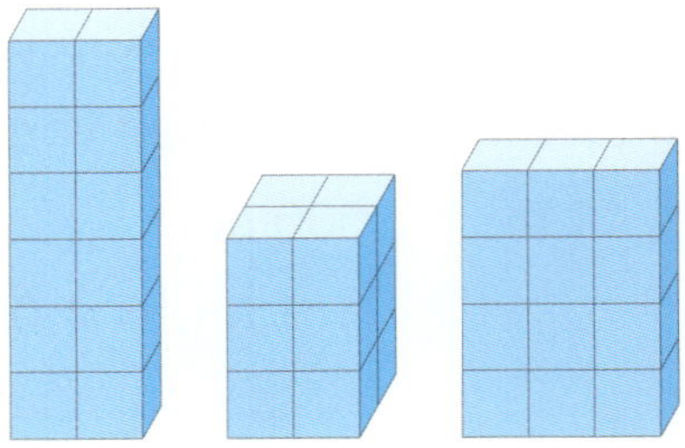

Volumen mit Zentimeterwürfeln bestimmen

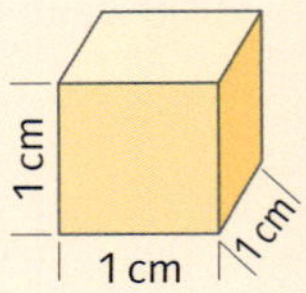

Ein Würfel mit der Kantenlänge 1 cm heißt Zentimeterwürfel.
Ein Zentimeterwürfel hat ein Volumen von 1 cm^3.

ein Kubikzentimeter

So bestimmst du das Volumen eines Körpers:

Die obere Lage des Körpers besteht aus $4 \cdot 3 = 12$ Zentimeterwürfeln.
Die untere Lage des Körpers besteht auch aus 12 Zentimeterwürfeln.
Der Körper besteht also aus 24 Zentimeterwürfeln.
Er hat das Volumen 24 cm^3.

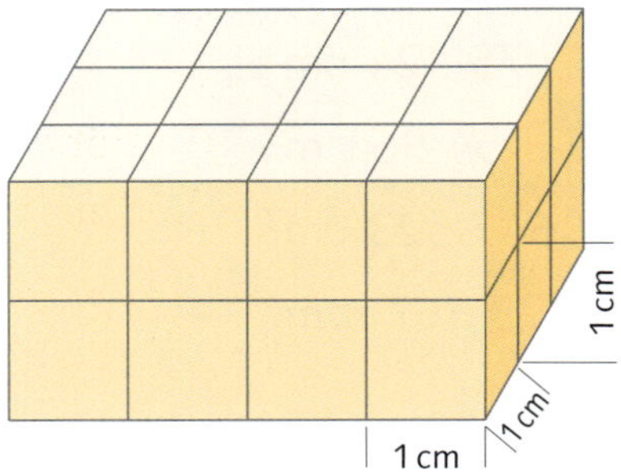

2 Diese Körper sind aus Zentimeterwürfeln gebaut. Aus wie vielen Würfeln bestehen sie? Wie groß ist ihr Volumen?

a)
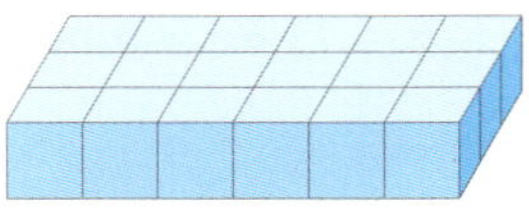

_____ Würfel
_____ cm^3

b)
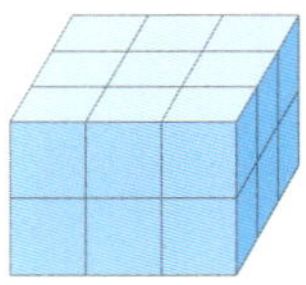

_____ Würfel
_____ cm^3

c)
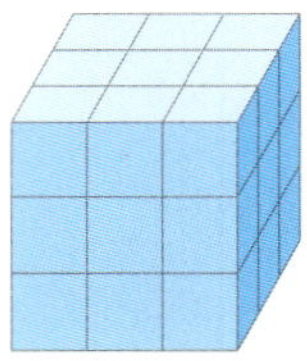

_____ Würfel
_____ cm^3

d)
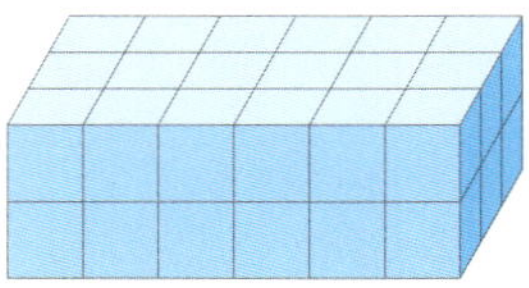

_____ Würfel
_____ cm^3

e)
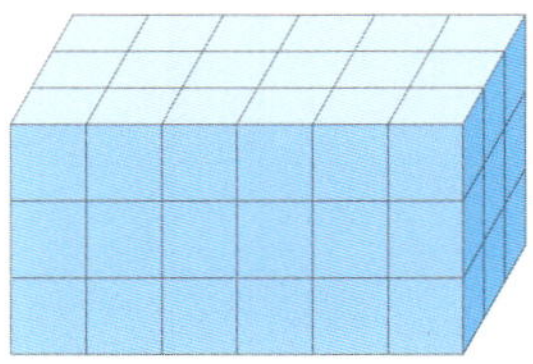

_____ Würfel
_____ cm^3

3 Diese Würfel sind aus Zentimeterwürfeln gebaut. Aus wie vielen Zentimeterwürfeln bestehen sie? Wie groß ist ihr Volumen?

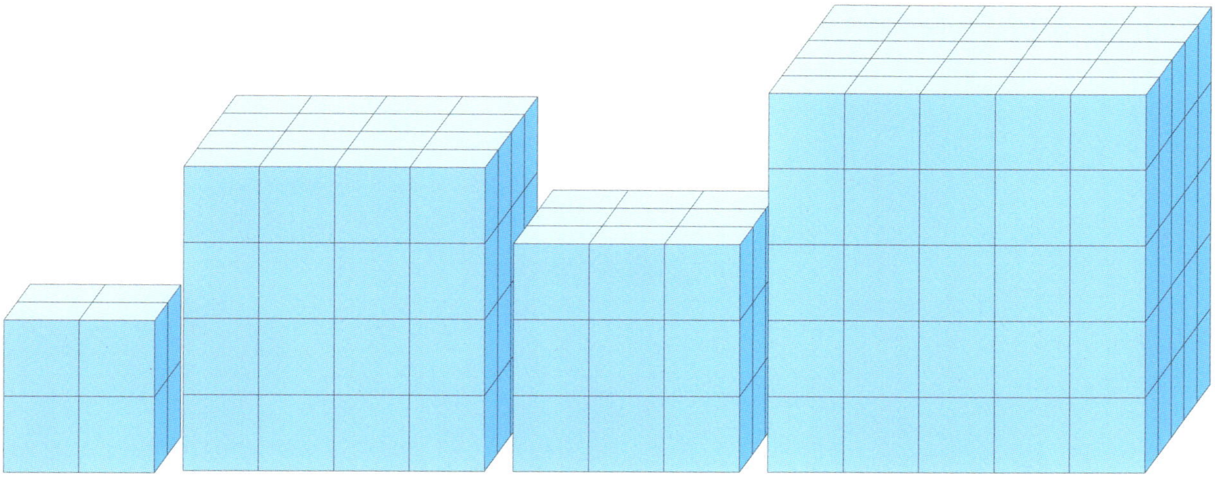

______ Würfel	______ Würfel	______ Würfel	______ Würfel
______ cm^2	______ cm^2	______ cm^2	______ cm^2

V = Länge · Breite · Höhe
V = Grundfläche · Höhe

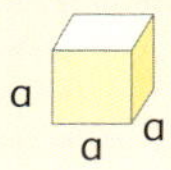

$V_W = a \cdot a \cdot a$

4 Ein Würfel hat eine Kantenlänge von 2 cm.

a) Ergänze die Maße an der Zeichnung.

b) Berechne dann das Volumen.

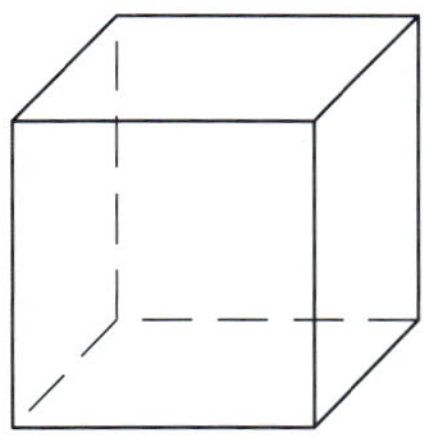

5 Ein Würfel hat eine Kantenlänge von 5 cm.

a) Ergänze die Maße an der Zeichnung.

b) Berechne dann das Volumen.

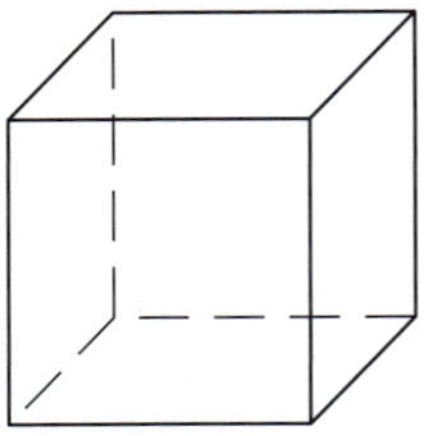

6 Berechne das Volumen der Würfel. Fülle die Tabelle aus. Kontrolliere mit dem Taschenrechner.

a)

Kantenlänge a	3 cm	4 cm	18 m	39 m
Volumen V				

b)

Kantenlänge a	14 dm	17 dm	9 cm	87 cm
Volumen V				

Volumen von Quadern

V = Länge · Breite · Höhe
V = Grundfläche · Höhe

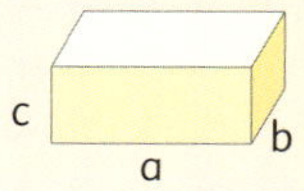

$V_Q = a \cdot b \cdot c$

Ich kann das Volumen eines Quaders auch berechnen.

1 Ein Quader hat die Kantenlängen a = 1 cm; b = 2 cm und c = 4 cm.

a) Ergänze die Maße an der Zeichnung.

b) Berechne dann das Volumen.

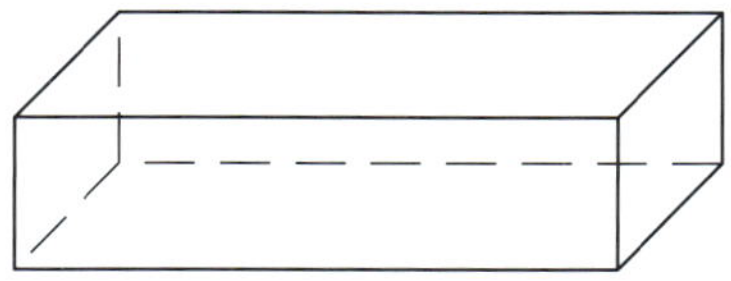

2 Gib die Kantenlängen der Quader in cm an und berechne das Volumen in cm^3.

	Länge a in cm	Breite b in cm	Höhe c in cm	Volumen V in cm^3
a) a = 1,5 dm; b = 0,8 dm; c = 0,5 dm				
b) a = 4,2 m; b = 0,6 m; c = 1,2 m				
c) a = 24 dm; b = 120 mm; c = 0,7 m				

Dezimalzahlen darstellen

Zahlen mit einem Komma werden **Dezimalzahlen** genannt.

1 Wo findest du im Alltag Dezimalzahlen? Markiere farbig.

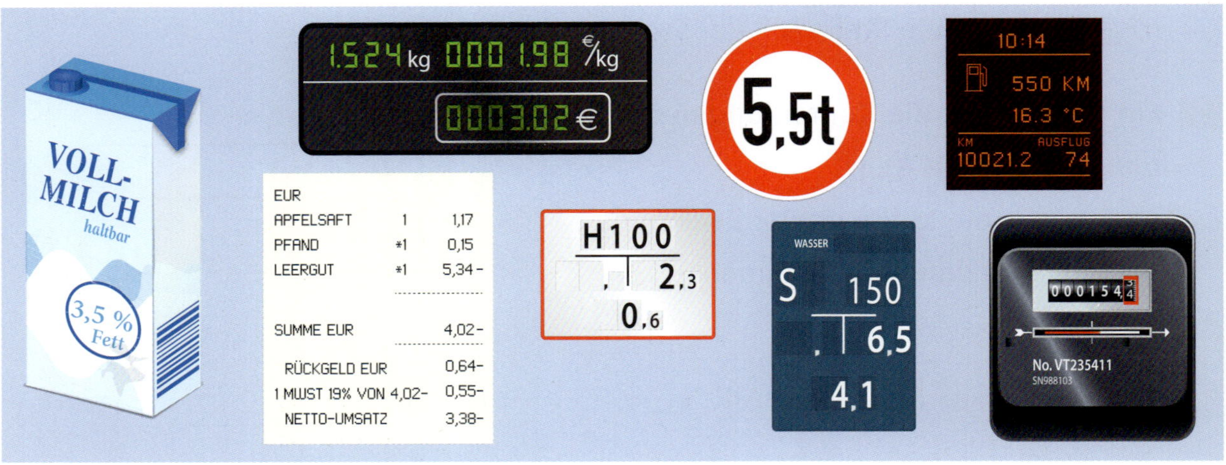

Dezimalzahlen sind Bruchzahlen in einer anderen Schreibweise.
Man nennt sie deshalb auch **Dezimalbrüche**.
$\frac{568}{1000}$ = 0,568, denn 568 geteilt durch 1 000 ist 0,568.

null Komma fünf sechs acht

Dezimalzahlen in der Stellenwerttafel

2 Um Dezimalzahlen in eine Stellenwerttafel einzutragen, erweiterst du für die Ziffern nach dem Komma die Stellenwerttafel nach rechts. Ergänze die fehlenden Einheiten.

a) $\frac{5}{10}$ cm 5 mm = $\frac{5}{10}$ cm = 0,5 cm

Einer E cm	Zehntel z ____
0	5

b)  6 ct = $\frac{6}{100}$ € = 0,06 €

Einer E ____ 	Zehntel z ____ 	Hundertstel h ____ 
0	0	6

c) 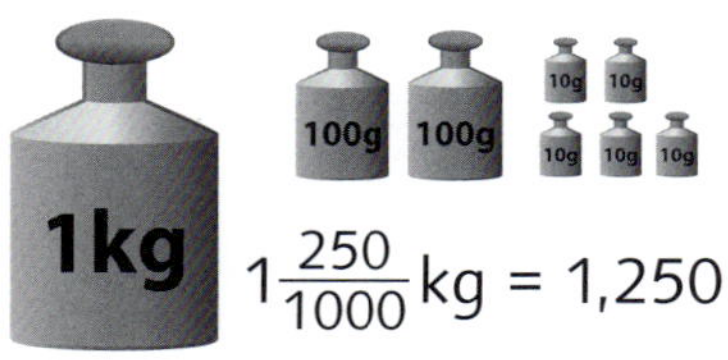 $1\frac{250}{1000}$ kg = 1,250 kg

Einer E ____ 	Zehntel z ____ 	Hundertstel h ____ 	Tausendstel t ____
1	2	5	0

Dezimalzahlen in der Stellenwerttafel

3 a) Ergänze die Merksätze.

Das Komma steht zwischen ______________ und ______________.

Die Stellen nach dem Komma heißen ______________________.

b) Wie heißen die Stellen in der Stellenwerttafel?

z: ______________ h: ______________ t: ______________

Nachkommastellen | Einer | Zehntel | Zehntel | Hundertstel | Tausendstel

4 Trage in die Stellenwerttafel ein.

a)

	H	Z	E	z	h	t
3 51						
17 6						
193 258						
2 943						

b)

	H	Z	E	z	h	t
26 01						
843 5						
7 6						
2						

5 Schreibe die Kommazahl.

a)

H	Z	E	z	h	t	
	3	9	5	2		______
		1	3			______
7	0	3	4	4	1	______
	2	8	1			______

b)

H	Z	E	z	h	t	
4	5	0	2			______
		3	1	2	3	______
	9	6	7			______
	4	3	5	8		______

6 Schreibe in die Stellenwerttafel. Wie heißt die Kommazahl?

a)

	H	Z	E	z	h	t	
3E 6z 4h							______
5H 8Z 2E 3z							______
9Z 2E 8z 6h							______
4E 3z 8h 8t							______

b)

	H	Z	E	z	h	t	
2h 1E 3z							______
9t 4Z 3E 8h 7z							______
6E 5h 8Z 4H 1z							______
7z 5E 3h 1t							______

7 Schreibe in die Stellenwerttafel.

a)

	H	Z	E	z	h	t
25,37						
9,8						
1,214						
672,5						
83,102						
19						

b)

	H	Z	E	z	h	t
2,5						
71,12						
600,54						
3						
55,01						
397,4						

8 Schreibe die Kommazahl.

a)

H	Z	E	z	h	t	
3	8	5	6			
	1	9	0	4	7	
		2	4	2	1	
	4	3	9	5		
7	5	0	3	7	8	
		6	6	6		

b)

H	Z	E	z	h	t	
	2	9	3	1	4	
8	0	4	0	0	7	
		6	7	5		
	9	3	4	6		
		1	4	2	8	
	7	5				

9 Schreibe in die Stellenwerttafel und als Kommazahl.

a)

	H	Z	E	z	h	t	
5Z 4E 1z							
2H 8Z 3E 9z							
7E 5z 3h 2t							
9Z 0E 4z 6h							
6H 0Z 2E 8z							

b)

	H	Z	E	z	h	t	
4t 3z 8h 7E							
5E 9h 3z 4t 1Z							
2h 4Z 3H 9z 0E							
7z 3t 0E 8h							
9Z 1h 1t 6E 1z 1H							

10 Was gehört zusammen? Verbinde.

5E 2z 4h — 2E 5z 4h — 5Z 2E 4z — 4E 2z 5h

4,25 — 52,4 — 5,24 — 2,54

Dezimalzahlen und Brüche

Man kann Brüche in Dezimalzahlen umwandeln und umgekehrt.

Vom Bruch zur Dezimalzahl

Brüche mit den Nennern 10, 100 und 1000 kann man leicht als Dezimalzahl schreiben:

$\frac{1}{10} = 0{,}1 \qquad \frac{1}{100} = 0{,}01 \qquad \frac{1}{1000} = 0{,}001$

1 Ergänze.

$\frac{2}{10} =$ 0,2

$\frac{6}{100} =$ ____

Andere Brüche kann ich mit dem Taschenrechner in Dezimalzahlen umwandeln.

$\frac{2}{5}$ bedeutet auch: 2 geteilt durch 5. Das kann ich in den Taschenrechner eintippen.

Von der Dezimalzahl zum Bruch

Die Stellen nach dem Komma heißen Zehntel, Hundertstel, …

Zehntel und Hundertstel sind doch Brüche. Dann kann ich das auch als Bruch schreiben.

$0{,}5 = \frac{5}{10}$

1 Stelle nach dem Komma — **1** Null

$0{,}06 = \frac{6}{100}$

2 Stellen nach dem Komma — **2** Nullen

$0{,}017 = \frac{17}{1000}$

3 Stellen nach dem Komma — **3** Nullen

2 Ergänze.

$0{,}7 = \frac{7}{\square\square}$

$0{,}04 = \frac{4}{\square\square\square}$

$0{,}028 = \frac{28}{\square\square\square\square}$

Vom Bruch zur Dezimalzahl

3 Schreibe als Dezimalzahl.

a)
$\frac{2}{10}$ = 0,2
$\frac{4}{10}$ = ______
$\frac{9}{10}$ = ______
$\frac{7}{10}$ = ______
$\frac{3}{10}$ = ______
$\frac{1}{2}$ = ______
$\frac{14}{10}$ = ______

b)
$\frac{31}{100}$ = ______
$\frac{23}{100}$ = ______
$\frac{68}{100}$ = ______
$\frac{99}{100}$ = ______
$\frac{57}{100}$ = ______
$\frac{5}{100}$ = ______
$\frac{10}{100}$ = ______

c)
$\frac{756}{1000}$ = ______
$\frac{531}{1000}$ = ______
$\frac{427}{1000}$ = ______
$\frac{53}{1000}$ = ______
$\frac{48}{1000}$ = ______
$\frac{7}{1000}$ = ______
$\frac{100}{1000}$ = ______

4 Wie heißen die Stellen in der Stellenwerttafel?

H	Z	E	z	h	t

z: ______

h: ______

t: ______

5 Was gehört zusammen? Markiere in derselben Farbe.

5 h $\frac{2}{1000}$ $\frac{8}{1000}$ 5 t $\frac{2}{100}$ $\frac{2}{10}$

$\frac{8}{10}$ 8 z

5 z $\frac{5}{100}$ 2 h

2 t $\frac{5}{1000}$ 2 z

$\frac{5}{10}$ 8 h 8 t $\frac{8}{100}$

Von der Dezimalzahl zum Bruch

6 Schreibe als Bruch.

a) 0,7 = $\frac{7}{10}$
0,5 =
0,3 =
0,8 =
0,4 =
0,9 =

b) 0,83 = $\frac{83}{100}$
0,15 =
0,59 =
0,67 =
0,35 =
0,99 =

c) 0,249 = $\frac{249}{1000}$
0,341 =
0,852 =
0,734 =
0,193 =
0,978 =

7 Was gehört zusammen? Markiere in derselben Farbe.

a)

0,2	0,02	0,002
2 h	2 z	2 t
$\frac{2}{100}$	$\frac{2}{1000}$	$\frac{2}{10}$

z steht für Zehntel,
h für Hundertstel
und t für …

b)

0,07	0,077	0,7	0,007
77 t	7 h	7 z	7 t
$\frac{7}{1000}$	$\frac{7}{10}$	$\frac{7}{100}$	$\frac{77}{1000}$

8 Schreibe als Bruch. Kürze so weit es geht.

a) 0,25 m = $\frac{1}{4}$ m
0,1 t = t

b) 0,2 kg = kg
0,5 g = g

c) 0,4 l = l
0,75 km = km

Dezimalzahlen am Zahlenstrahl

Dezimalzahlen auf dem Zahlenstrahl darstellen

1 Bei dieser Aufgabe sind verschiedene Antworten möglich.

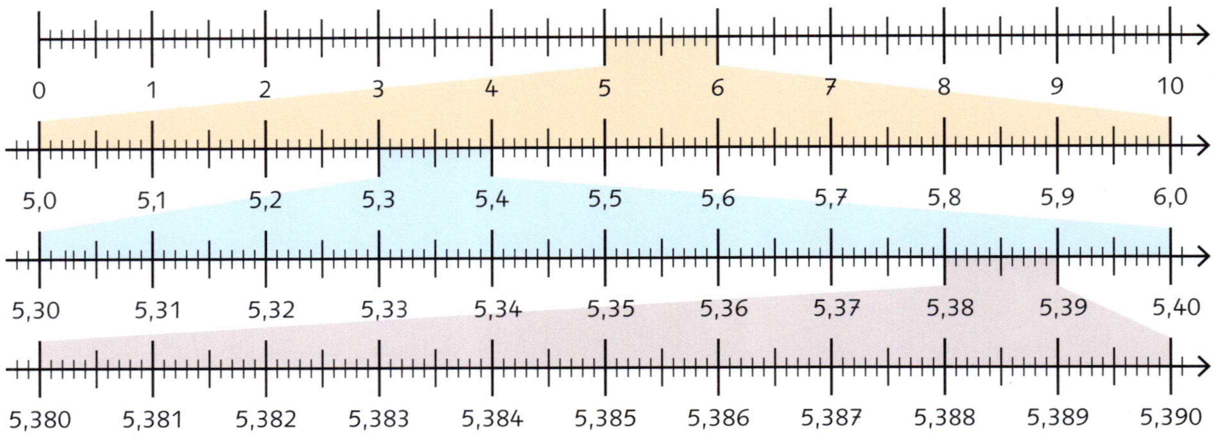

a) Schreibe fünf Zahlen, die größer sind als 5,3. ______

b) Schreibe fünf Zahlen, die kleiner sind als 5,39. ______

2 Beschrifte den Zahlenstrahl.

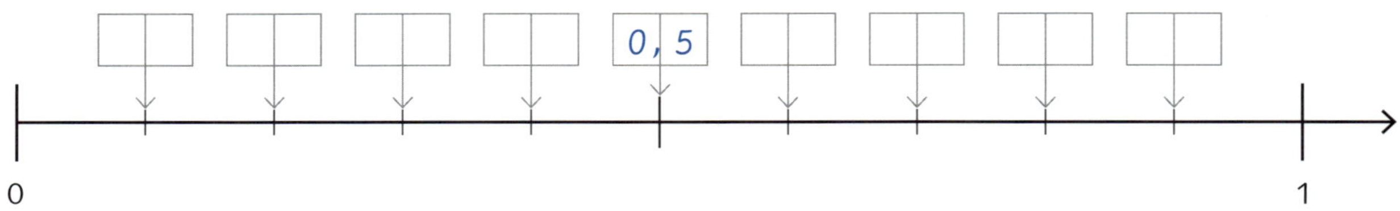

3 a) Zähle von 0,1 bis 0,2 in Hundertstelschritten. Sprich die Zahlen. Schreibe auf.

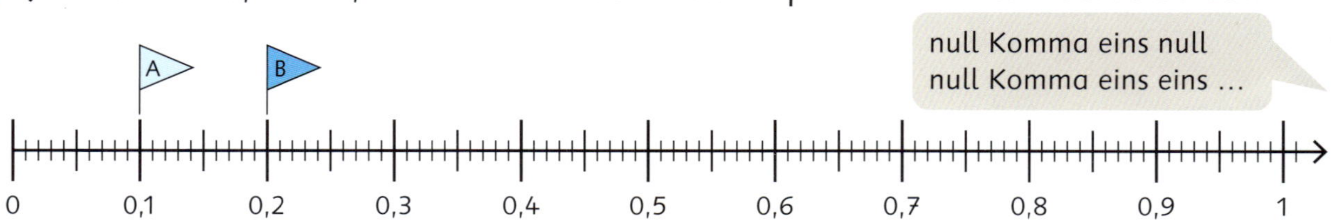

0,10 0,11 ______

b) Zähle von 0,5 bis 0,6 in Hundertstelschritten. Sprich die Zahlen. Schreibe auf.

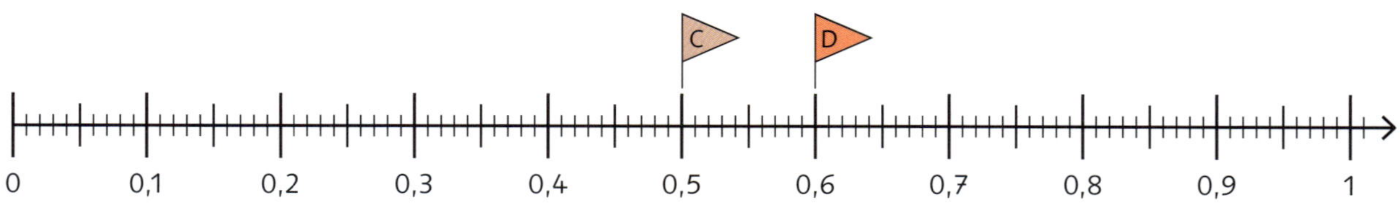

0,50 0,51 ______

4 Markiere auf dem Zahlenstrahl folgende Zahlen.

a) 0,16 b) 0,12 c) 0,19 d) 0,08
e) 0,03 f) 0,07 g) 0,15 h) 0,23

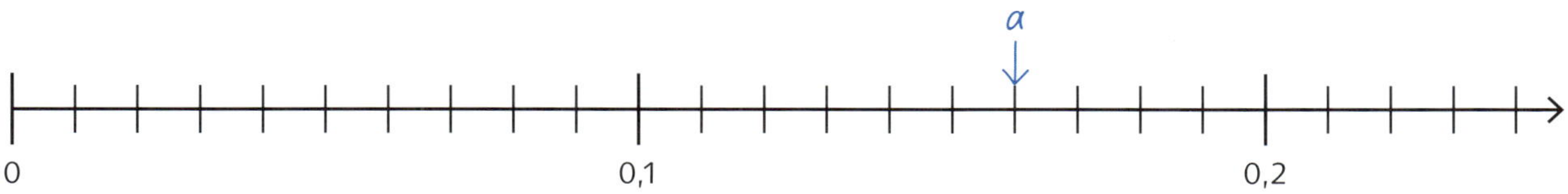

5 Lies die markierten Zahlen ab. Achte dabei auf die Einteilung des Zahlenstrahls.

a)
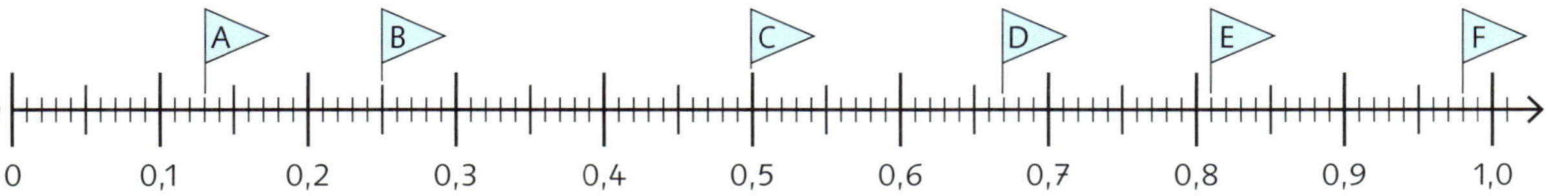

A = ______ B = ______ C = ______
D = ______ E = ______ F = ______

b)
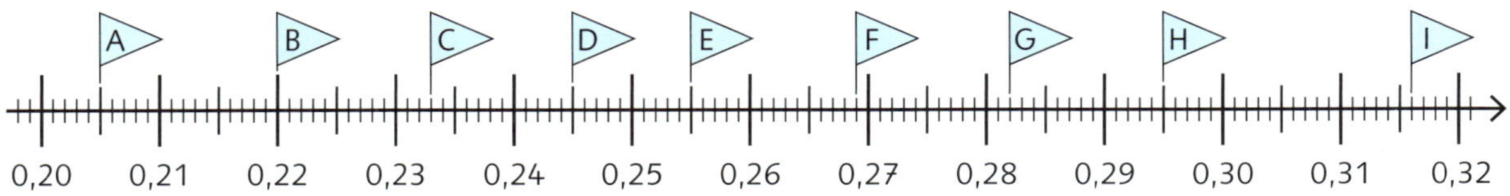

A = ______ B = ______ C = ______
D = ______ E = ______ F = ______
G = ______ H = ______ I = ______

6 Markiere auf dem Zahlenstrahl folgende Zahlen.

a) 3,02 b) 3,06 c) 3,08 d) 3,12
e) 3,15 f) 3,18 g) 3,22 h) 3,23

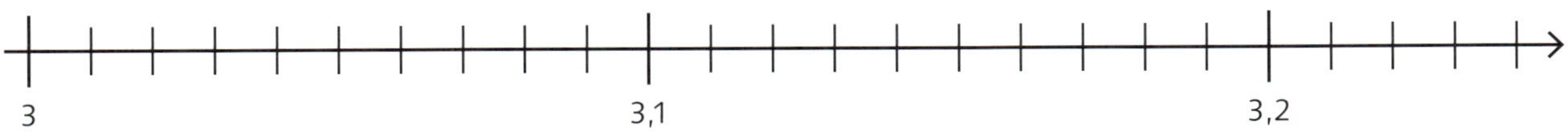

7 Zeichne einen passenden Zahlenstrahlausschnitt und markiere folgende Dezimalzahlen:

2,3 2,4 2,35 2,38 2,37 2,40 2,32

Runden von Dezimalzahlen

Dezimalzahlen werden nach der gleichen Rundungsregel wie natürliche Zahlen gerundet:
Bei 0, 1, 2, 3 oder 4 runde ich ab. Bei 5, 6, 7, 8 oder 9 runde ich auf.

8 Runde auf Ganze.

a) 7,6 ≈ 8
18,1 ≈ ______
5,4 ≈ ______
23,8 ≈ ______

b) 5,23 ≈ 5
7,94 ≈ ______
16,18 ≈ ______
95,07 ≈ ______

c) 14,801 ≈ 15
2,463 ≈ ______
87,119 ≈ ______
6,584 ≈ ______

9 Runde auf ganze Kilogramm.

≈ 3 kg ≈ ______ ≈ ______ ≈ ______ ≈ ______

10 Wie lang sind die Strecken? Schreibe als Kommazahl (runde auf ganze Zentimeter).

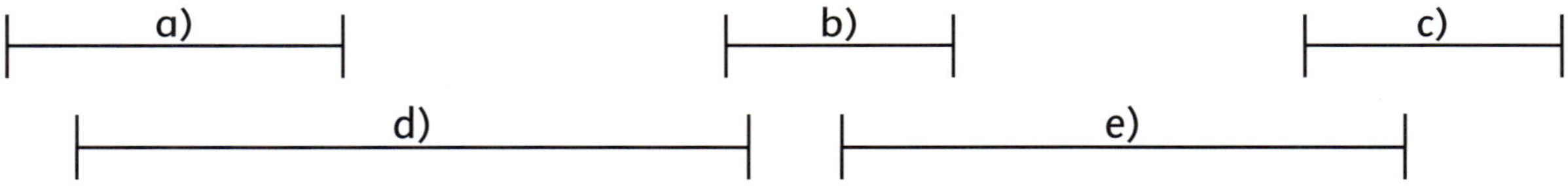

a)	b)	c)	d)	e)
3,4 cm				
≈	≈	≈	≈	≈

11 Runde auf die angegebene Stelle.

	Zehner	Einer	Zehntel	Hundertstel
264,234				
4271,581				
300,643				
9673,008				
4,789				

Kennzeichne dir zuerst die Stelle, auf die gerundet werden soll.

Dezimalzahlen vergleichen und ordnen

Dezimalzahlen werden der Größe nach verglichen, indem man ihre Ziffern stellenweise von links nach rechts miteinander vergleicht.

8,237
8,254
8,237 < 8,254

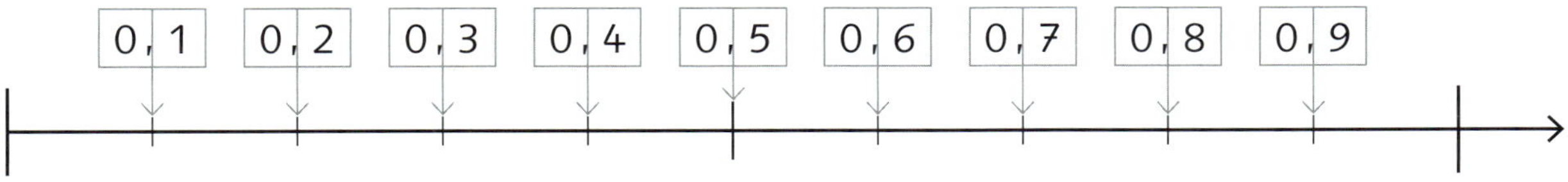

1 Welche Zahl ist größer? Suche am Zahlenstrahl. Setze >, < oder = ein.

a) 0,5 ☐ 0,7	b) 0,2 ☐ 0,1	c) 0,6 ☐ 0,1	d) 0 ☐ 1
0,9 ☐ 0,3	0,8 ☐ 0,4	0,1 ☐ 1	0,8 ☐ 0,8
0,7 ☐ 0,6	0,9 ☐ 1	0,4 ☐ 0,5	0,6 ☐ 0,9

2 a) Ordne der Größe nach. Beginne mit der kleinsten Zahl.

0,5 0,7 0,1 0,8 1 0,3 0

____ < ____ < ____ < ____ < ____ < ____ < ____

b) Ordne der Größe nach. Beginne mit der größten Zahl.

0,4 0 0,6 1 0,9 0,1 0,2

____ > ____ > ____ > ____ > ____ > ____ > ____

3 Welche Zahl ist größer? Suche am Zahlenstrahl. Setze >, < oder = ein.

a) 0,3 ☐ 0,8	b) 0,4 ☐ 0,4	c) 0,9 ☐ 0,5	d) 0,1 ☐ 0,7
1 ☐ 0,2	0,6 ☐ 0,3	0,1 ☐ 1	0,5 ☐ 0,9
0,7 ☐ 0,7	0,8 ☐ 0	0,3 ☐ 0,9	0,5 ☐ 0,2

4 Vergleiche. Setze die richtigen Zeichen ein: >, < oder =.

a) 0,1 ☐ 0,01	b) 0,8 ☐ 0,80	c) 0,123 ☐ 0,231
0,340 ☐ 0,3400	0,54 ☐ 0,45	1,204 ☐ 1,203
1,17 ☐ 1,107	9,6209 ☐ 9,621	1,32 ☐ 1,321

5 Vergleiche. >, < oder =? Nutze die abgebildeten Zahlenstrahlen.

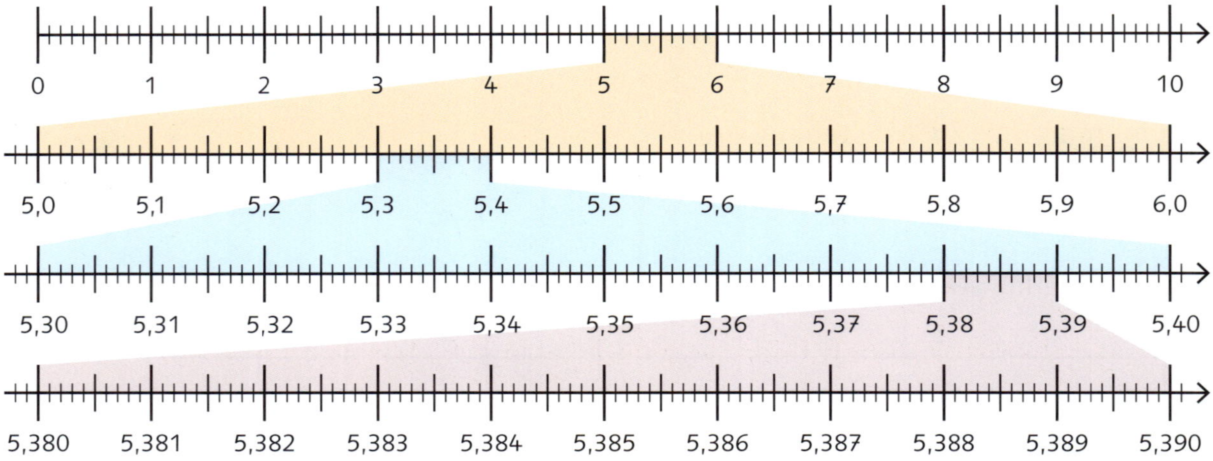

a) 5,37 □ 5,39   b) 5,3 □ 5,30   c) 5,386 □ 5,382   d) 5,4 □ 5,34

5,38 □ 5,381   5,31 □ 5,312   5,32 □ 5,34   5,380 □ 5,38

6 Ordne. Beginne mit der größten Zahl. Verwende das Zeichen >.

1,023   1,203   0,321   1,032   2,013   1,230

7 Ordne. Beginne mit der kleinsten Zahl. Verwende das Zeichen <.

3,456   3,857   3,098   5,001   2,990   0,045

8 Ordne. Verwende das Zeichen >.

a) 5,34   5,38   5,3   5,382

b) 5,4   5,389   5,37   5,381

9 Ordne. Verwende das Zeichen <.

a) 9,329   9,54   9,32   9,45

b) 7,06   7,165   7,48   7,60   7,123

10 Vergleiche. Setze die richtigen Zeichen ein: >, < oder =.

a)	1		0,1	b)	0,9		0,2	c)	8,50		8,5
	3		3,00		8,008		8,800		0,4		0,6
	4,5		4,05		12,06		12,09		15,7		15,77
	2,2		2,25		0,72		0,27		4,004		4,04

11 Vergleiche die Dezimalzahlen. Markiere jeweils die Stelle, an der du erkennst, welche Zahl größer ist.

a)	0,08		0,01	b)	0,49		0,79	c)	1,134		1,431
	1,1		5,1		3,515		3,525		1,966		0,966
	0,022		0,031		5,31		5,51		12,37		12,73
	77,777		77,777		3,504		13,504		2,006		2,06

12 Ordne der Größe nach. Beginne mit der größten Zahl.

6,053 5,703 4,321 5,042 6,093 5,630

13 a) Umkreise alle Zahlen, die größer als 0,3 sind.

0,35 0,28 0,1 2 0,8
0,314 1,1 0,183 0,41

b) Umkreise alle Zahlen, die größer als 1,7 sind.

1,5 0,89 1,8 3 1,75
1,689 4,2 1 0,7 2,07

14 Schreibe zuerst in m. Ordne anschließend. Beginne mit der kürzesten Strecke.

280 cm	5,80 m	2 m 81 cm	586 cm	7,12 m	127 cm
2,80 m					

Daten und Diagramme

1 Ordne die Begriffe richtig zu.

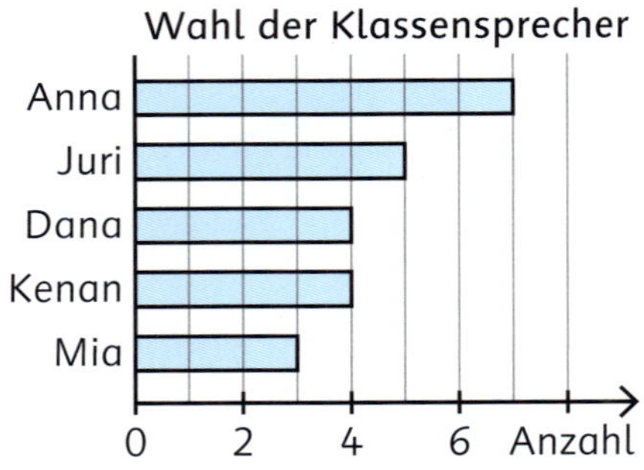

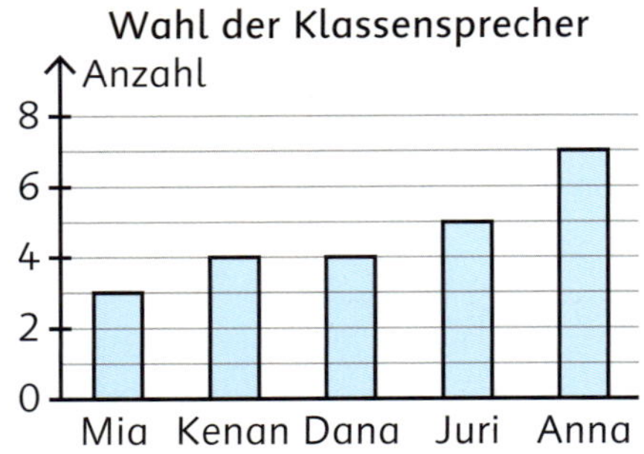

Säulendiagramm

Balkendiagramm

2 Klassensprecherwahl in der Klasse 6a

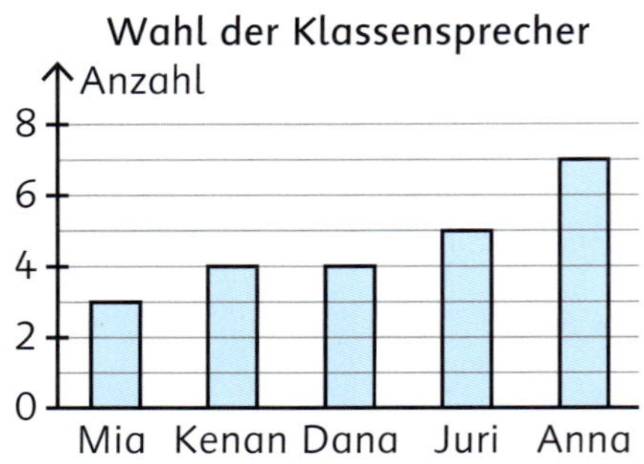

a) Wer hat die meisten Stimmen bekommen?

b) Wer hat die wenigsten Stimmen bekommen?

c) Welche beiden Kinder haben gleich viele Stimmen?

3 Umfrage in der Klasse 6b: Ordne die Haustiere den Balken zu.

Hamster

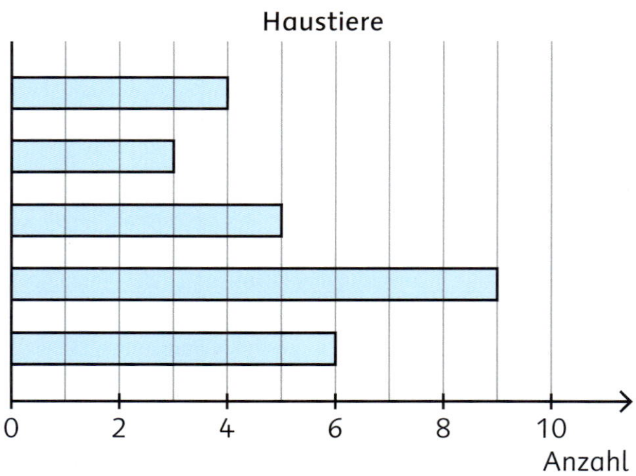

9 Hunde | 6 Kaninchen | 5 Katzen

4 Hamster | 3 Meerschweinchen

4 Die Kinder haben Informationen über ihre Klasse gesammelt.

a) Wie viele Kinder sind blond, wie viele haben braune Haare, wie viele sind schwarzhaarig und wie viele rothaarig? Trage in die Tabelle ein.

Haarfarbe			
blond	braun	schwarz	rot
III	~~IIII~~ II	II	I

Ein Säulendiagramm zeichnen

b) Vervollständige die Beschriftung und zeichne ein Säulendiagramm zu den Daten von a).

c) Wie viele Kinder sind insgesamt in der Klasse 6b?

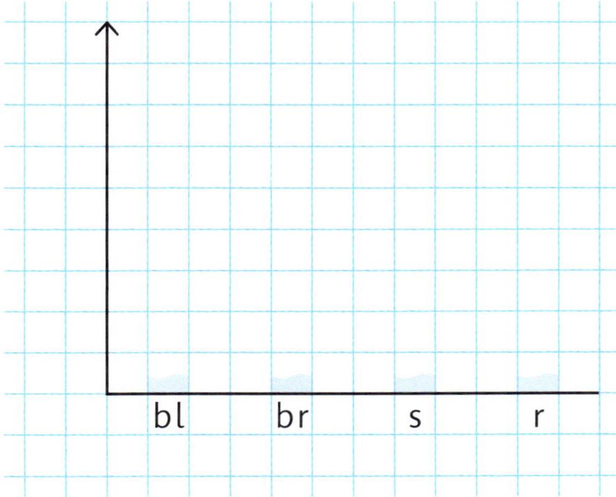

5 a) Erstelle eine Strichliste für deine Klasse (hier gibt es für jede und jeden eigene Lösungen!).

Augenfarbe			
braun	grün	blau	grau

b) Vervollständige die Beschriftung. Zeichne ein Säulendiagramm zu den Daten aus Aufgabe a).

c) Wie viele Kinder sind insgesamt in deiner Klasse?

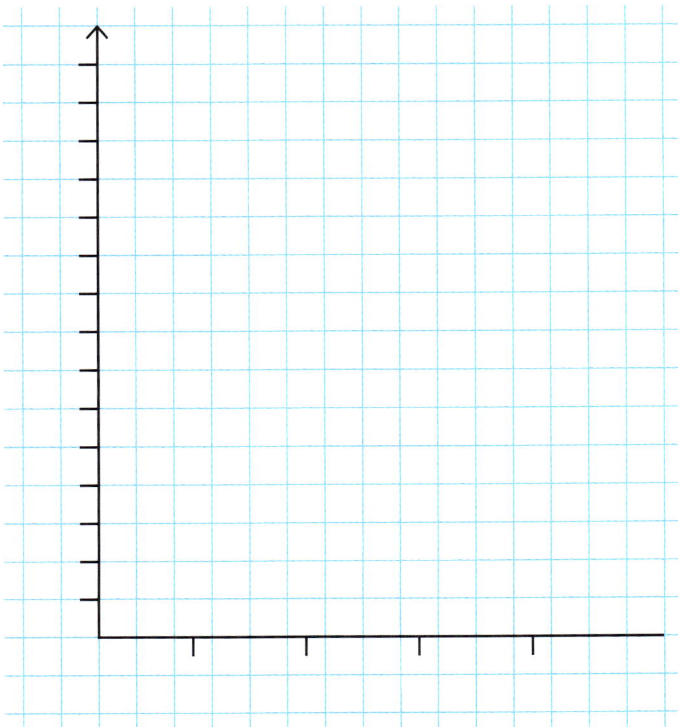

6 Abstimmung der Klasse 6a über den kommenden Wandertag.

a) Kenan hat eine Strichliste erstellt. Ergänze die Tabelle.

Ausflug	Strichliste	Anzahl
Schwimmbad	卌 |||	8
Kletterpark	卌		
Tierpark	||	
Kanu fahren	|||	

b) Vervollständige die Beschriftung und zeichne das Säulendiagramm zu den Daten von a).

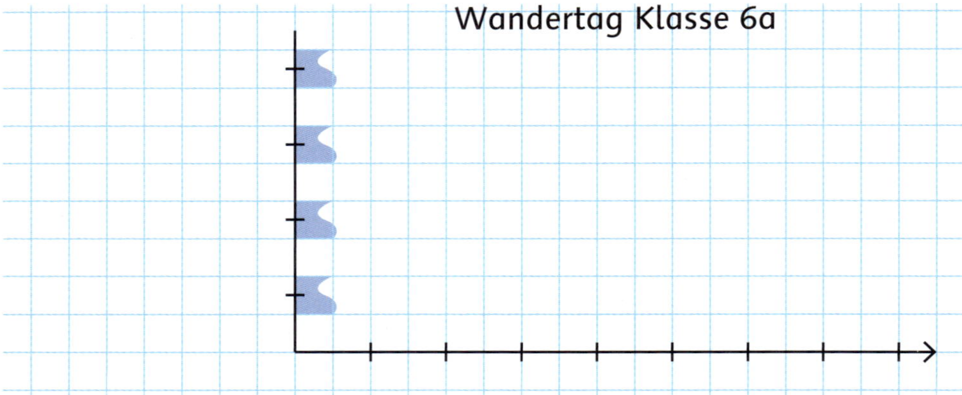

7 Beantworte die Fragen.

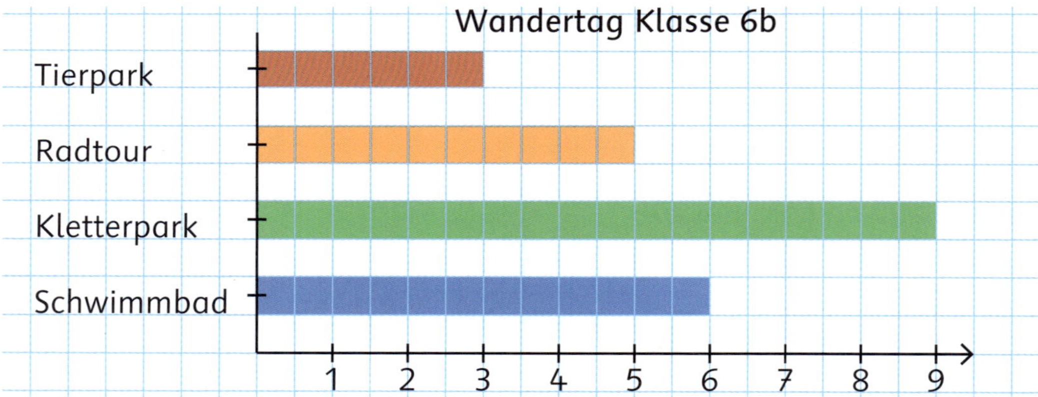

a) Welchen Ausflug wollen die meisten Kinder machen?

b) Welchen Ausflug wollen die wenigsten Kinder machen?

Daten vergleichen

1 Ergänze die Merksätze.

Der ______________ Wert heißt Minimum.

Der ______________ Wert heißt Maximum.

Maximum – Minimum = ______________

Spannweite | kleinste | größte

2 Welcher Begriff gehört wohin?

a)

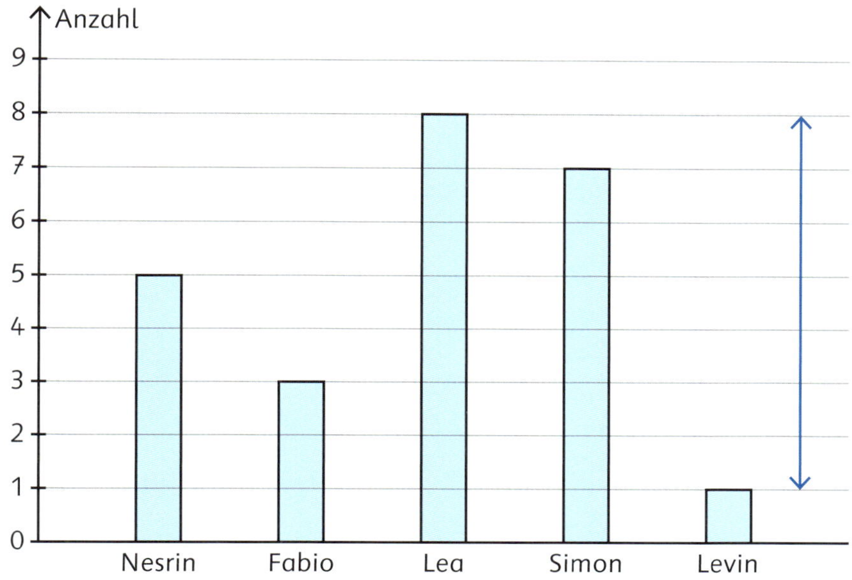

Minimum | Maximum | Spannweite

______________ ______________ ______________

b)

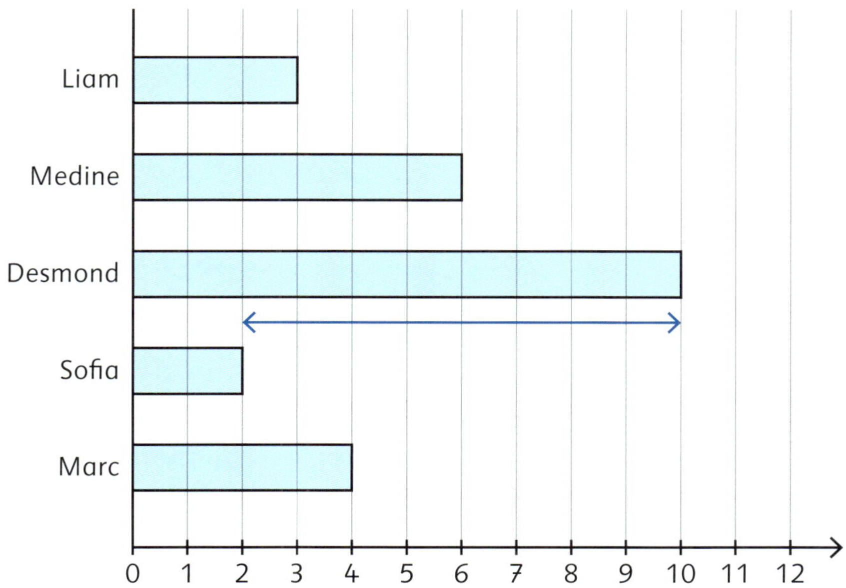

Minimum | Maximum | Spannweite

______________ ______________ ______________

3 Lies jeweils das Minimum und das Maximum ab.

a)

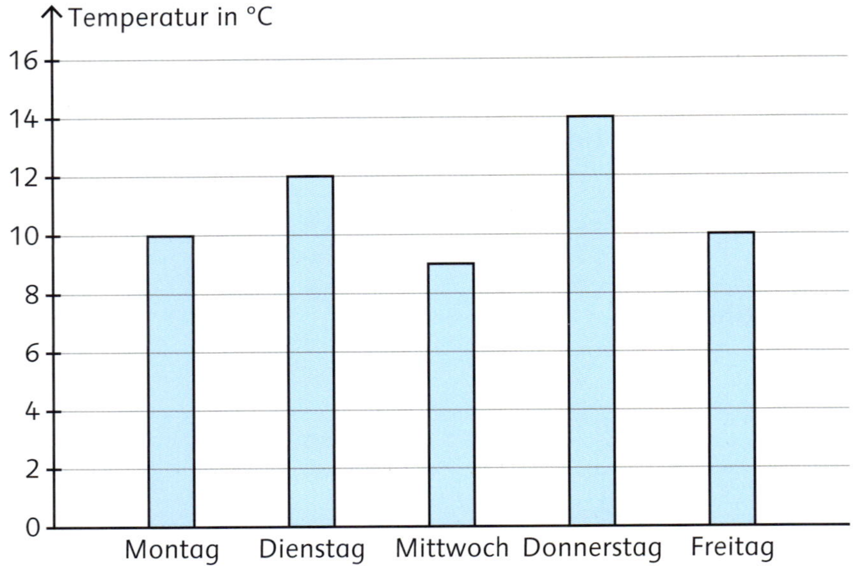

Minimum = ______

Maximum = ______

b)

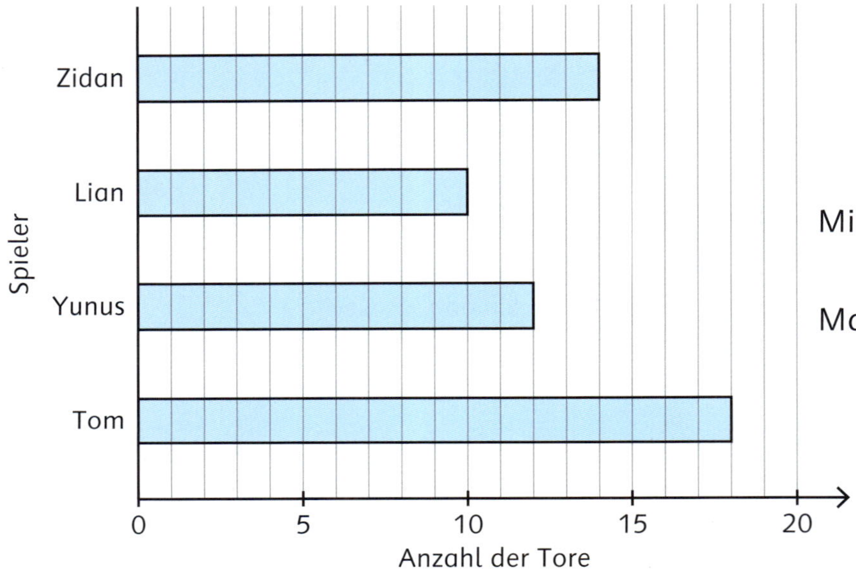

Minimum = ______

Maximum = ______

c)

Tag	Mo	Die	Mi	Do	Fr
Temperatur	5 °C	3 °C	0 °C	4 °C	4 °C

Minimum = ______

Maximum = ______

d)

Name	Leonie	Max	Oksana	Deniz
Strichliste	卌 II	IIII	II	卌 IIII

Minimum = ______

Maximum = ______

4 Bestimme das Minimum und das Maximum. Berechne die Spannweite.

a)

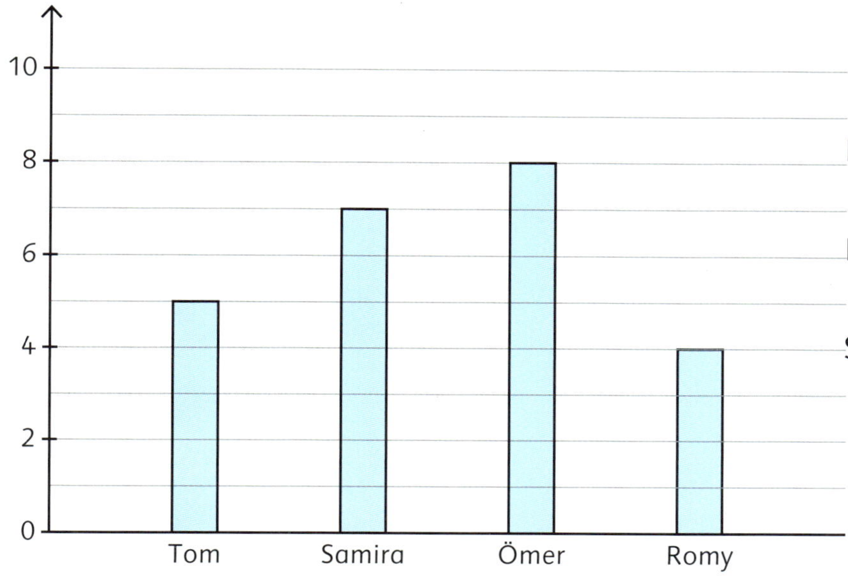

Minimum = ______

Maximum = ______

Spannweite = ______

b)

Tag	Mo	Die	Mi	Do	Fr
Temperatur	11 °C	8 °C	10 °C	9 °C	14 °C

Minimum = ______

Maximum = ______

Spannweite = ______

c)

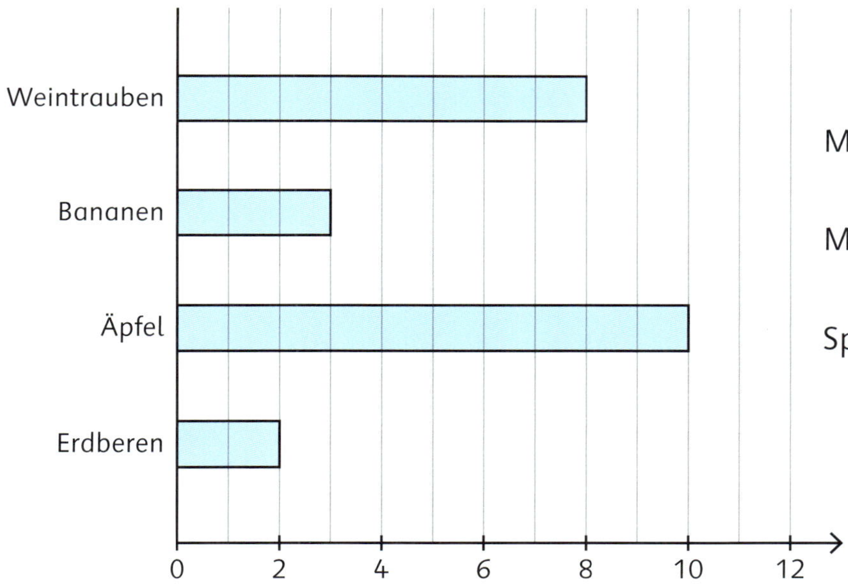

Minimum = ______

Maximum = ______

Spannweite = ______

5 Bestimme den fehlenden Kennwert.

a) Minimum = 5 Maximum = 12 Spannweite = ______

b) Minimum = 3 Maximum = ______ Spannweite = 10

c) Minimum = ______ Maximum = 9 Spannweite = 4

d) Minimum = 8 Maximum = ______ Spannweite = 12

Median und Durchschnitt

Der Median

1 Die Gegenstände sind der Größe nach geordnet. Kreise jeweils den mittleren Wert ein.

a)

b)

c)

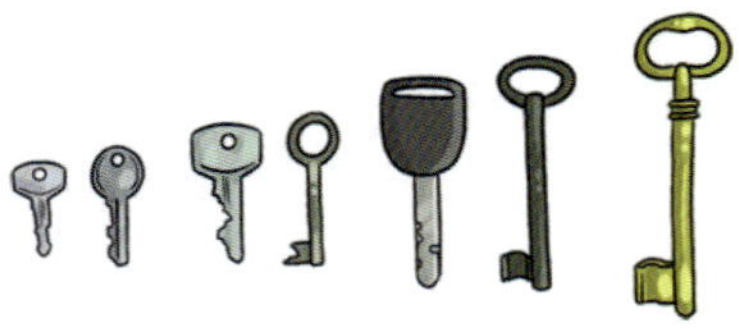

d)

2 Der **Median** (Zentralwert) ist der Wert, der genau in der Mitte liegt.

Ordne die Zahlen der Größe nach. Kreise dann den Median ein.

a) 7; 5; 9; 10; 2 ______________________

b) 1; 8; 11; 10; 4; 6; 9 ______________________

c) 13; 7; 12; 3; 5; 1; 4; 8; 6 ______________________

3 Gibt es eine gerade Anzahl von Werten, dann ist der Median von den beiden mittleren Werten gleich weit entfernt. Beispiel: 3; 4; 8; 11 Median = 6

Ordne die Zahlen der Größe nach. Kreise die beiden mittleren Werte ein. Bestimme dann den Median.

a) 4; 7; 6; 2 ________________ Median: ____

b) 8; 1; 10; 4; 9; 6 ________________ Median: ____

c) 3; 8; 2; 1; 9; 12; 4; 10 ________________ Median: ____

Der Durchschnitt

4 Beim Weitwurf hat jeder 3 Versuche.
Bei Anna wurden folgende Weiten gemessen: 13 m | 8 m | 12 m

Wie weit hast du durchschnittlich geworfen?

Dazu rechne ich erst alle Werte zusammen:

13 m + 8 m + 12 m = 33 m

Dann teile ich das Ergebnis durch die Anzahl der Würfe.

33 m : 3 = 11 m

Ich habe durchschnittlich 11 m weit geworfen.

a) Lena hat bei ihren Würfen diese Ergebnisse erzielt:

Lena	20 m	15 m	16 m

Berechne den Durchschnitt.

___ m + ___ m + ___ m = ___ m

___ m : ___ = ___ m

b) Lisa hat nur zweimal geworfen:

Lisa	29 m	31 m

Berechne den Durchschnitt.

___ m + ___ m = ___ m

___ m : ___ = ___ m

Weil es nur 2 Würfe waren, teile ich durch 2.

So berechnest du den **Durchschnitt**:
1. Addiere alle Einzelergebnisse.
2. Dividiere die Summe durch die Anzahl der Einzelergebnisse.

5 Ina hat ihre Weiten in einem Balkendiagramm dargestellt.

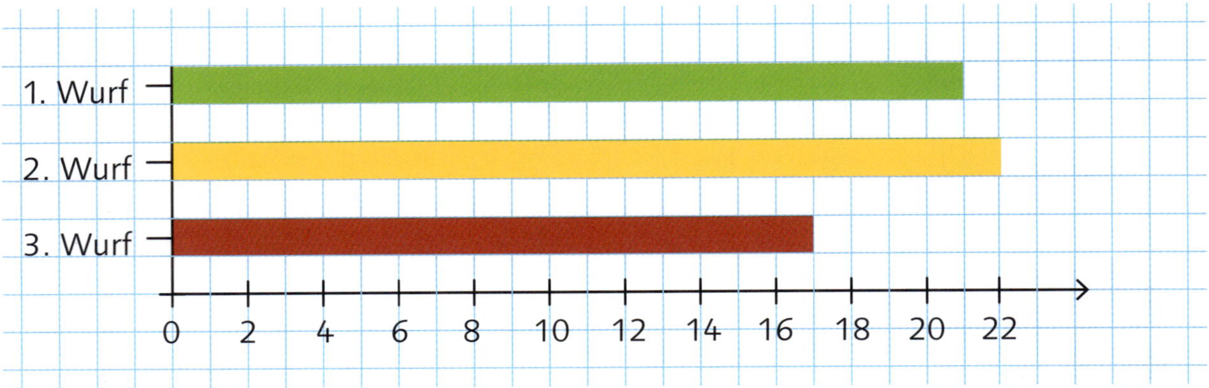

a) Lies die Weiten aus dem Diagramm ab und trage in die Tabelle ein.

1. Wurf	2. Wurf	3. Wurf

b) Berechne den Durchschnitt.

m + m + m = m

m : = m

Durchschnitt: ____ m

c) Zeichne den Durchschnitt in das Balkendiagramm ein.

Dazu zeichne ich eine senkrechte Linie bei dem errechneten Wert.

6 Berechne den Durchschnitt von …

a) 12 und 4,

Durchschnitt: ____

b) 5; 8 und 11.

Durchschnitt: ____

Kreisdiagramme lesen

1 Lies die gesuchten Informationen aus dem Diagramm ab.

a) Wonach wurden die Kinder der Klasse 6a gefragt?

____

b) Was haben die meisten Schüler geantwortet?

____

c) Was haben die wenigsten Schüler geantwortet?

____

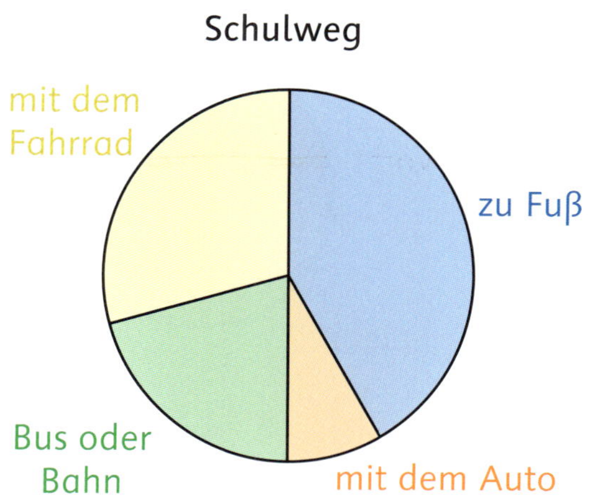

2 Ordne die Begriffe richtig zu.

größter Kreisteil: ______________________

kleinster Kreisteil: ______________________

das Minimum

das Maximum

3 Lies jeweils das Minimum und das Maximum ab. Berechne die Spannweite.

a)

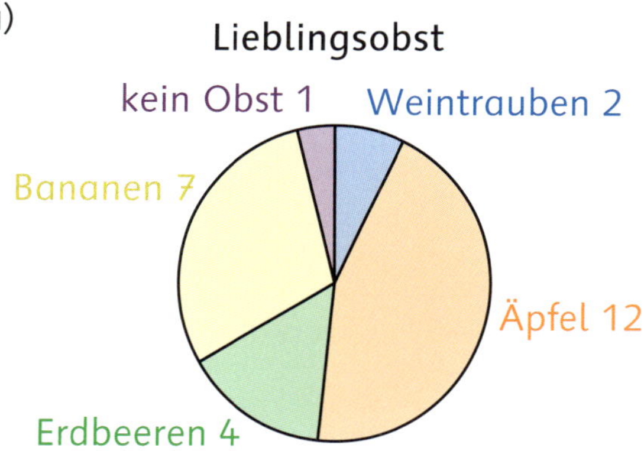

Minimum = ____________

Maximum = ____________

Spannweite = ____________

b)

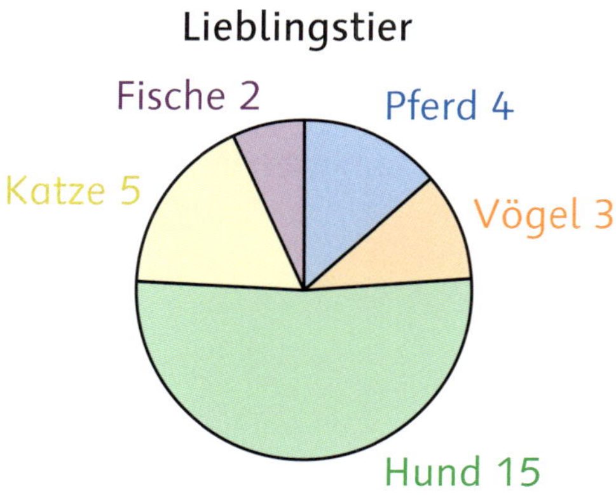

Minimum = ____________

Maximum = ____________

Spannweite = ____________

4 Richtig oder falsch? Kreuze an.

a) **Klassensprecherwahl**

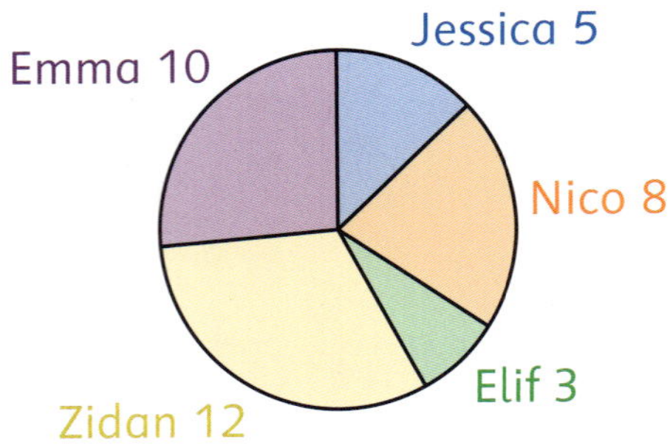

	richtig	falsch
Zidan hat die meisten Stimmen bekommen.		
Jessica hat die wenigsten Stimmen bekommen.		
Nico hat 5 Stimmen bekommen.		
Emma hat 10 Stimmen bekommen.		
Elif hat die Hälfte der Stimmen bekommen.		

b) **Lieblingsfach**

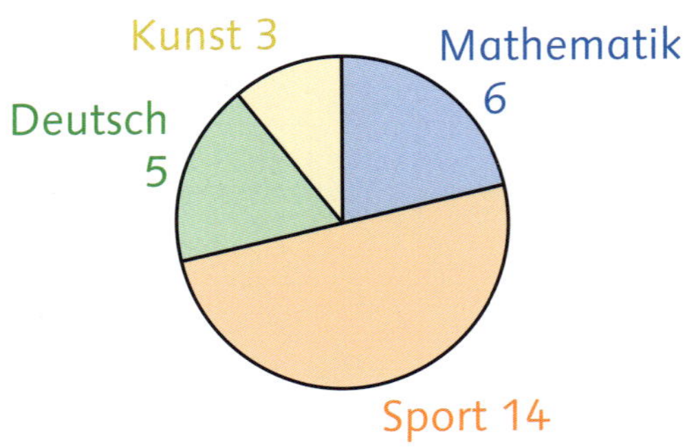

	richtig	falsch
Für Mathematik haben 6 Kinder gestimmt.		
Die wenigsten Stimmen hat das Fach Deutsch.		
3 Kinder haben Kunst als Lieblingsfach.		
Die Hälfte der Kinder mag Sport am liebsten.		
In dem Diagramm sieht man die Lieblingslehrer.		

c) **Lieblingsgemüse**

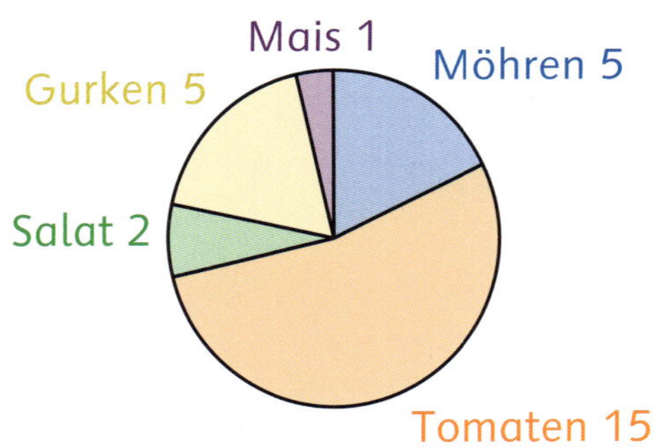

	richtig	falsch
Nur ein Kind hat Mais als Lieblingsgemüse.		
Zwei Kinder haben Salat genannt.		
Gurken haben mehr Stimmen bekommen als Möhren.		
Mehr als die Hälfte der Kinder mag Tomaten am liebsten.		

5 Welche Farbe gehört zu welchem Tier? Markiere farbig.

a) **Haustiere**

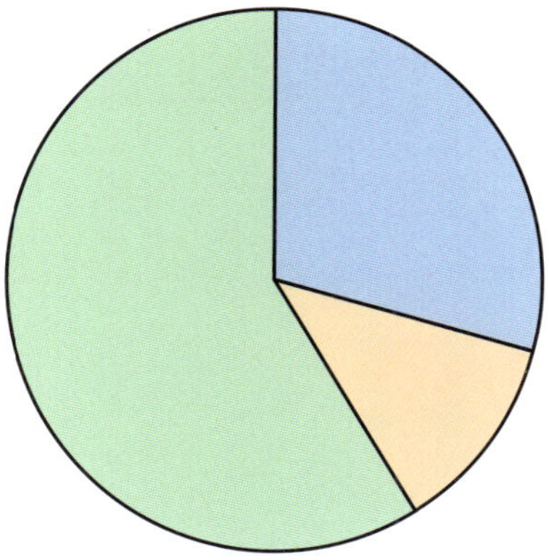

☐	Hund	10 Stimmen
☐	Katze	5 Stimmen
☐	Kaninchen	2 Stimmen

b) **Lieblingswaldtiere**

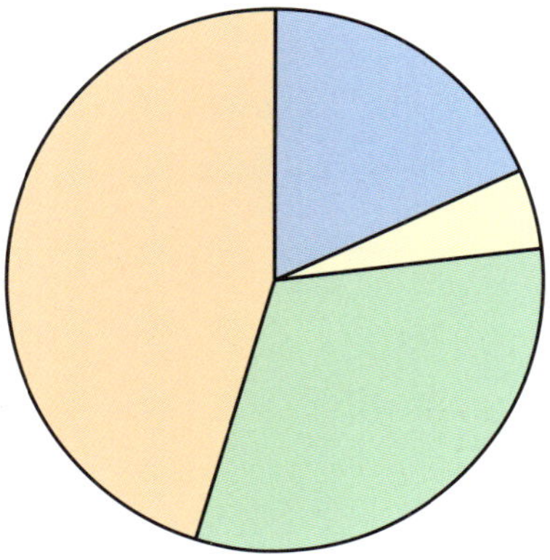

☐	Eichhörnchen	7 Stimmen
☐	Wolf	4 Stimmen
☐	Reh	10 Stimmen
☐	Fuchs	1 Stimme

c) **Lieblingswüstentiere**

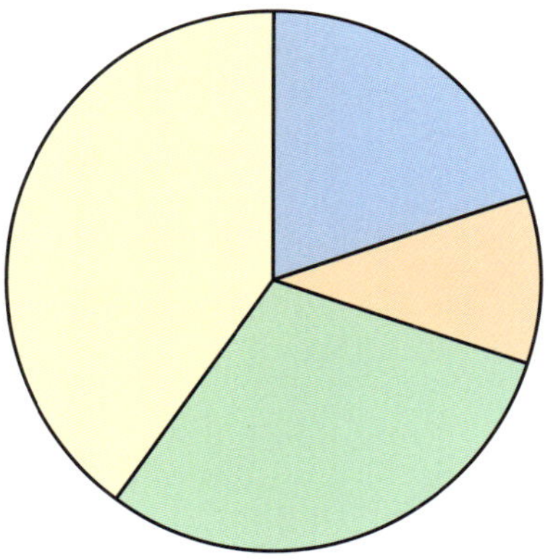

☐	Python	6 Stimmen
☐	Erdmännchen	9 Stimmen
☐	Skorpion	3 Stimmen
☐	Kamel	12 Stimmen

d) **Lieblingstropentiere**

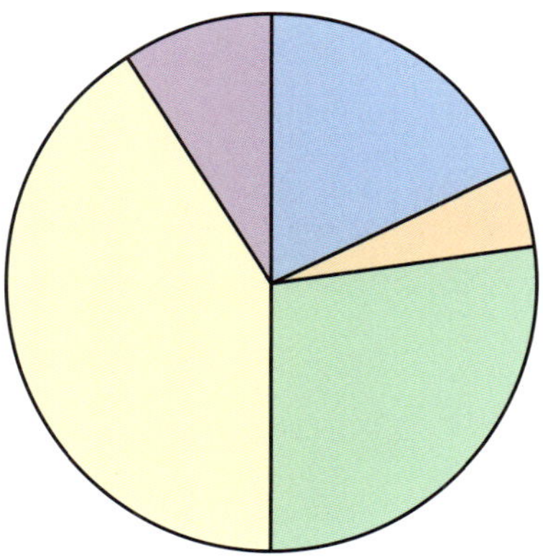

☐	Elefant	6 Stimmen
☐	Papagei	4 Stimmen
☐	Nashorn	1 Stimme
☐	Tiger	9 Stimmen
☐	Gorilla	2 Stimmen

Zufallsexperimente

1 Zufall oder kein Zufall? Kreuze an.

	Zufall	kein Zufall
Greta fällt eine Kastanie auf den Kopf.		
Der Wecker klingelt um 6 Uhr.		
Kenan gewinnt beim Skatspiel.		
Wasser gefriert bei 0 °C zu Eis.		
Ida hat in Mathematik eine 2.		
Tim gewinnt bei der Tombola einen Preis.		

2 Ergänze.

a) Man spricht von Zufall, wenn etwas ______________ (Vorhersehbares/ Unvorhersehbares) geschieht.

b) Ein Zufallsexperiment hat drei Merkmale:

1. ______________

2. ______________

3. ______________

c) Finde zwei eigene Beispiele für Zufallsexperimente.

____

____

3 Wie nutzt man die Zufallsgeräte? Ergänze.

______________ ______________ ______________ ______________

drehen | werfen | würfeln | ziehen

4 Welche Ergebnisse sind möglich?

a) Verbinde.

Kopf oder Zahl	1; 2; 3; 4; 5 oder 6	rot, gelb, blau oder grün	Aussetzen, Farbwechsel, rote Fünf

b) Ergänze die möglichen Ergebnisse.

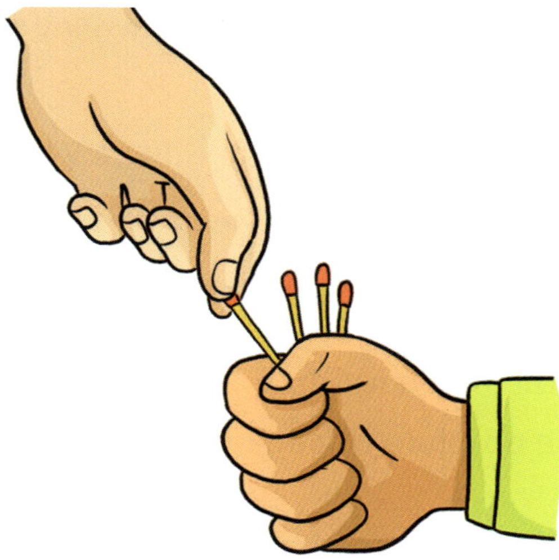

5 Ergänze die Begriffe für den Ausgang von Zufallsexperimenten.

sicher	unwahrscheinlich	unmöglich	wahrscheinlich	möglich

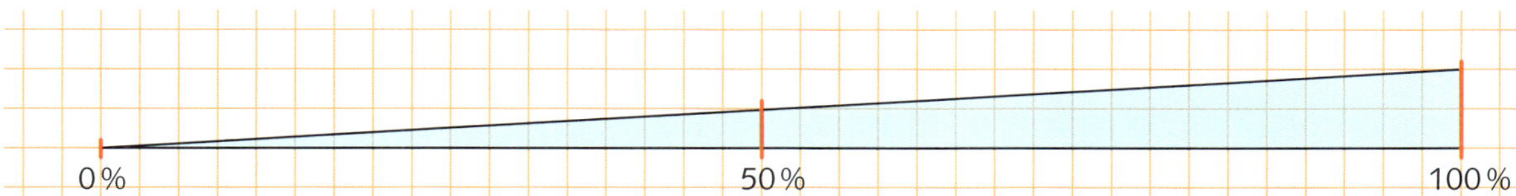

6 Welche Aussagen sind sicher wahrscheinlich möglich unwahrscheinlich unmöglich ?
Kreuze an.

	sicher	wahrscheinlich	möglich	unwahrscheinlich	unmöglich
Im August fällt Schnee.					
Du würfelst eine 1, 2, 3, 4, 5 oder 6.					
Es wird heute noch regnen.					
Kenan hat am 30. Februar Geburtstag.					

7 Finde jeweils mindestens ein passendes Ereignis (verschiedene mögliche Antworten).

a) ein unmögliches Ereignis beim Würfeln mit einem normalen Würfel: ______

b) ein sicheres Ereignis beim Werfen einer Münze: ______

c) ein seltenes Ereignis beim Lottospielen: ______

8 Ergänze folgende Sätze.

a) Die absolute Häufigkeit gibt an, …

______

b) Die relative Häufigkeit berechnet man, um …

______

c) Zur Berechnung der relativen Häufigkeit wird die ______ durch die ______ geteilt.

9 Dana hat 50-mal gewürfelt und die Ergebnisse in eine Strichliste eingetragen.

a) Ermittle die absoluten Häufigkeiten für jede Augenzahl. Ergänze die Tabelle.

b) Berechne die relative Häufigkeit für die Augenzahl 3 mit dem Taschenrechner.

Zahl	Strichliste	absolute Häufigkeit
1	卌 |||	*8*
2	卌 ||||	
3	卌 |||	
4	卌 ||	
5	卌 卌	
6	卌 |||	
	Gesamtzahl:	

Schriftliche Addition und Subtraktion

Schriftliche Addition

Bei der schriftlichen Addition und Subtraktion muss ich immer stellengerecht untereinanderschreiben. Also die Einer unter Einer, Zehner unter Zehner, …

1 a)

	H	Z	E
	2	3	5
+	3	5	2

	H	Z	E
	2	3	5
+	1	6	1

	H	Z	E
	2	3	5
+	5	1	4

	H	Z	E
	2	3	5
+	2	4	3

	H	Z	E
	2	3	5
+	7	3	2

b)

	H	Z	E
	3	1	4
+	4	5	1

	H	Z	E
	3	1	4
+	6	2	2

	H	Z	E
	3	1	4
+	2	8	3

	H	Z	E
	3	1	4
+	5	4	4

	H	Z	E
	3	1	4
+	3	7	5

2 Schreibe stellengerecht untereinander und rechne aus.

417 + 274 417 + 556 417 + 138 417 + 329 417 + 445

	H	Z	E
+			

	H	Z	E
+			

	H	Z	E
+			

	H	Z	E
+			

	H	Z	E
+			

555 681 691 746 862 973

3

	T	H	Z	E
	4	2	6	3
+		5	8	4

	T	H	Z	E
	7	5	2	9
+		4	3	8

	T	H	Z	E
	3	1	7	4
+		3	6	4

	T	H	Z	E
	8	5	2	3
+		7	5	6

3538 4847 7967 8279 9279

4 Rechne aus und trage die richtigen Buchstaben in die Kästchen ein.

	H	Z	E
	8	4	6
−	2	2	1

	H	Z	E
	9	8	7
−	4	3	1

	H	Z	E
	7	5	8
−	3	3	4

	H	Z	E
	6	9	6
−	2	5	4

	H	Z	E
	7	8	9
−	2	5	2

Lösungswort: ☐☐☐☐☐

126 T | 311 R | 357 E | 421 S | 423 K | 424 U | 431 Ö | 442 M | 537 E | 556 L | 625 B

Schriftliche Subtraktion

Die Aufgabe heißt: **263 minus 129**

Zuerst subtrahiere ich die **Einer**: **3 minus 9 kann ich nicht rechnen.**

	H	Z	E
	2	6	3
−	1	2	9

Ich wechsle einen **Zehner** in **10 Einer**. Jetzt habe ich nur noch **5 Zehner**.

	H	Z	E
		5	
	2	~~6~~	3
−	1	2	9

Ich habe nicht mehr **3 Einer**, sondern **13 Einer**.

	H	Z	E
		5	13
	2	~~6~~	~~3~~
−	1	2	9

Nun kann ich die **Einer** subtrahieren: **13 minus 9 gleich 4**

	H	Z	E
		5	13
	2	~~6~~	~~3~~
−	1	2	9
			4

Jetzt subtrahiere ich die **Zehner**: **5 minus 2 gleich 3**

	H	Z	E
		5	13
	2	~~6~~	~~3~~
−	1	2	9
		3	4

Zum Schluss subtrahiere ich die **Hunderter**: **2 minus 1 gleich 1**

	H	Z	E
		5	13
	2	~~6~~	~~3~~
−	1	2	9
	1	3	4

Das Ergebnis ist 134.

5 Rechne aus. Achte auf die Rechenzeile.

	H	Z	E
	4	8	3
−	1	6	5

	H	Z	E
	6	4	6
−	1	2	8

	H	Z	E
	5	4	8
−	4	2	9

	H	Z	E
	7	5	2
−	3	3	9

	H	Z	E
	8	9	5
−	2	5	9

6 Schreibe stellengerecht untereinander und rechne.

a) 6 356 − 1 728　　9 581 − 2 476　　7 458 − 3 289　　8 695 − 1 957

b) 715 − 368　　9 618 − 4 249　　7 163 − 4 248　　8 163 − 639

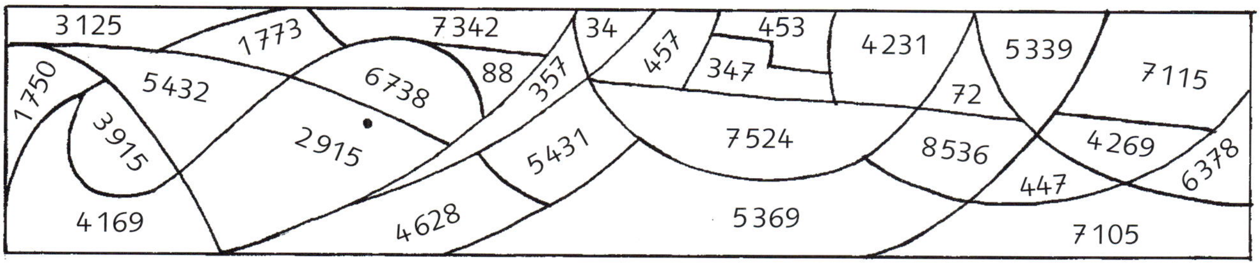

7 Schreibe stellengerecht untereinander und rechne.

2 358 + 5 126　　4 279 + 431　　6 833 + 2 548　　8 652 + 779

	T	H	Z	E
	2	3	5	8
+	5	1	2	6
			1	
	7	4	8	4

8 Schreibe stellengerecht untereinander und rechne.

4 724 − 1 305　　8 549 − 983　　6 273 − 2 481　　5 744 − 387

	T	H	Z	E
			1	14
	4	7	~~2~~	~~4~~
−	1	3	0	5
	3	4	1	9

Dezimalzahlen addieren und subtrahieren

Beim Addieren und Subtrahieren müssen auch Dezimalzahlen stellengerecht untereinandergeschrieben werden.

Ich schreibe Komma unter Komma.

	Z	E	z	h
	1	5	2	3
+	1	2	9	4
		1		
	2	8	1	7

Kurzform:

	1	5,	2	3
+	1	2,	9	4
		1		
	2	8,	1	7

1 Schreibe stellengerecht untereinander und rechne schriftlich.

a) 78,3 + 19,5 b) 7,83 + 0,68 c) 12,83 + 19,38 d) 4,825 + 9,62

2 Schreibe in die Stellenwerttafel und rechne.

a) 2,17 € + 5,81 € b) 4,35 € + 1,44 € c) 3,18 € + 1,50 €

€	ct

3 Tim kauft für die Schule einen Zirkel für 6,49 € und einen neuen Füller für 5,49 €. Wie viel muss er dafür insgesamt bezahlen?

Rechnung:

€	ct

Antwort:

4 Schreibe stellengerecht untereinander und rechne schriftlich.

a) 4,72 – 1,88 b) 0,532 – 0,071 c) 5,2 – 1,842 d) 1,903 – 0,07

5 Schreibe in die Stellenwerttafel und rechne.

a) 6,48 € – 3,25 €

€	ct

b) 3,95 € – 1,70 €

€	ct

c) 7,68 € – 4,45 €

€	ct

d) 5,62 € – 3,17 €

€	ct

e) 9,15 € – 3,42 €

€	ct

f) 2,74 € – 1,59 €

€	ct

6 Fatima hat 19,84 € in ihrer Geldbörse. Sie kauft sich eine neue Federtasche für 7,49 €. Wie viel Geld hat sie danach noch in der Geldbörse?

Rechnung:

€	ct

Antwort:

7 Subtrahiere im Kopf.

9,8 – 2,7 =	19,4 – 7,2 =
8,5 – 7,2 =	27,8 – 5,6 =
7,9 – 6,6 =	35,4 – 3,2 =
8,8 – 5,4 =	42,1 – 5,1 =

8 Rechne im Kopf.

a) 1,2 + 2,5 = ____
0,4 + 0,2 = ____
2,7 + 3,1 = ____

b) 3,8 – 2,4 = ____
0,9 – 0,6 = ____
7,5 – 0,3 = ____

c) 1,8 + 0,2 = ____
0,5 + 0,7 = ____
6,4 + 1,7 = ____

d) 1,9 – 0,9 = ____
2,4 – 0,6 = ____
4,3 – 2,6 = ____

9 Vervollständige die Aufgaben.

a) 1,2 m + ____ = 3,5 m
4,7 m – ____ = 2,2 m
15,6 m – ____ = 9,6 m

b) ____ + 6,2 g = 8,8 g
4,61 g – 2,21 g = ____
2,8 g + ____ = 4,0 g

c) 3,4 cm + ____ = 9,0 cm
____ – 6,4 cm = 10,2 cm
12,6 cm + ____ = 20,3 cm

10 Dennis möchte sich neue Turnschuhe kaufen. Seine Lieblingsschuhe kosten 49,95 €. Bisher hat er 32,80 € gespart. Wie viel Geld fehlt noch?

Rechnung:

Antwort:

11 Schreibe stellengerecht untereinander und rechne schriftlich.

a) 3,691 + 6,74

b) 286,41 – 89,3

c) 66,66 + 6,666

12 Beim Bob-Weltcup-Rennen „4er-Herren“ in Lake Placid fuhren die ersten vier Bobs folgende Zeiten:

Name	Land	1. Durchgang	2. Durchgang	Platzierung
Steven Holcomb	USA 1	55,16 s	55,49 s	
Andre Lange	GER 1	54,86 s	55,55 s	
Alexandr Zoubkov	RUS 1	54,70 s	55,24 s	
Martin Annen	SUI 1	54,99 s	55,44 s	

Die Platzierung ergibt sich aus der Summe der beiden Durchläufe. Ergänze.

Schriftliche Multiplikation und Division

Schriftliche Multiplikation

1 Rechne schriftlich.

a)

T	H	Z	E		
	4	1	4	·	2
		T	H	Z	E

T	H	Z	E		
	2	1	2	·	4
		T	H	Z	E

T	H	Z	E		
	4	2	3	·	2
		T	H	Z	E

2 a)

T	H	Z	E		
	1	3	2	·	4
		T	H	Z	E

T	H	Z	E		
	2	5	1	·	2
		T	H	Z	E

T	H	Z	E		
	1	4	2	·	3
		T	H	Z	E

3 a)

ZT	T	H	Z	E		
	2	3	1	6	·	3
		ZT	T	H	Z	E

b)

ZT	T	H	Z	E		
	1	7	4	4	·	2
		ZT	T	H	Z	E

c)

ZT	T	H	Z	E		
	3	1	0	1	·	7
		ZT	T	H	Z	E

d)

ZT	T	H	Z	E		
	4	8	1	7	·	6
		ZT	T	H	Z	E

e)

ZT	T	H	Z	E		
	8	4	1	2	·	9
		ZT	T	H	Z	E

f)

ZT	T	H	Z	E		
	2	7	3	9	·	5
		ZT	T	H	Z	E

3488 6948 13695 21707 28902 54286 75708

Multiplikation mit einer zweistelligen Zahl

	ZT	T	H	Z	E		Z	E
		3	2	1	4	·	2	6
				ZT	T	H	Z	E
				6	4	2	8	0
~~1~~ ~~2~~				1	9	2	8	4
				1		1		
				8	3	5	6	4

Ich rechne schriftlich, zuerst die Zehner-Aufgabe, dann die Einer-Aufgabe darunter. Dann rechne ich beides zusammen.

4 Berechne das Produkt schriftlich. Denke an die Übertragszahlen.

a) 4 7 2 3 · 1 3

b) 6 4 0 8 · 5 6

Schriftliche Division

So geht es: Schriftliche Division

H	Z	E				H	Z	E
6	3	5	:	5	=	1		

Ich beginne bei den **Hundertern**.
Wie oft passt 5 in 6? 1-mal.
Ich schreibe 1.

H	Z	E				H	Z	E
6	3	5	:	5	=	1		
5								

1 mal 5 gleich 5.
Ich schreibe 5 und unterstreiche.

H	Z	E				H	Z	E
6	3	5	:	5	=	1		
5								
1								

Ich rechne **6 minus 5 gleich 1**.
Ich schreibe 1.

H	Z	E				H	Z	E
6	3	5	:	5	=	1		
5	↓							
1	3							

Ich hole die 3 herunter
und schreibe sie neben die 1.

H	Z	E				H	Z	E
6	3	5	:	5	=	1	2	
5								
1	3							

Wie oft passt 5 in 13? 2-mal.
Ich schreibe 2.

H	Z	E				H	Z	E
6	3	5	:	5	=	1	2	
5								
1	3							
1	0							

2 mal 5 gleich 10.
Ich schreibe 10 und unterstreiche.

H	Z	E				H	Z	E
6	3	5	:	5	=	1	2	
5								
1	3							
1	0							
	3							

Ich rechne
13 minus 10
gleich 3.
Ich schreibe 3.

H	Z	E				H	Z	E
6	3	5	:	5	=	1	2	
5								
1	3							
1	0	↓						
	3	5						

Ich hole die 5
herunter und
schreibe sie
neben die 3.

H	Z	E				H	Z	E
6	3	5	:	5	=	1	2	7
5								
1	3							
1	0							
	3	5						

Wie oft passt
5 in 35? 7-mal.
Ich schreibe 7.

H	Z	E				H	Z	E
6	3	5	:	5	=	1	2	7
5								
1	3							
1	0							
	3	5						
	3	5						

7 mal 5 gleich 35.
Ich schreibe 35 und
unterstreiche.

H	Z	E				H	Z	E
6	3	5	:	5	=	1	2	7
5								
1	3							
1	0							
	3	5						
	3	5						
		0						

Ich rechne **35**
minus 35 gleich 0.
Ich schreibe 0.

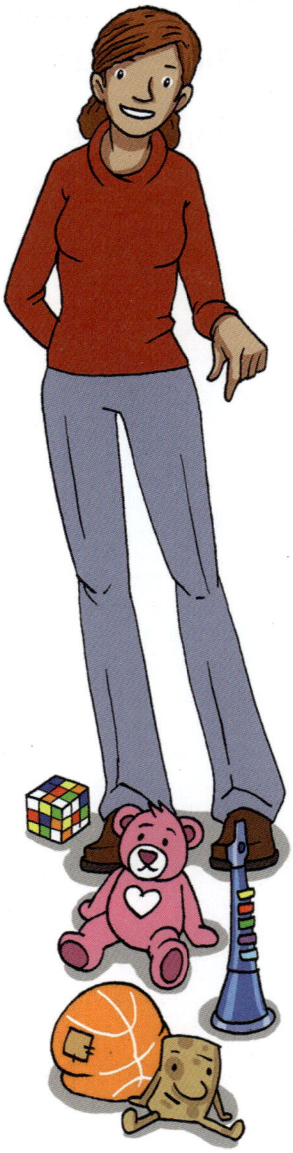

635 geteilt durch 5 ist 127.

5 Dividiere schriftlich.

Achte auf die Sprechweise und rechne Schritt für Schritt.

a)

H	Z	E				H	Z	E
7	5	8	:	2	=			

b)

H	Z	E				H	Z	E
5	3	1	:	3	=			

c)

H	Z	E				H	Z	E
6	1	2	:	4	=			

d)

H	Z	E				H	Z	E
4	3	5	:	5	=			

e)

H	Z	E				H	Z	E
8	2	2	:	6	=			

f)

H	Z	E				H	Z	E
9	7	6	:	8	=			

g)

H	Z	E				H	Z	E
8	3	3	:	7	=			

h)

H	Z	E				H	Z	E
7	4	7	:	3	=			

78 87 119 122 137 153 177 249 379

Dezimalzahlen und Stufenzahlen – Multiplikation und Division

Multiplikation und Division mit Stufenzahlen

1

a)

$1 \cdot 8 =$ 8
$10 \cdot 8 =$
$100 \cdot 8 =$
$1000 \cdot 8 =$

$1 \cdot 76 =$ 76
$10 \cdot 76 =$
$100 \cdot 76 =$
$1000 \cdot 76 =$

b)

$1 \cdot 3 =$
$10 \cdot 3 =$
$100 \cdot 3 =$
$1000 \cdot 3 =$

$1 \cdot 41 =$
$10 \cdot 41 =$
$100 \cdot 41 =$
$1000 \cdot 41 =$

2

a)

$5 \cdot 10 =$
$3 \cdot 100 =$
$29 \cdot 10 =$
$87 \cdot 100 =$
$8 \cdot 10 =$

$659 \cdot 100 =$
$274 \cdot 10 =$
$63 \cdot 10 =$
$85 \cdot 100 =$
$426 \cdot 100 =$

b)

$54 \cdot 100 =$
$9 \cdot 10 =$
$7 \cdot 100 =$
$28 \cdot 100 =$
$16 \cdot 10 =$

$400 \cdot 100 =$
$59 \cdot 100 =$
$37 \cdot 10 =$
$500 \cdot 10 =$
$60 \cdot 100 =$

3

a)

$4 \cdot 20 =$
$23 \cdot 300 =$
$2 \cdot 40 =$
$11 \cdot 500 =$
$10 \cdot 60 =$

$13 \cdot 300 =$
$112 \cdot 40 =$
$41 \cdot 20 =$
$222 \cdot 400 =$
$333 \cdot 30 =$

b)

$8 \cdot 50 =$
$6 \cdot 700 =$
$2 \cdot 400 =$
$5 \cdot 30 =$
$3 \cdot 800 =$

$40 \cdot 800 =$
$7 \cdot 600 =$
$50 \cdot 30 =$
$80 \cdot 90 =$
$8 \cdot 400 =$

Dezimalzahlen mit Stufenzahlen multiplizieren

Beim Multiplizieren mit 10 (100, 1 000 ...) verschiebt sich das Komma um eine (zwei, drei ...) Stelle(n) nach rechts.

H	Z	E	z	h	t
		0	5	3	4
		5	3	4	
	5	3	4		

· 10
· 100

4 Rechne im Kopf und fülle die Multiplikationstabelle aus.

·	10	100	1 000	10 000
3,3				
0,06				
8,04				
0,00045				
0,5				
36,0				
0,12				
0,0098				

5 Fülle die Rechenmauern aus.

a)

0,02	*10*		
0,02	1	10	0,4

b)

2	0,01	100	2

6 Schreibe die passenden Aufgaben auf.

a) Mit welcher Zahl muss man 5,4872 multiplizieren, um 5 487,2 zu erhalten?

b) Eine Zahl wird mit 10 000 multipliziert. Du erhältst 6,04.

Dezimalzahlen durch Stufenzahlen dividieren

Beim Dividieren durch 10 (100, 1 000 ...) verschiebt sich das Komma um eine (zwei, drei ...) Stelle(n) nach links.

H	Z	E	z	h	t
8	6	7			
	8	5	7		
		8	6	7	

:10 :100

7 Rechne im Kopf und fülle die Divisionstabelle aus.

:	10	100	1 000
20,00			
350,8			
80 000,0			
70			
40324			
0,87			
50,01			
5 604,7			

8 Fülle die Rechenmauern aus (es wird auch die andere Zahlen als Stufenzahlen dividiert!).

a)
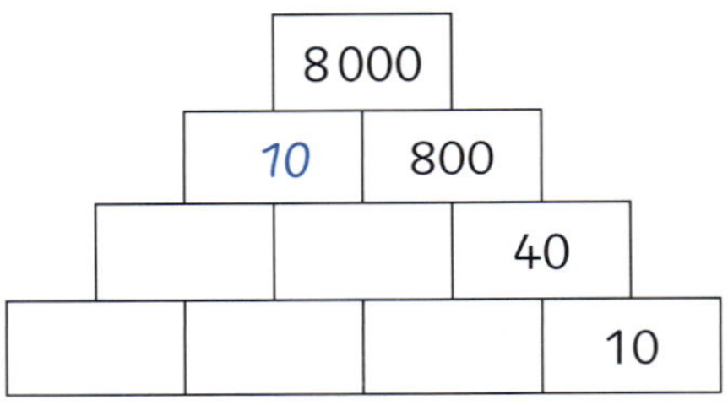

b)
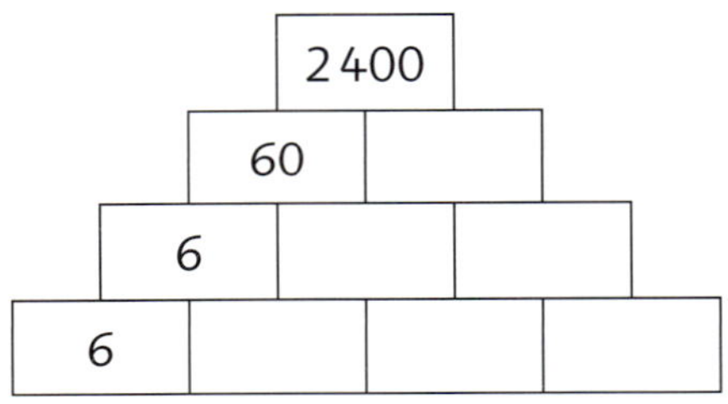

9 Schreibe die passende Aufgabe auf. Rechne.

a) Durch welche Zahl muss man 8 634 dividieren, um 0,08634 zu erhalten?

b) Welche Zahl ergibt bei Division durch 1 000 die Zahl 0,45?

Dezimalzahlen multiplizieren

Dezimalzahlen mit natürlichen Zahlen multiplizieren

Greta, Dana und Ina treffen sich im Café.
Jedes Mädchen bestellt sich eine
Apfelschorle zu je 1,80 €.
Wie viel müssen sie bezahlen?

Aufgabe: 1,80 € · 3 = 5,40 €

1. Multipliziere zuerst ohne Komma.
2. Zähle die Stellen nach dem Komma in der Aufgabe.
   Das Ergebnis hat genauso viele Stellen nach dem Komma.
   Setze das Komma im Ergebnis. Überschlage, ob das Ergebnis stimmen kann.

1,	8	0	·	3
	5,	4	0	

1 Multipliziere schriftlich. Kontrolliere mit dem Taschenrechner.

a) 2,54 · 4　b) 1,87 · 3　c) 16,534 · 9　d) 27,48 · 5

e) 3,87 · 6　f) 6,52 · 7　g) 25,345 · 8　h) 59,31 · 5

i) 7,39 · 2　j) 2,48 · 8　k) 73,135 · 5　l) 52,91 · 4

2 Multipliziere schriftlich.

a) 3,51 · 18　b) 19,53 · 25　c) 289,9 · 55　d) 531,06 · 32

Dezimalzahlen dividieren

Dezimalzahlen durch natürliche Zahlen dividieren

Ben, Paul und Ole sitzen im Bistro und haben drei Hamburger und drei Getränke bestellt. Sie müssen 10,17 € bezahlen. Wie viel muss jeder bezahlen?

Aufgabe: 10,17 € : 3 = **3,39 €**

1. Dividiere schriftlich wie bei den natürlichen Zahlen.
2. Setze beim Überschreiten des Kommas auch im Ergebnis ein Komma.

```
1 0, 1 7 : 3 = 3, 3 9
  9
  1 1
    9
    2 7
    2 7
      0
```

1 Rechne schriftlich. Kontrolliere mit dem Taschenrechner.

a) 9 4, 2 4 : 4 =

b) 7 4 0, 4 : 6 =

c) 6 5, 2 5 : 3 =

d) 7 9 3, 8 : 7 =

e) 6 3 6, 7 5 : 5 =

f) 8 4 7, 3 4 : 2 =

Negative Zahlen im Alltag

1 Welche Temperatur passt? Verbinde.

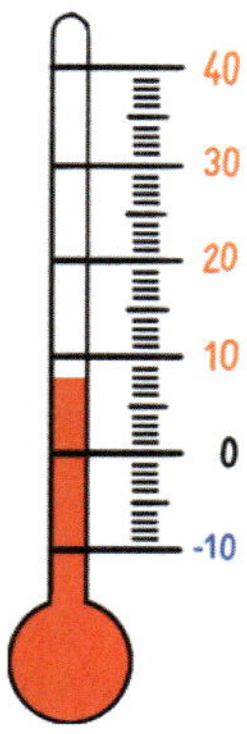

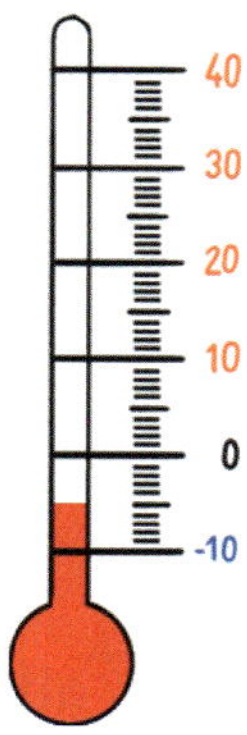

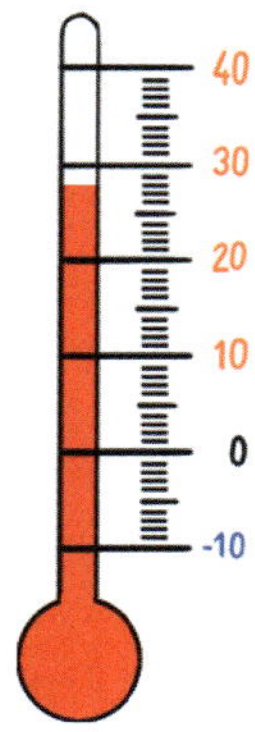

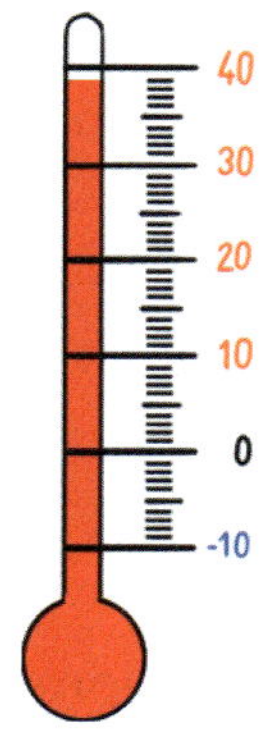

2 Kreise farbig ein: Temperaturen über 0 °C rot, Temperaturen unter 0 °C blau.

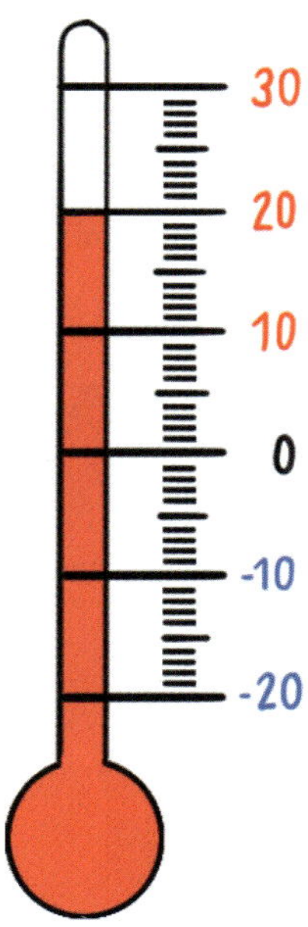

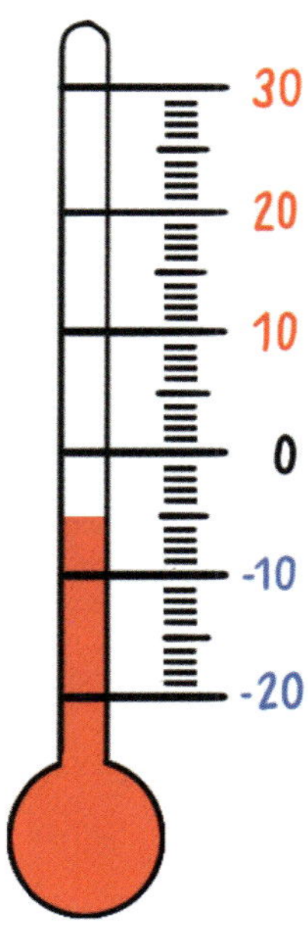

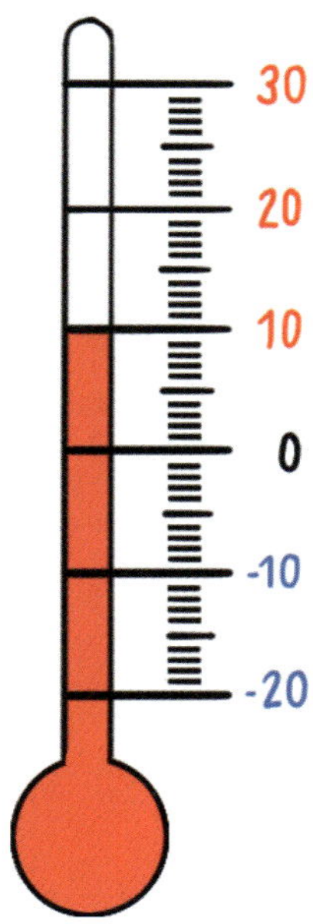

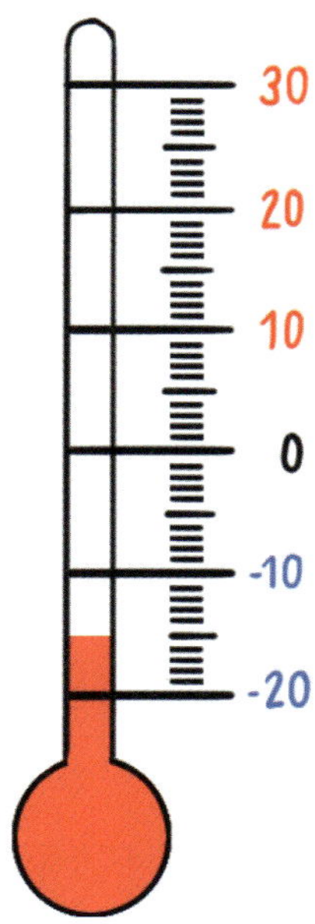

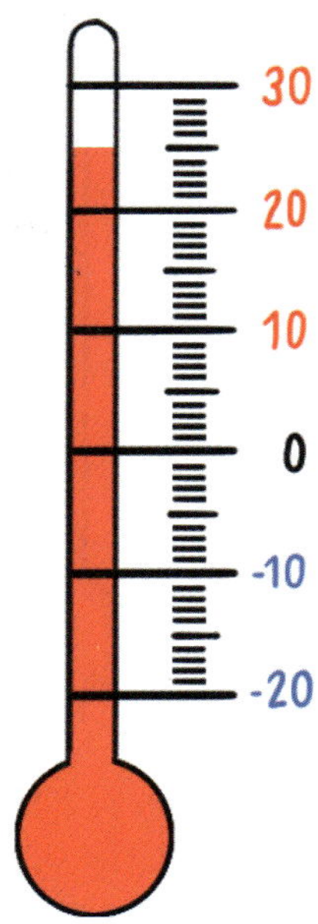

3 Ergänze die Sätze.

Eine Temperatur von –7 °C bedeutet ______________________.

Eine Temperatur von + 7 °C bedeutet ______________________.

7 °C über null

7 °C unter null

4 Welche Temperatur passt? Verbinde.

Wasser gefriert | Temperatur des Weltalls | Körpertemperatur eines Menschen

+4 °C | 0 °C | –18 °C | 20 °C | –270 °C | 37 °C

Temperatur eines Kühlschranks | Temperatur eines Gefrierschranks | Zimmertemperatur

5 Temperaturen auf der Zugspitze: Welche Temperatur passt zu welchem Monat? Markiere in derselben Farbe.

Februar | Juli | November | Mai

–7°C | –3°C | –12°C | 2°C

6 Markiere farbig: alle Werte im positiven Bereich rot, alle Werte im negativen Bereich blau.

a) Thermometer b) Fahrstuhl c) Meeresspiegel

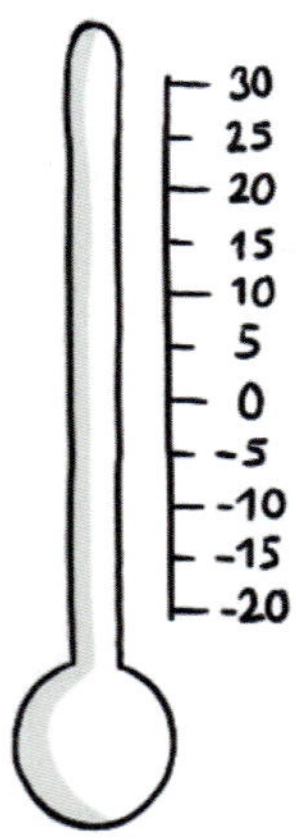

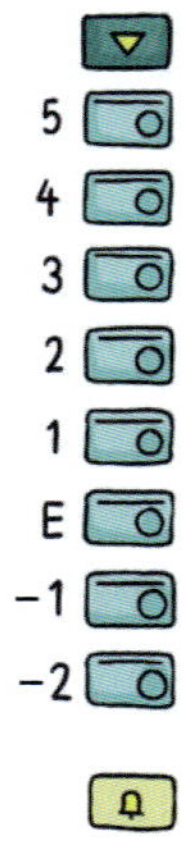

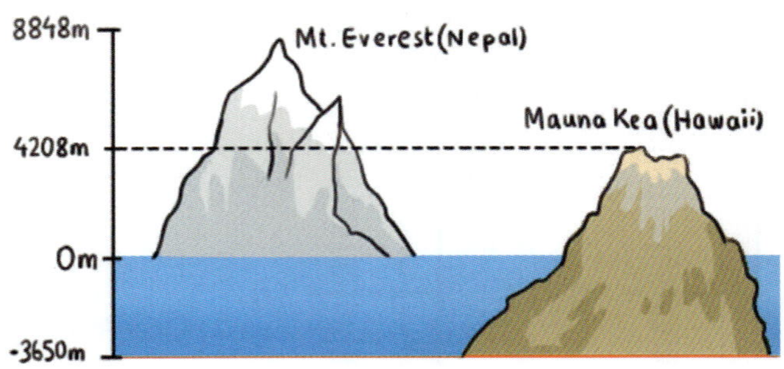

7 Positiv oder negativ? Kreise farbig ein.

+20 €	–10	–5 °C	1000 m unter null
2. Untergeschoss	–500 €	+45	37 °C
300 € Schulden	+ 88	50 € Guthaben	

8 Ergänze die Sätze.

Negative Zahlen sind ______________ als null
und haben das Vorzeichen ______.
______________ Zahlen sind größer als null und
haben das Vorzeichen ______.
Die Zahl ______________ ist weder negativ noch positiv.

0 | + | – | kleiner | Positive

9 Positiv oder negativ? Ergänze das Vorzeichen.

a) 40 € Guthaben ___ 40 €
80 m tief ___ 80 m
20 °C über null ___ 20 °C

b) 10 °C unter null ___ 10 °C
7. Obergeschoss ___ 7
200 € Schulden ___ 200 €

10 Ordne die Schlüsselwörter richtig zu.

positiv	**negativ**

plus | Schulden | unter | hoch | über | Guthaben | tief | minus

11 In welchen Städten werden Temperaturen unter 0°C vorhergesagt?

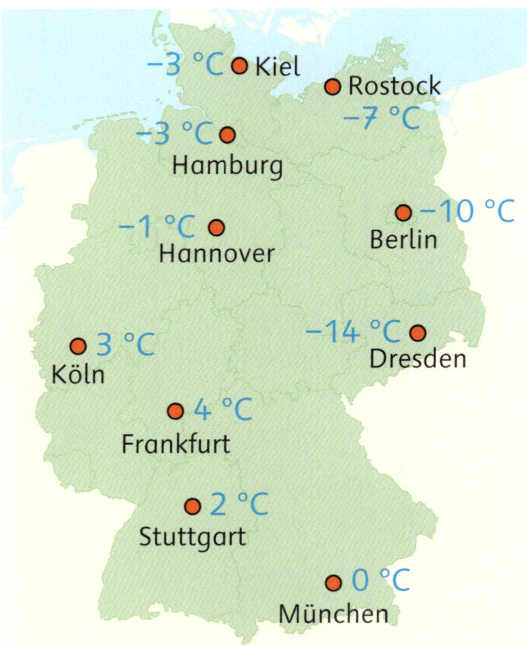

Berlin
____
____
____
____
____

Ganze Zahlen vergleichen und ordnen

1 Welche Temperatur zeigt das Thermometer an?

a)
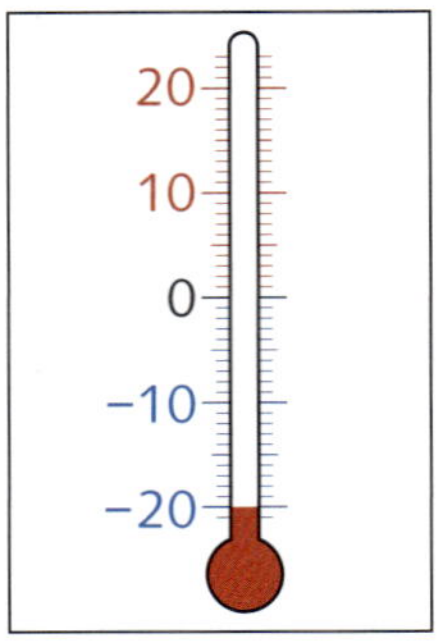

b)
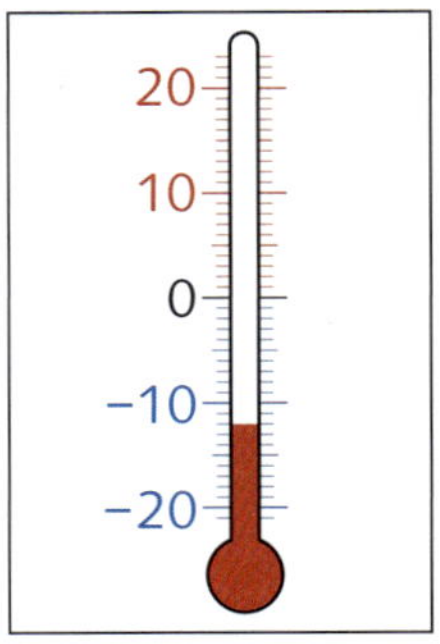

c)
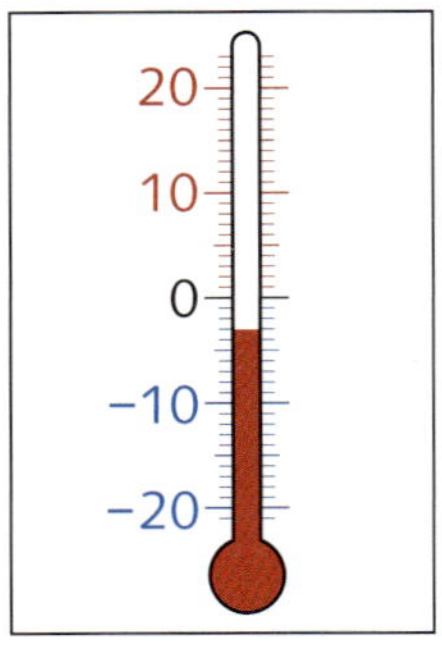

d)
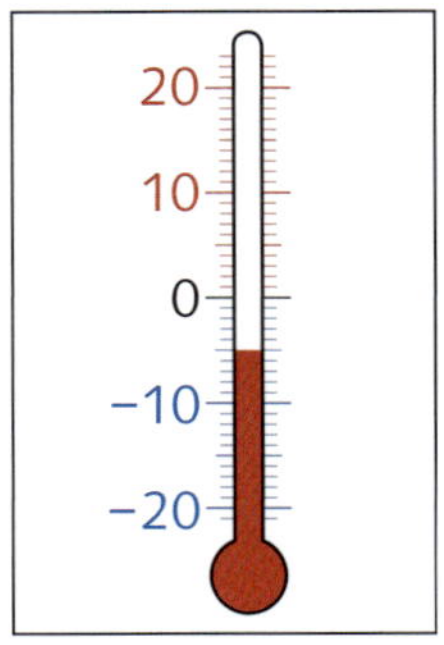

e)
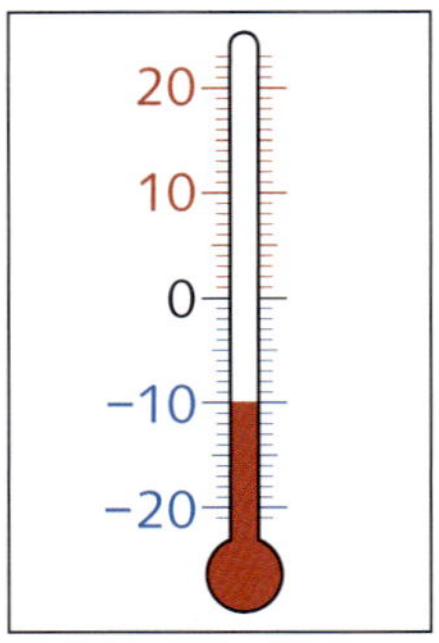

f)
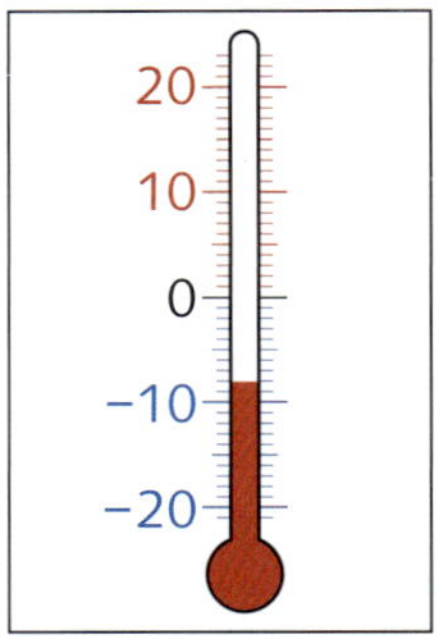

g)
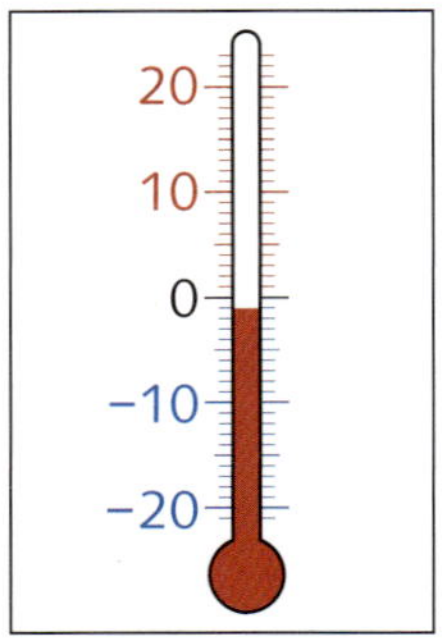

h)
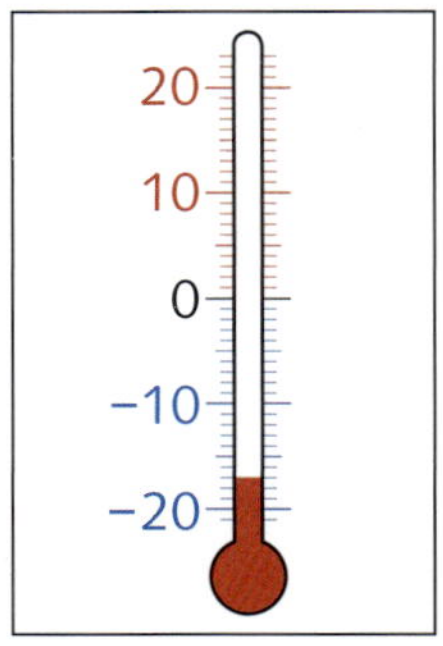

2 Zeichne die Thermometerflüssigkeit passend zur angegebenen Temperatur ein.

a)
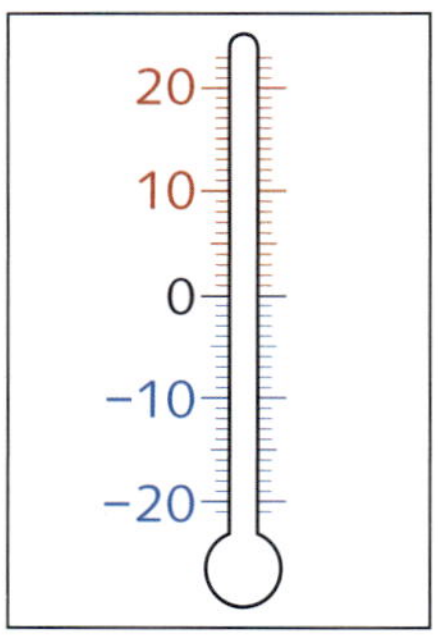

−15 °C

b)
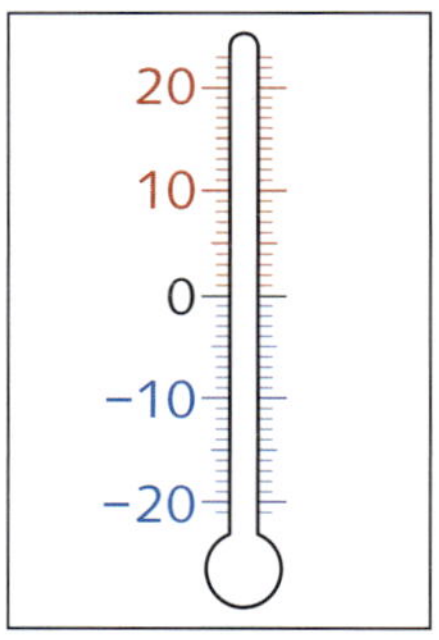

−4 °C

c)
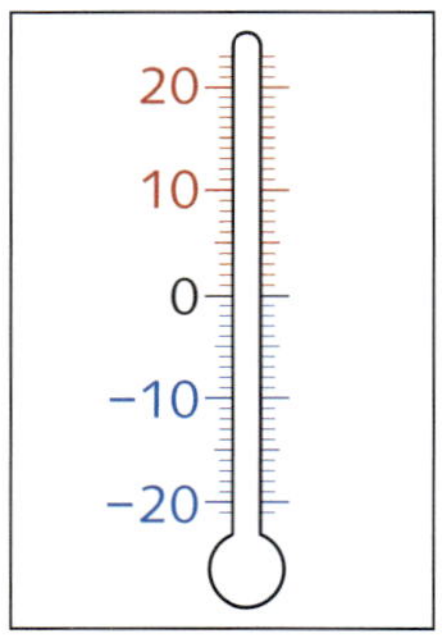

−9 °C

d)
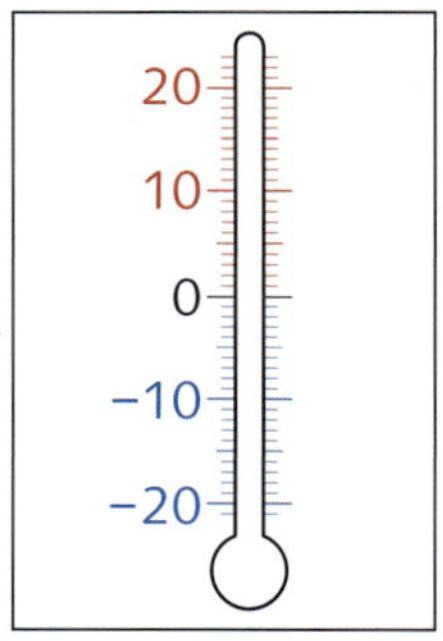

−13 °C

e)
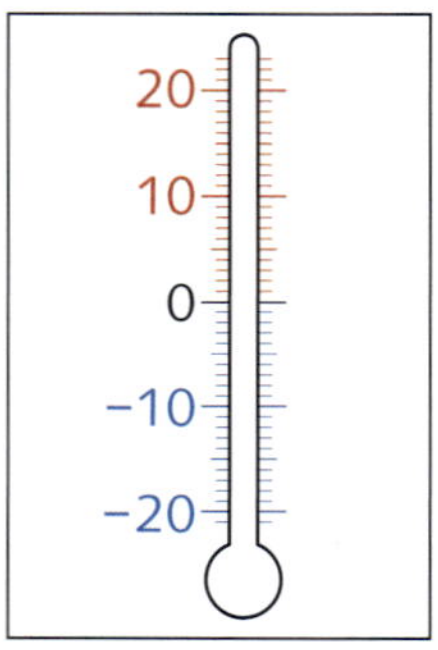

−7 °C

f)
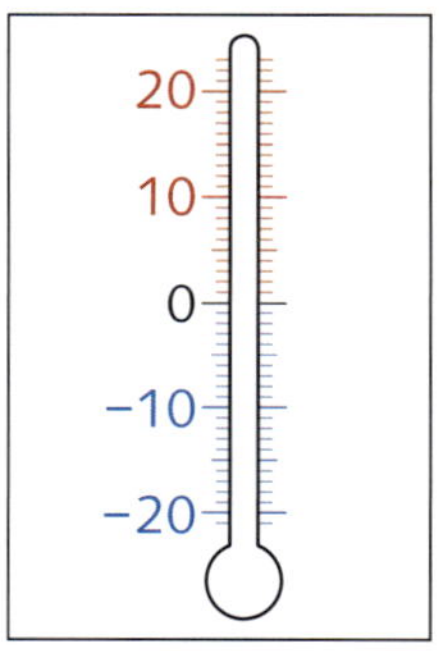

1 °C

g)
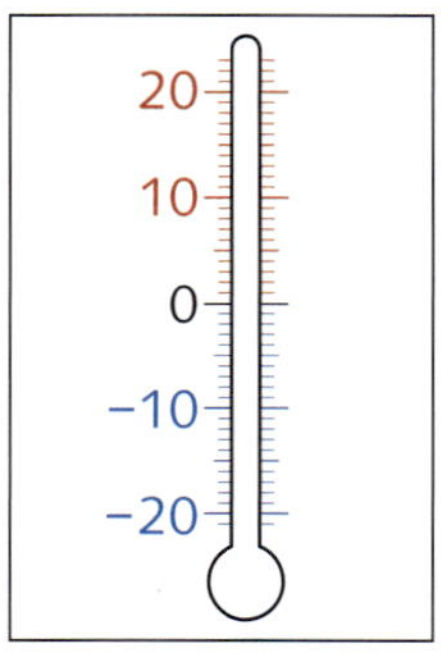

−16 °C

h)
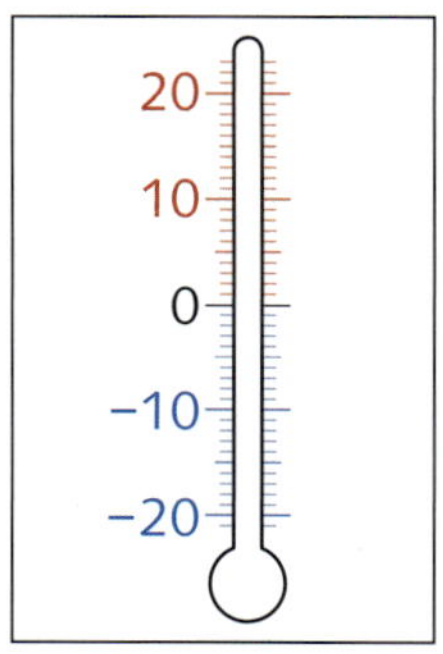

−2 °C

3 Wie heißen die markierten Zahlen? Trage ein.

a)

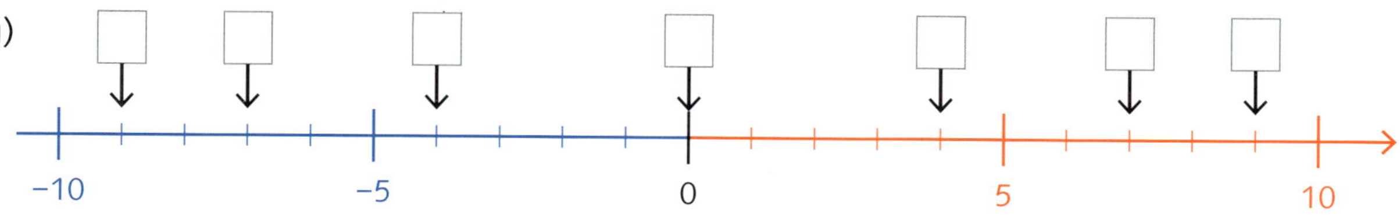

b)

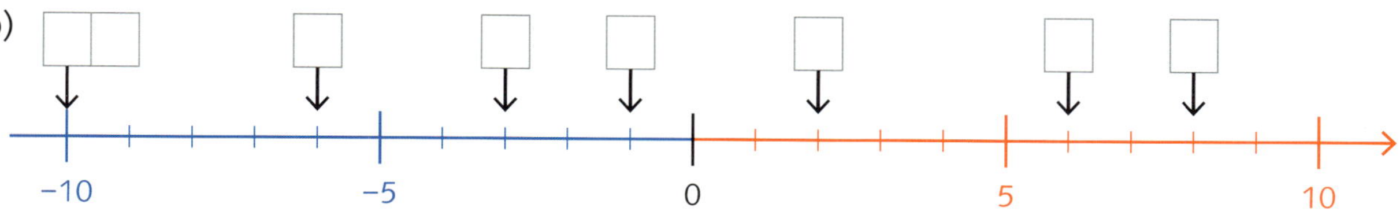

c)

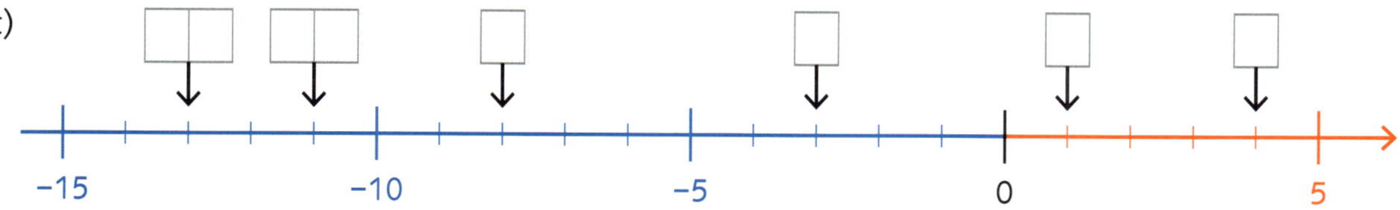

4 Markiere die Zahlen auf der Zahlengeraden.

a)

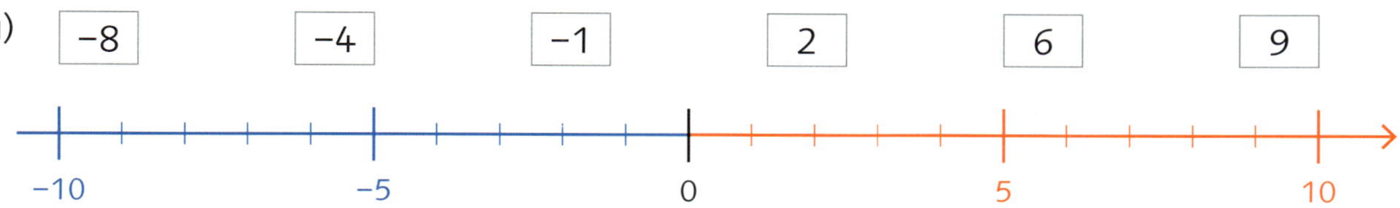

b)

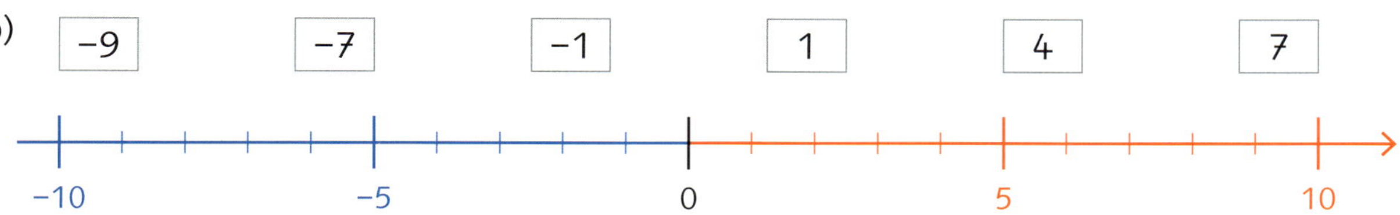

c)

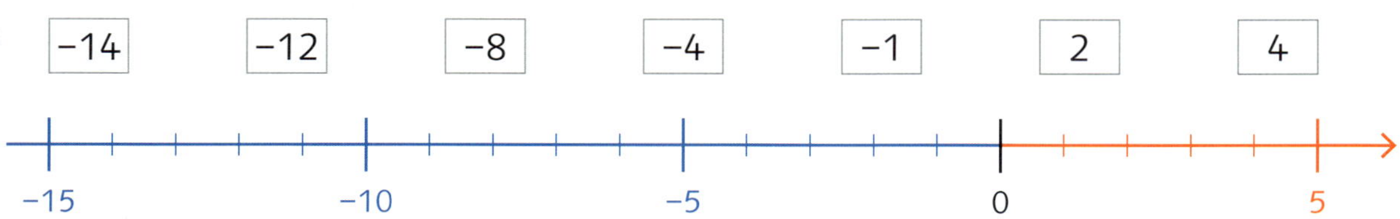

5 Zeichne eine Zahlengerade …

a) … von –5 bis +5.

b) … von –10 bis +5.

6 Was stimmt?

a) Kreuze an.

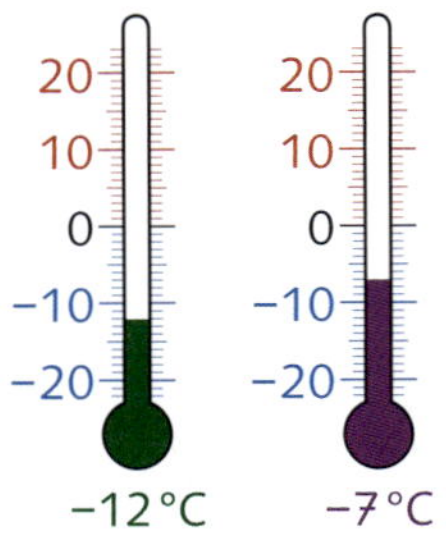

–12 °C liegt auf der Thermometerskala weiter unten als –7 °C, also …

–15 liegt auf der Zahlengeraden weiter links als –5, also …

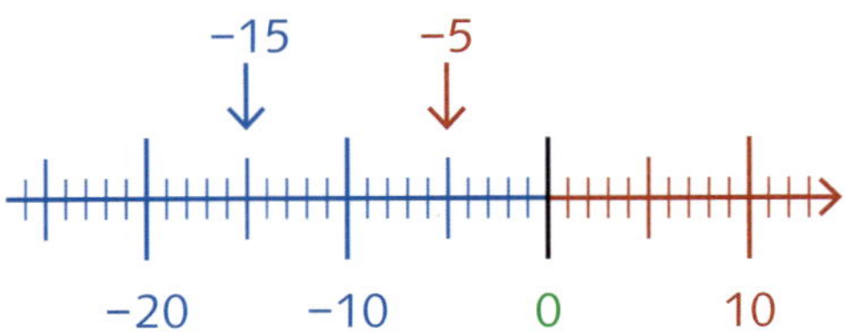

☐ … sind –12 °C kälter als –7 °C.

☐ … sind –12 °C wärmer als –7 °C.

☐ … ist –15 kleiner als –5.

☐ … ist –15 größer als –5.

b) Kreuze an.

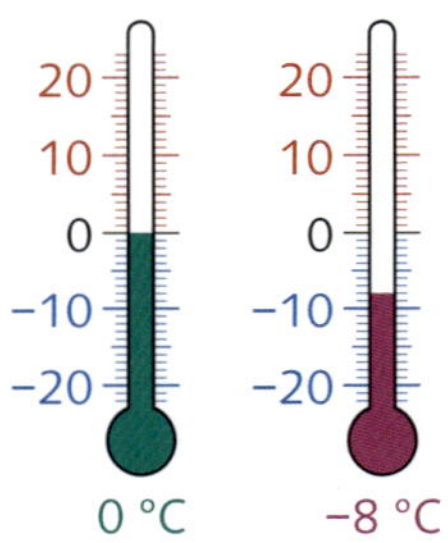

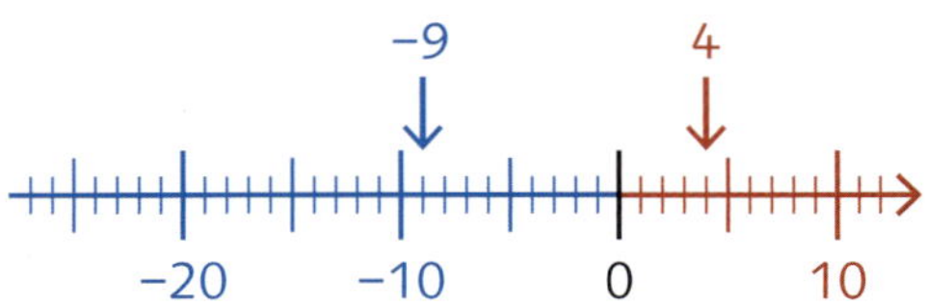

☐ 0 °C sind kälter als –8 °C.

☐ 0 °C sind wärmer als –8 °C.

☐ –9 ist kleiner als +4.

☐ –9 ist größer als +4.

Zuordnungen

1 Welche Sehenswürdigkeit gehört zu welcher Stadt? Verbinde.

Berlin | Paris | New York | Peking

2 Welches Gerät gehört zu welcher Sportart? Verbinde.

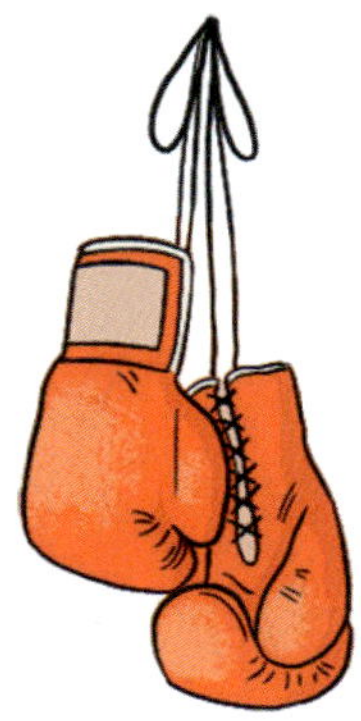

Basketball | Tischtennis | Boxen | Eiskunstlauf

3 Ordne jeder Figur den passenden Begriff zu.

Dreieck

Kreis

Quadrat

Rechteck

4 Welche Angabe gehört zu welchem Bild? Verbinde.

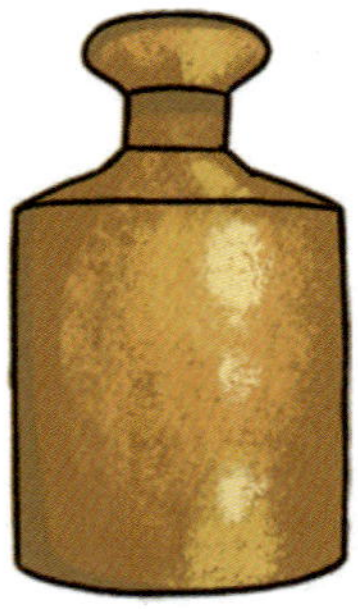

368 m | 79 Jahre | 1,99 € | 5 kg

5 Welcher Preis gehört wozu? Verbinde.

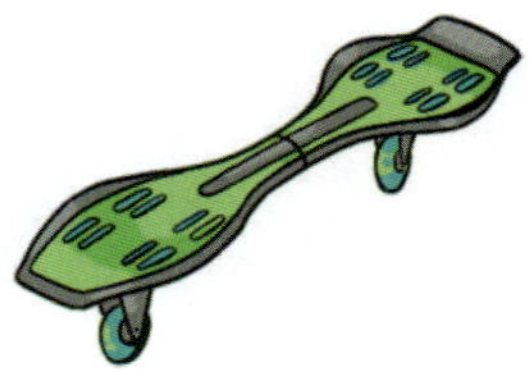

495 € | 79 € | 3,99 € | 1 €

6 Ergänze den Merksatz.

Merke Eine ______________ ordnet einer Größe eine (oder mehrere) andere ______________ zu:
Ausgangswert → zugeordneter ______________.
Beide Werte zusammen sind ein ______________.

Größen | Wertepaar | Zuordnung | Wert

7 Was gehört zusammen? Ordne zu.

Biene → summen | Hund → ______________

Kuh → ______________ | Pferd → ______________

muhen | bellen | wiehern | summen

8 Ordne die fehlenden Preise zu.

9 € | 1,50 € | 80 ct | 28 € | 100 € | 80 €

a)

	Preis
	40 ct

b)

	Preis
	3 €

c)

	Preis
	7 €

d)

	Preis
	50 €

e)

	Preis
	20 €

f)

	Preis
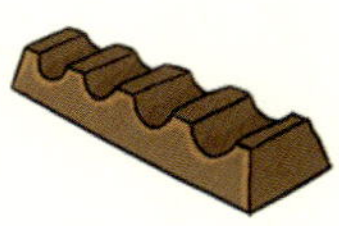	50 ct

Zuordnungen und ihre Darstellung

1 Eine Zuordnung kann auf verschiedene Weisen dargestellt werden.
Ordne die Begriffe richtig zu.

Obst	Preis pro kg
Äpfel	2,99 €
Weintrauben	3,98 €
Erdbeeren	4,99 €
Melone	1,79 €
Banane	1,99 €

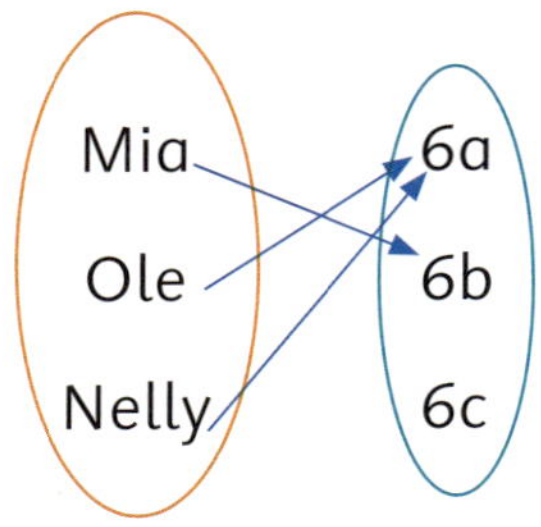

mit Worten

als Pfeildiagramm

in einer Tabelle

im Diagramm

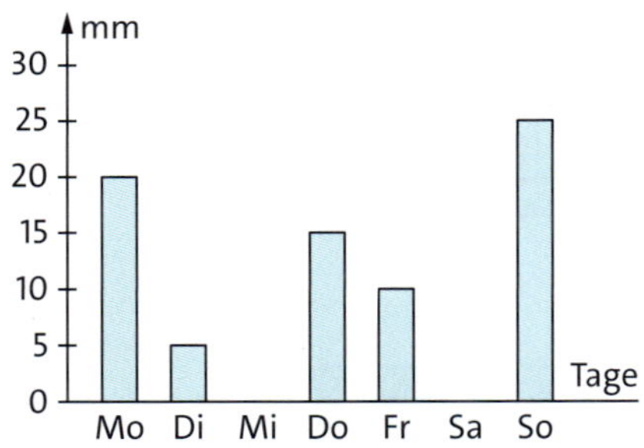

Lina hat zwei Geschwister.
Ben hat eine Schwester.
Zidan hat keine Geschwister.
Melissa hat drei Brüder.
Mert hat zwei Brüder.
Marie hat vier Geschwister.

2 Wo leben die Tiere? Ergänze die Pfeile.

a)

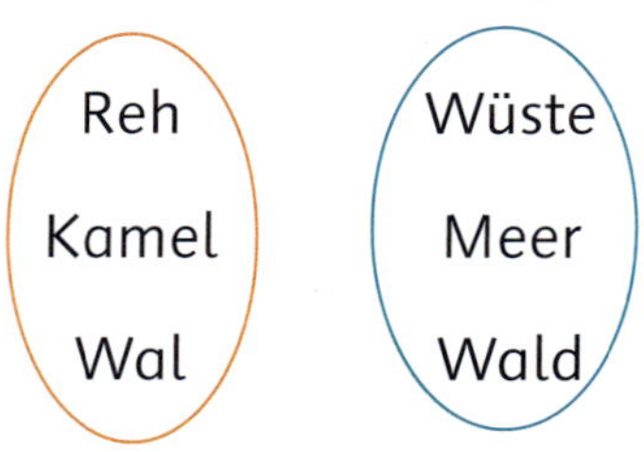

b)

3 Schreibe die Zuordnung mit einem Pfeil.

a) Jedem Menschen wird ein Name zugeordnet. *Mensch → Name*

b) Jedem Schulkind wird eine Klasse zugeordnet.

c) Jedem Land wird eine Hauptstadt zugeordnet.

d) Jeder Ware wird ein Preis zugeordnet.

e) Jedem Fluss wird eine Länge zugeordnet.

4 a) Welcher Klasse sind die Kinder zugeordnet? Lies ab und ergänze die Sätze.

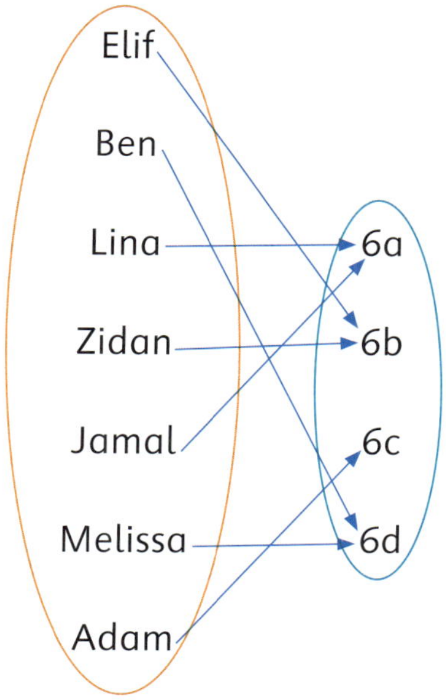

Elif geht in die Klasse 6b.

Ben geht in die Klasse ______.

Lina geht in die Klasse ______.

Zidan geht in die Klasse ______.

Jamal geht in die Klasse ______.

Melissa geht in die Klasse ______.

Adam geht in die Klasse ______.

b) Welcher Klasse sind die Kinder zugeordnet? Lies ab und ergänze die Pfeile.

Linus geht in die Klasse 6c.

Emma geht in die Klasse 6a.

Mahan geht in die Klasse 6a.

Alina geht in die Klasse 6d.

Emre geht in die Klasse 6d.

Marie geht in die Klasse 6c.

Mert geht in die Klasse 6b.

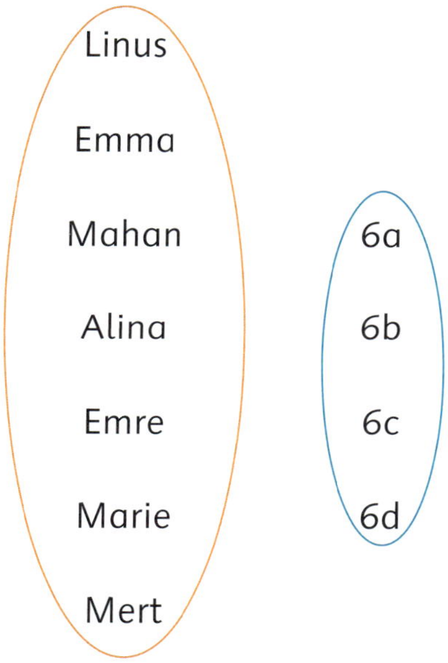

5 Lies aus dem Diagramm ab. Ergänze die Sätze.

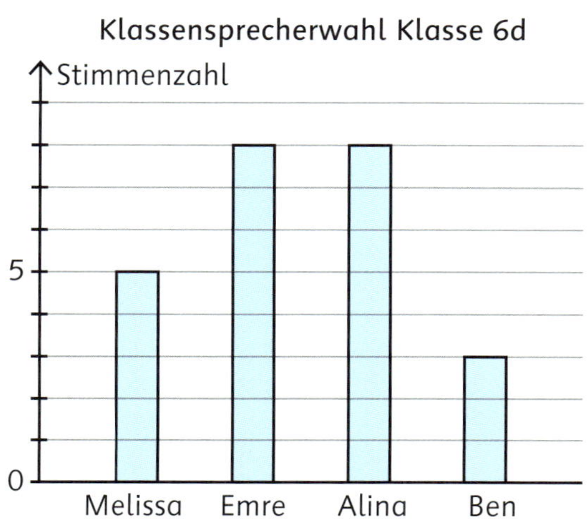

Das Diagramm zeigt das Ergebnis der ______.

Jedem ______ ist die Anzahl der Stimmen zugeordnet.

Emre hat ______ Stimmen erhalten.

______ hat 5 Stimmen erhalten.

______ hat die wenigsten Stimmen erhalten.

6 Welche Tabelle gehört zu welchem Satz? Kreise in derselben Farbe ein.
Ergänze die Tabellen.

Klasse	6a	6b	6c
Klassenraum	215	119	108

	Mia	Emre	Ling-Ling
	grau	grün	braun

	Tomate	Gurke	Mais
	rot	grün	gelb

	Zugspitze	Mont Blanc	Mount Everest
	2962 m	4810 m	8848 m

Jedem Kind ist seine Augenfarbe zugeordnet.

Jeder Klasse ist ihr Klassenraum zugeordnet.

Jedem Berg ist seine Höhe zugeordnet.

Jedem Gemüse ist seine Farbe zugeordnet.

7 Ordne die Begriffe richtig zu.

Spinne → 8 Beine (Spinne | 8 Beine)

__________ __________ __________

Ausgangswert | Wertepaar | zugeordneter Wert